国家科学技术学术著作出版基金资助出版

虚拟地理环境导论

Virtual Geographic Environments

林珲　胡明远　陈旻　等著

高等教育出版社·北京

内容简介

本书系统介绍了虚拟地理环境的基本概念、功能特征、技术与方法，并指引如何创新地开展虚拟地理环境研究实践。书中不仅涵盖了现阶段的虚拟地理环境研究进展、关键科学问题和未来发展方向，而且能够把握当前地理信息科学领域的大数据及物联网等技术新动向与实际应用新需求，深度剖析了新趋势下虚拟地理环境的科学体系组成与技术挑战，重点探讨了地理时空数据的动态组织与模型管理、地理过程模拟、地理虚实交互与地理协同分析等关键内容，为发展融合自然过程理解、人的行为感知及地理知识工程导向的虚拟地理环境研究指导方向。

本书可供地理信息科学专业的高校师生作为基础教材使用，也可供地理学、地球系统科学、计算机科学、社会科学等交叉学科领域的科研人员和社会工作者参考。

图书在版编目（CIP）数据

虚拟地理环境导论 / 林珲等著 . -- 北京 : 高等教育出版社 , 2022.9
ISBN 978-7-04-059186-6

Ⅰ.①虚… Ⅱ.①林… Ⅲ.①虚拟技术－应用－自然地理学 Ⅳ.① P90-39

中国版本图书馆 CIP 数据核字（2022）第 139300 号

| 策划编辑 | 关 焱 | 责任编辑 | 关 焱 | 封面设计 | 王 洋 | 版式设计 | 于 婕 |
| 插图绘制 | 邓 超 | 责任校对 | 胡美萍 | 责任印制 | 赵义民 | | |

出版发行	高等教育出版社	咨询电话	400-810-0598
社　　址	北京市西城区德外大街4号	网　址	http://www.hep.edu.cn
邮政编码	100120		http://www.hep.com.cn
印　　刷	北京中科印刷有限公司	网上订购	http://www.hepmall.com.cn
开　　本	787mm×1092mm　1/16		http://www.hepmall.com
印　　张	17.75		http://www.hepmall.cn
字　　数	340 千字	版　次	2022 年 9 月第 1 版
插　　页	4	印　次	2022 年 9 月第 1 次印刷
购书热线	010-58581118	定　价	99.00 元

本书如有缺页、倒页、脱页等质量问题，请到所购图书销售部门联系调换
版权所有　侵权必究
物 料 号　59186-00

XUNI DILI HUANJING DAOLUN

谨以此书献给:

我国地球信息科学的先驱

陈述彭先生

（1920—2008）

丛 书 序

  《地理信息科学系列》是国际华人地理信息科学协会（CPGIS）与高等教育出版社合作的重要成果。基于 CPGIS 全体会员的共同理想并通过大家二十余年的不懈努力，CPGIS 不仅在中国地理信息科学的发展中承担了光荣的历史责任，而且稳步走上国际地理信息科学的舞台。回望 1992 年的夏天，协会在美国布法罗大学成立的首届年会中就积极开展了地理信息学和空间信息学的讨论，并于 1995 年在香港中文大学正式将 CPGIS 年会转型为地理信息学（GeoInformatics）国际会议系列。从 1993 年科学出版社出版 CPGIS 的第一部论文集《地理信息系统的发展与前景》开始，到 2009 年国际出版商 Taylor & Francis 出版集团正式邀请 CPGIS 的学术期刊加盟，CPGIS 逐步实现了协会成立时确定的重要目标之一，即依靠 CPGIS 凝聚的人才库，建设促进中国与国际地理信息科学界交流的知识库。

  CPGIS 是一个不断壮大的人才库，会员中不仅有享誉国际的著名学者，也有初出茅庐的年轻学子。然而，推动 CPGIS 稳步前行的是一批活跃在国内外地理信息科学与技术前沿的中青年会员。他们勇于探索，思路开阔，积极实践，在科研、教学与技术开发中多有心得收获。能够分享到他们的学术心得，将有益于我国的地理信息科技事业，尤其是可以为青年学生的培养提供宝贵的参考资料。自 1993 年组团回国巡回讲学开始，CPGIS 会员们走进了我国所有的省、自治区和直辖市，在超过 100 所高等院校和科研机构举办了内容丰富的学术交流讲座，受到各地教师和学生的高度评价与欢迎。显然，这也是作为我国专业教育出版机构的高等教育出版社关注 CPGIS 这个人才库的原因。我相信，CPGIS 与高等教育出版社合作出版的这套丛书将会成为 CPGIS 参与我国地理信息科技发展的又一个里程碑。

　　《地理信息科学系列》是一个地理信息科技的知识库,主要面向高等院校的高年级本科生和研究生。本丛书将邀请在各国工作的CPGIS会员介绍国际地理信息科技的前沿理论、方法与技术以及在各领域的应用。我真诚地希望看到这套丛书能够成为一扇"窗",让年轻的朋友们透过这扇"窗"看到地理信息科技发展的远景,看到正在他们脚下伸展的宽阔道路。

2015 年 5 月 26 日

香港中文大学

前　言

　　我们早期关于虚拟地理环境的思考起因于 20 世纪 90 年代初期地理信息领域的一场学术辩论。在这场 1991 年于美国科罗拉多州博尔德市举行的第一届地理信息系统与环境模拟国际会议上，来自地理信息系统领域的专家与来自地理环境模拟领域的专家表达了两种不同的观点："究竟是将现有模型连接到地理信息系统，还是利用地理信息系统提供的空间数据支持新的模型构建？"但是无论站在哪一方的立场，大家都感觉到以空间数据库支撑的地理信息系统已经不能满足许多地理科学研究尤其是地理过程研究的需求了，其中的一个要点就是对于包含时间变量的丰富的地理现象的研究。尽管地理信息系统领域的学者不断尝试在空间数据库的框架下探讨对于时间要素的整合，我们开始感觉到这个"框架"外已经出现不可忽视的变化。1992 年，世界著名科学家钱学森先生提出了由专家体系、知识体系和机器体系组成的"综合集成研讨厅"的思想；1997 年，英国皇家科学院院士 Michael Batty 教授通过虚拟地理学来指出飞速发展的虚拟世界与现实地理环境的联系；1998 年，中国科学院院士陈述彭先生提议用多维地学信息图谱来推动"对地学现象时空规律的描述与解释"。与此同时，卫星应用技术与物联网技术让我们产生从全面感知自然到深入感知社会的冲动，科学计算可视化、虚拟现实和增强现实技术不仅颠覆了我们的"眼见为实"，还"纵容"我们将时间与空间尺度任意变换的意念，从而开始了为实验地理学寻找能够结合空间数据库与地理过程模型的探索，逐步认识这个连接真实地理环境与指导我们实践的大脑之间的虚拟地理环境。

　　从广义上讲，虚拟地理环境是现实地理环境之外的所有地理环境的统称，既包括地理环境在人脑中的写照以及各种形象思维所产生的

"象",如"心象地图""头脑中的地理场景"等,又包括借助各种介质与媒体实现的对存在或者不存在、可感知或者不可感知的地理环境的抽象、再现和虚构,还可以用于网络空间以地理位置为特征的信息空间刻画与描述。事实上,现实地理环境并不一定就是按照人类的认知方式存在的,而我们现在所能够想象的虚拟地理环境也都是建立在一定认知基础上的,带有一定的认知特征与认知任务,这也就给广义虚拟地理环境的精确定义及描述带来了困难。

从狭义上讲,虚拟地理环境一词来源于两个特征术语"地理环境"和"虚拟环境"的结合。地理环境是一个相对成熟的地理学术语,用于描述由自然、社会、文化和经济等因素及其相互作用组成的复杂、综合性系统,特指人类社会存在和发展的地球表面环境。地理环境由自然和人文两大要素构成,与人类生活息息相关,小到个人居住、工作、社交的场所,大到人类所赖以生存的水土气生圈层,都属于地理环境的范畴。地理环境包含了时空局部静态、时空全局动态、系统性(综合性)等特征;对地理环境的表达,要考虑到对其空间分异、演化过程以及相互作用的表达。这里的虚拟环境是一类数字环境的特指,是基于动态可视化、虚拟现实、增强现实、混合现实等技术所构建的数字环境;结合分布式网络架构、信息传输技术以及沉浸式感知与操作技术,用户可以超越时空的限制,方便地接入这类数字环境,感知、操控乃至改造数字环境中的人、物以及不同对象,从而探索生活中并不存在或者难以感知、难以到达的空间。虽然游戏和娱乐是虚拟环境构建的主要驱动力之一,但是随着其科学研究应用价值被不断发现,在设计、制造、医药、灾害预警与救援、城市规划等领域,虚拟环境都起到了重要的作用。将两者相结合,以地理环境作为虚拟环境的形成源头,以虚拟环境作为地理环境认知与研究的手段,从而实现"身临其境的感知,超越现实的理解"。因此,狭义上的虚拟地理环境可以认为是一种由计算机生成的数字化地理环境,可通过多通道人机交互、分布式地理建模与模拟、网络空间地理协同等手段实现对复杂地理系统的感知、认知和综合实验分析。

虚拟地理环境的发展是一个循序渐进的过程,可以预见,以地理知识为研究对象、以地理知识工程为导向的虚拟地理环境研究,除传统的集中式、专业化、领域分割化的科学研究范式外,正逐步迈向开放式、群体参与式、协同合作式的科学研究范式,这也是虚拟现实技术、网络技术等发展到今天,科学研究发展趋势在地理学领域研究的真实反映,即虚拟化、开放化、服务化,将是地理学研究领域的重要趋势。

本书较为系统地介绍了虚拟地理环境的概念、特征、发展以及研究展望,既可作为研究生教材,也可供地理学、地球信息科学、计算机科学、信息科学、社会科学等领域的科研人员和社会工作者参考。

本书的结构设置如下:首先,第 1 章对虚拟地理环境进行概述,并给出虚拟地理环境发展过程中的相关学科理论,结合从地图到地理信息系统再到虚拟地理环境的演化过程,对现阶段的虚拟地理环境进行定位。进一步,从虚拟地理环境架构设计的角度出发,第 2~5 章分别对虚拟地理环境所涉及的各个功能组件的关键难点进行阐述,从而完善虚拟地理环境的组成、功能结构及其理论框架。第 2 章从多源地理数据获取方法、数据集成、组织与管理以及地理时空大数据背景下的虚拟地理环境的机遇与挑战等多个层次探讨虚拟地理环境中的地理数据资源管理;第 3 章针对地理过程的建模方法、地理过程模型管理以及地理过程模型使用过程中相关的尺度适应性等进行探讨,用以剖析虚拟地理环境中的地理建模与模拟难题;第 4 章对地理场景的虚实交互模式进行分析探讨,重点讨论了服务于地理场景交互的虚拟地理环境多维动态可视化技术方法、多通道感知以及虚实融合交互的技术可能等;第 5 章从地理协同概念、框架与机制等相关内容开始论述,并结合协同虚拟地理实验案例对虚拟地理环境的地理协同分析展开讨论。最后,第 6 章对虚拟地理环境发展的科学问题、技术瓶颈以及发展目标进行了逐一阐述,并面向国家层面的重大需求着重探讨虚拟地理环境与自然过程理解、人的行为认知以及地理知识工程的相互关系,以求展望虚拟地理环境相关研究的进一步发展方向。

本书的研究工作得到国家重点基础研究发展计划(“973 计划”)项目(编号 2015CB954103)、国家自然科学联合基金项目(编号 U1811464)、国家优秀青年科学基金项目(编号 41622108)、国家自然科学基金项目(编号 41171146 和编号 41671378)、珠海区域气候-环境-生态预测预警协同创新中心项目(北京师范大学珠海分校未来地球研究院)的联合资助。本书由林珲、胡明远、陈旻等统筹撰稿,第 1 章由林珲、陈旻主要撰写,第 2 章由林珲、车伟涛主要撰写,

第 3 章由游兰、张春晓、林珲主要撰写，第 4 章由景奇、丁雨淋、胡明远、林珲主要撰写，第 5 章由陈宇婷、胡传博、胡明远、林珲主要撰写，第 6 章由陈旻、胡传博、胡明远、林珲主要撰写。本书在撰写过程中得到郭华东院士、龚健雅院士、郭仁忠院士的指导，本书的出版获得国家科学技术学术著作出版基金资助（编号 2019-D-019），在此一并表示感谢。

目　　录

第 1 章

概　　述

1.1　虚拟地理环境概念

虚拟地理环境(virtual geographical environment，VGE)起源于中国科学院院士陈述彭先生提出的多维地学信息图谱以及英国皇家科学院院士 Michael Batty 教授提出的虚拟地理学。

图谱主要运用图形语言进行时间与空间的综合表达与分析;地学信息图谱则是应用地学分析的系列多维图解来描述现状,并通过建立时空模型来重建过去和虚拟未来(陈述彭等,2000)。地学信息图谱是由遥感、地图数据库、地理信息系统与数字地球的大量数字信息,经过图形思维与抽象概括,并以计算机多维与动态可视化技术,显示地球系统及各要素和现象空间形态结构与时空变化规律的一种手段与方法(廖克,2002)。地学信息图谱具有四个重要功能:①图谱是规律与原理的总结与表达,因此可以用于反演过去、预测未来;②相较于其他表达方式,图的形象化表达能力更能实现对复杂现象的简洁表达;③多维空间信息可以展示在较低维度的地图上,从而大大减小模型模拟的复杂性;④在建模过程中,图谱有助于模型构建者对空间信息及其过程进行理解(周成虎和李宝林,1998)。简要地说,地学信息图谱是用"形"的方式表达与阐释"理"的存在。

虚拟地理学旨在研究将真实的或者虚构的地理世界投射到计算机内,并通过计算机构造出的虚拟地理世界改变真实地理世界的理论与方法(Batty,1997)。地理包含了地点、空间和环境等不同层级的概念,以及发生、发展在这些概念所代指的物理实体之上的社会行为及现象。地理学的研究也是旨在将物理世界与社会行为综合到一起,开展综合性、复杂性、时空多尺度特性等相关研究。虚拟地理学就是以真实地理(自然地理、人文地理等)世界为原型,借助虚拟现实技术、地理信息技术、网络技术等，进行虚构、抽象或者虚拟，并将之反作用于真实地理世界的全过程性科学研究。首先，虚拟地理学研究对象包含三类空间：计算机内空间（cspace）、借助计算机进行交流的空间（cyberspace）和数字世界基础设施所构成的空间（cyberplace）。其次，虚拟地理学的存在意义分为两个层次：一是宏观意义上，虚拟地理世界的构建与改造将指导真实地理世界的设计与改变；二是在微观意义上，虚拟地点与空间的抽象与改变将能影响个人和群体在认知层面的知识获取，从而影响社会行为（Batty，1997）。延续这种思想，Batty 等以伦敦为试点，构建了虚拟伦敦，开展相关分析以讨论伦敦的规划与设计调整（Batty and Smith，2005；Batty et al.，2016）；而他的学生，Paul Torrens 等尝试构建虚拟灾害场景（如地震等），结合人类行为模型的构建与设计，探讨灾害发生时人群及个人对灾害的认知程度，以选择不同的逃生路线进行疏散（Torrens，2012，2015a，2015b）。

从表面上看，地学信息图谱与虚拟地理学在研究手段与方法上存在一些差异，例如，信息图谱的基础介质是图形、图像，强调以图表理，而虚拟地理学的基础介质是多维虚拟空间，强调研究虚拟与现实的关系，从而借虚认实。实际上，两者存在着密不可分的关系，是一种思想的两种解释。无论是图谱，还是虚拟空间，本质上都是对现实中某种存在的地理事物、现象与对象进行抽象、构造与表达，或者是将尚不存在或者无法接触到的地理事物及规律，通过某种介质进行一定程度的描述、表达和预测。这其中，除了可见物质及其属性（如颜色、形状、大小、材质等）的形式化、形象化表达外，也强调地理过程及规律的内涵式表征。例如，山体构造的形成原理，风雨雷电的形成机制，大气、水和土壤的交互作用，都是图谱以及虚拟地理空间的构建基础与表达对象，是它们区别于以可视化、交互为主要目的的地图（电子地图）和三维数字环境的主要特征。

结合以上研究，林珲、龚健华、闾国年等在 20 世纪 90 年代末开始思考如何借助更加直观形象的方式，表达与探讨地理世界的道理与规则，从而帮助人类认知与改造地理世界，虚拟地理环境由此诞生。

从广义上讲，虚拟地理环境是现实地理环境之外的所有地理环境的统称，既包括地理环境在人脑中的写照以及各种形象思维所产生的"象"，如"心象地图""头脑中的地理场景"等，又包括借助各种介质与媒体实现的对存在或者不存在、可感知或者不可感知的地理环境的抽象、再现和虚构，还可以用于网络空间以地理位置为特征的信息空间刻画与描述。事实上，现实地理环境并不一定就是按照人类的认知方式存在的，而我们现在所能够想象的虚拟地理环境也都是建立在一定认知基础上的，带有一定的认知特征与认知任务，这也就给广义虚拟地理环境的精确定义及描述带来了困难。

从狭义上讲，虚拟地理环境一词来源于两个特征术语"地理环境"和"虚拟环境"的结合。地理环境是一个相对成熟的地理学术语,用于描述由自然、社会、文化和经济因素等及其相互作用组成复杂、综合性系统,特指人类社会存在和发展的地球表面环境。地理环境由自然和人文两大要素构成,与人类生活息息相关,小到个人居住、工作、社交的场所,大到人类所赖以生存的水土气生圈层,都属于地理环境的范畴。地理环境包含了时空局部静态、时空全局动态、系统性(综合性)等特征;对地理环境的表达,要考虑到对其空间分异、演化过程以及相互作用的表达。这里的虚拟环境是一类数字环境的特指,是基于动态可视化、虚拟现实(virtual reality, VR)、增强现实(augmented reality, AR)、混合现实(mixed reality, MR)等技术所构建的数字环境;结合分布式网络架构、信息传输技术以及沉浸式感知与操作技术,用户可以超越时空的限制,方便地接入这类数字环境,感知、操控乃至改造数字环境中的人、物以及不同对象,从而探索生活中并不存在或者难以感知、难以到达的空间。虽然游戏和娱乐是虚拟环境构建的主要驱动力之一,但是随着其科学研究应用价值被不断发现,在设计、制造、医药、灾害预警与救援、城市规划等领域,虚拟环境都起到了重要的作用(Bainbridge, 2007)。将两者相结合,以地理环境作为虚拟环境的形成源头,以虚拟环境作为地理环境认知与研究的手段,从而实现"身临其境的感知,超越现实的理解"。因此,狭义上的虚拟地理环境可以认为是一种由计算机生成的数字化地理环境,可通过多通道人机交互、分布式地理建模与模拟、网络空间地理协同等手段实现对复杂地理系统的感知、认知和综合实验分析(陈旻等,2017)。值得一提的是,虚拟地理环境的发展是一个循序渐进的过程,目前的定义只是当前阶段虚拟地理环境的发展形态,也是本书中面向技术系统实现的虚拟地理环境定义所在。

显然,虚拟地理环境研究的理论基础来源于真实地理环境,研究对象是真实地理环境指导下的虚拟地理环境构建,以及基于虚拟地理环境的人类感知与认知,最终服务于人类认知与改造真实地理环境。因此,三者的关系存在回路,如图 1.1 所示。

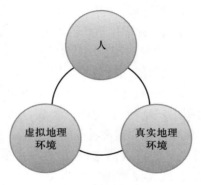

图 1.1　真实地理环境、虚拟地理环境与人之间的关系

首先,虚拟地理环境包含了相似与增强的现实地理环境、再现与复原的历史地理环境、预测与规划的未来地理环境。由此可见,现实地理环境为虚拟地理环境的构建提供了信息源与规律知识。一方面,随着测绘与遥感技术的快速发展,地理数据的可获取量呈指数增加,地物面积、形状、利用类型等基础地理信息及其变化过程信息可以更加方便、更加精确地得以提取;同时,各式各样传感器的开发与普遍应用,实现了对人流、物流、水流、气流、信息流的全方位监控,可以对声、光、电、磁、温度、化学物质种类与浓度等信息进行感知与获取;而志愿式地理信息(volunteered geographic information,VGI)、众包/自发地理信息系统的快速发展,更极大地提升了相关社会、环境信息的更新速率,利用文本、图表、音频、视频、街景、地图、影像等形式,实现了对现实地理环境及其相关信息多角度、多尺度、多时相的记录与收集。利用以上信息,经过整合与加工,成为虚拟地理环境构建的基础与信息源/数据源,是虚拟地理环境反映现实地理环境的依据。另一方面,现实地理环境是一个综合体,除了地理对象之外,地理现象与过程伴随着整个地理环境的演变,演绎着各种地理规律,支撑着对地理认知的探索与思考。长久以来,面向不同问题、不同区域、不同时空尺度的地理问题求解,地理学家已经积累了大量的地理知识、经验和模型,对这些规律与知识的总结、归纳与输入,也是虚拟地理环境由关注表达到支持分析与探索的关键。

其次,虚拟地理环境的构建是面向人类认知需求的。人类对地理世界的理解是一个循序渐进的过程,在不同的阶段呈现出不同的认知需求。原纽约州立大学布法罗分校地理系教授David Mark等将人类对地理环境的认知分为三个阶段,即获取基本地理信息、了解地理对象及其关系、发现地理知识及规律(Mark et al.,1999)。这三个阶段存在不同的认知需求,也直接导致了地理认知辅助工具的进化(图1.2)。

第一阶段,面向地理信息获取,地理表达与可视化是最为直接与流行的方法。地图是根据一定的数学法则,将地球或其他星球的自然现象和社会现象通过概括和符号缩绘在平面上的图形(祝国瑞,2004);地图记录和传达了关于地理环境的物理和社会信息。地图起初被用于标识位置和辨识方位。伴随着制图方法与技术的发展,例如,坐标系的建立、经纬度的划分、比例尺的制定以及各种投影方法的转换、地图符号的抽象与表达、地图配色技巧的应用,地图已经能够较好地传递不同地理特征以及地理要素的空间分布格局。近年来,计算机制图技术的快速发展,更促进了电子地图、网络地图的广泛使用,地图已经成为回答"是什么""在哪里"的主要工具,成为人们理解地理位置和地理特征的基本工具。

第二阶段,除了可视表达的直观信息外,地理对象的管理、对象之间的时空关系成为主要认知对象,也就需要借助空间数据库、空间分析(时空分析)等工具,对地理对象数据进行管理并提供相关分析,这直接导致了地理信息系统(ge-

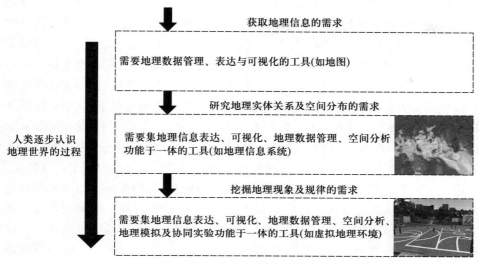

图 1.2 人类认知地理世界的过程及对应工具(Lin et al.,2013b)

ographic information system,GIS)等工具的兴起与推广。GIS 作为地图系统的演进,起源于计算机自动制图和空间数据管理,空间分析是其区别于传统地图的主要特征。空间分析的相关理论来自空间统计学、图论、拓扑学、计算几何等,以地理事物的空间位置和形态为基础,以空间运算为手段,实现对空间要素分布和格局的提取与分析,帮助 GIS 回答"怎么样"的问题。目前,借助可视化、空间数据管理、空间分析三大功能,GIS 已经在包括市政规划、公共卫生、城市交通、物流运输、国土管理、资源调查等领域得到了成功应用。然而,面对日益复杂、综合的地理现象及地理问题求解,GIS 仍然存在着明显的不足,主要体现为:①数据支持能力不足。传统 GIS 的数据模型不能很好地表达空间单元之间和多要素间的相互作用,导致了 GIS 对复杂地学分析与计算的支撑能力不足。②时空分析能力不足。传统 GIS 提供的空间分析功能脱胎于经典几何,研究者很难在此基础上较为系统地开展地理机理及规律分析,进行定量模拟与预测。③表达与交互能力不足。传统 GIS 通常以地图信息系统代替地理信息系统,对综合自然过程和人文要素在内的真实场景表达存在不足。④缺乏对多用户协同工作的自然支持。现代科学研究倡导协作式广泛参与及协同研究,传统 GIS 在资源协调和调度上对此缺乏直接支持,目前采用的协同多为时间轴上"流程式"协作,难以支撑跨领域、多层次的群体协同分析。Goodchild(2009a,2010)认为,未来地理信息科学的发展,应该包括五个主要部分:万物地理感知;第三空间维度用于定位、表达和导航;公众同时作为地理消费者和生产者的作用;获得对未来景观的预测;通过传感器网络获取动态信息。这也是对传统 GIS 的不足进行的侧面阐述。

第三阶段,面向复杂动态地理现象与过程,需要总结与归纳蕴含在这些现象与过程背后的地理知识与规律。地理知识是关于对地理环境的自然与人文现象所作出的地理思考及推理的产物,同时,地理知识的获取也推动着地理思考及推理自身方法的发展(Golledge,2002)。随着第三阶段认知需求的发展,地理知识的获取除了需要感知的支撑外,更加需要智能化的推理分析;在客观地理环境与主观地理思维碰撞的过程中,仅仅"在哪里""是什么""怎么样"已经无法满足地理知识的极大化汲取,更无法进一步指导地理规律的总结与归纳,人们更加感兴趣的是"为什么",而这是现有 GIS 所难以回答的问题。面向现有 GIS 的缺陷,如何继承与发展 GIS,使之更加适应认知社会、改造社会的需求,成为当下至关重要的议题。为了实现这个目标,地理模拟在地理信息科学领域得到了高度重视。与传统 GIS 系统采用的空间分析和空间统计分析不同,地理模拟指为考察地理系统的性质而用类比方法进行的实验或观测,并进行动态演示的研究方法。其中,地理过程模型(如 WRF 模型、SWAT 模型等)成为重要的研究工具之一。从自然科学的研究角度,应该重视地理动态过程的研究与分析(如水环境循环等),应该形成从结构到模式到过程再到机制的研究方案;从人文和社会科学的研究角度,应该重视人类个体行为、群体行为与地理环境相互影响过程的研究;这些都体现了地理过程在高级地理认知以及综合地理知识获取方面的重要性。地理过程模型可以通过定量计算方式,帮助重现地理过程、预测动态地理现象,因而成为解释"为什么"的重要工具。同时,地理模型本身也是地理知识的总结,地理模型的充分利用,本身也是地理知识的传播与再形成的过程。因此,对以地理数据库为核心、地理分析为手段的 GIS 进行改进,结合地理模型与地理模拟,将进一步有助于地理知识与地理规律的总结,拓展传统 GIS 的功能,并直接促生了新一代地理分析工具——虚拟地理环境(Lin et al.,2013b)。

最后,在这种架构下,人类改造现实地理环境的行为并不是无组织、无序的,而需要经过充分的交流与研讨。地理环境的复杂性和综合性给人类认知与改造带来了极大的困难,这其中也包括合作交流时的协同认知困难。不同学科、不同领域的研究者以及决策者,需要在相互协商、相互协作的基础上,制定科学的决策行为,提高问题解决的效能。面对众多纷杂的地理数据、模型乃至地理知识,虚拟地理环境作为现实环境的写照,可以帮助不同的人及组织在更加普适的认知层面进行交流;相较于大量的图表、数字和曲线,大家面对日常生活中可见可感的地理现象、地理场景更加熟悉,也更加方便基于此进行交流。在此基础上,通过虚拟地理环境,将人及其知识、机器及计算工具、地理数据及地理模型进行高度整合,通过人-机-地三者的结合,开展协作式商讨及决策支持,既提高了人类改造现实地理环境的科学性与效能,也印证了钱学森先生"综合集成研讨厅"思想的先进性与可行性(戴汝为,2006;马蔼乃,2014)。

当然,虚拟地理环境的出现并不是一个孤立的现象。除了虚拟地理环境的源头,也就是多维地学信息图谱、虚拟地理学之外,地理学相关领域也出现了一些对应的概念,如赛博地理学、虚拟空间地理学以及虚拟地理科学等。

赛博空间(Cyberspace)一词,出自科幻小说家 William Gibson 在 1984 年出版的小说《神经漫游者》(*Neuromancer*)。1999 年,Dodge 提出了赛博地理学(Cybergeography),并重点探讨了如何研究基于公共统计数据的因特网地理空间分布以及赛博空间的空间制图(Dodge,1999)。赛博地理学研究对象主要是信息流动、物理设施与新赛博空间人口统计等一系列地理现象,研究内容包括发掘信息、空间、人类之间的关系,在赛博空间下重新定义地理学中的距离、尺度以及区域等概念;研究对这些新数字空间的感知及可视化方式;发现不同尺度下位置与空间的互动关系;探索信息技术对现实空间可能产生的影响;对多尺度真实赛博社区中的网民开展分析;对赛博空间的人与环境的关系进行管理;对赛博地理空间进行定量测定及制图等(蒋录全等,2002)。

进入 20 世纪 70 年代之后,由于电脑及网络技术的发展,极大地扩展了地理学的研究对象、研究内容和研究任务,推动其由实体世界进入信息世界,地理学的研究范围也从真实空间扩展到了虚拟空间。特别是 21 世纪以后,人类开始利用数字信息通信技术(information and communication technologies,ICTs)和赛博空间来改造社会地理学、政治地理学、经济地理学和文化地理学。所谓的虚拟空间作为人类利用虚拟技术人为虚构和模拟的空间,本质上类同于赛博空间,其含义就是指"适合思维航行的空间",也即有利于思维自由想象和自由构绘的空间。虚拟空间地理学可以通过如下基本概念和范畴来构建、认知和理解,分别是 ICTs和赛博空间、空间和无空间、场所和无场所、有关空间和后工业空间、公众和私人、广播和听众及现实和虚拟。同时,虚拟空间地理学具有如下特性,包含了地理信息的虚拟性、地理空间的赛博性、虚拟空间的地理性和虚拟空间地理模型的信息性。虚拟空间地理学的主要研究内容包括对空间真实性和虚拟性的图示和解读,对公众空间和私人空间、观念空间和现实空间的区分与辨正以及虚拟城市等(张之沧,2006;张之沧等,2009)。

"虚拟地理科学"的学科体系,是龚建华和马蔺乃根据钱学森的人类知识体系架构以及此前已有的"地理科学"体系所建立的学科体系,其中包含地理虚拟哲学、理论地理虚拟科学、虚拟地理信息学和虚拟地理工程。地理虚拟哲学是在信息哲学与虚拟哲学的基础上,研究地理(遥感)信息本体、地理虚拟思维与实践、虚拟地理时空、虚拟地理环境主体与客体关系、地理叙事相互关联与作用等相关哲学问题。理论地理虚拟科学主要研究虚拟地理环境、赛博空间、虚拟世界等相关的基本理论与方法问题。虚拟地理信息学是以遥感、地理信息系统(科学)、导航定位、传感器网络、虚拟现实与智能模拟等技术框架为基础,关于虚拟地理环境建设、形成、应用与发展的信息理论与技术。虚拟地理工程是从虚拟角度构建的地理信息工程,包括虚拟地理环境工程和地理虚拟科学工程。其中,虚拟地理环境工程包含数字地球、虚拟(智慧)地球工程、虚拟战场环境、虚拟月球与宇宙工程以及虚拟社会网络世界。而地理虚拟科学工程包括地理综合集成研讨厅工程和虚拟地理实验室工程(龚建华和马蔼乃,2010)。

以上概念的提出,一方面说明了科学研究的理论与方法并不是相互割裂的,而是相辅相成的,在"百花齐放、百家争鸣"的同时又兼备"异曲同工、殊途同归"之妙;另一方面也充分说明了虚拟地理环境的提出,体现了历史的必然性和时代的进步性,这正是其使命与价值所在。

1.2   虚拟地理环境的演进

虚拟地理环境的演进顺应人类认知地理世界需求的不断升级,借助信息科学、地理信息技术的发展,演绎着自身的改变与完善。

虚拟地理环境自 1998 年提出以来,已经经历了 20 多年的发展历程。从最初的不被了解,到最近逐渐在环境保护、灾害预警、城市规划等诸多领域得到应用,虚拟地理环境的发展经历了漫长的探索,是一个不断演进、从概念模糊到逐渐清晰的过程。通过总结,可以将迄今为止虚拟地理环境的演进与发展历程分为三个阶段。

(1)1998—2002 年,虚拟地理环境概念的萌芽期。1998 年,林珲与龚建华首次于一次会议上,提出需要借鉴多维地学信息图谱、虚拟地理学,面向人类认知和地理学综合分析的双重需求,发展虚拟地理环境。但是由于处于认知的初步阶段,当时并没有给出虚拟地理环境的确切定义,虚拟地理环境以一个朦胧概念的形式存在。到 2001 年,在海峡两岸地理学术研讨会和中国地理信息系统协会①年会上,龚建华和林珲(2001)再次提出需要发展地学虚拟环境,认为"地学虚拟环境是虚拟现实技术在地理科学、地球科学中的应用",具有投入式和分布式的特征。同年,林珲和龚建华在 *Geographic Information Sciences*② 上,正式发表了虚拟地理环境相关的第一篇论文 *Exploring Virtual Geographic Environments*,将虚拟地理环境描述为"关于后人类和 3D 虚拟世界之间相互关系的环境"。该文认为虚拟地理环境是一种带有地理坐标参考的虚拟环境,包含了网络空间、数据空间、三维地理空间、感知与认知空间、社会空间五部分;基于这些空间,分散在网络各地的用户可以"聚集"在一起,利用沉浸或半沉浸的方式,开展地理现象与地理过程的探索(Lin and Gong,2001)。紧接着,《虚拟地理环境——在线

---

① 现名为中国地理信息产业协会。
② 现名为 *Annals of GIS*。

虚拟现实的地理学透视》一书的出版,对萌芽期的虚拟地理环境概念做了进一步补充,认为"网络世界、虚拟界中的虚拟地理环境,也是一个客观实在,且正演化展现,它可定义为包括作为主体的化身人类社会以及围绕该主体存在的一切客观环境,包括计算机、网络、传感器等硬件环境,软件环境,数据环境,虚拟图形镜像环境,虚拟经济环境,以及虚拟社会、政治和文化环境。""虚拟地理环境的结构层面包括地理位置层面、内表达数据层面、外表达镜像层面、单主体感知层面和互主体社会层面"(龚建华和林珲,2001)。然而,可以看到,该时期研究者试图从广义范畴对虚拟地理环境给出定义,但当时的概念相对宽泛,难以聚焦,概念层次的含义尚难以清晰勾画出虚拟地理环境的边界,最重要的是虚拟地理环境对地理学研究的贡献及方式尚不明确。这一时期,主要相关论文还包括2002 年发表在《测绘学报》上的 On Virtual Geographic Environments(林珲和龚建华,2002)。

(2)2003—2008 年,虚拟地理环境的持续探索期。在这段时期内,伴随着对新事物的思考,以及多方面的探索,出现了对虚拟地理环境相对具体的一些理解和概括。首先,从地理知识的表达与共享出发,虚拟地理环境被理解为地理学第三代语言(第一代和第二代分别是地图与 GIS)(林珲等,2003)。地理学语言是人类理解、表达与传播地理信息的重要工具(胡最等,2012)。正是由于"虚拟地理环境是现实世界的一个概括""使人们可以探察汇集有关真实地理环境的自然和人文信息,并与之互动",而人们"对于在接近真实的环境中做出的判断较有信心",因此具有丰富表达能力的虚拟地理环境增强了地理信息的传输与交流能力,帮助人们获取更好的直观感知与空间认知(林珲等,2003;林珲和朱庆,2005;万刚等,2005;江辉仙和刘小玲,2005;Lin and Zhu,2006;朱杰和夏青,2008)。其次,多维表达与多通道交互成为这一阶段虚拟地理环境研究的重点,出现了一批以表达和交互为主体的虚拟地理环境系统(如陈小钢,2003;舒娱琴等,2003;戚铭尧等,2004;权兵等,2004;李爽和孙九林,2005;李爽和姚静,2005;李睿等,2006;陈旻等,2006;Chen et al.,2008)。再次,该阶段的一些研究,已经开始关注虚拟地理环境的分布式特性以及网络环境下的体系架构构建(周洁萍等,2005;徐丙立等,2005;周艳等,2005;边馥苓和谭喜成,2007),试图基于信息与计算机领域的 Web 技术、分布式技术等,实现虚拟地理环境中工作流程的协同控制与管理(Zhang et al.,2007)。最后,虚拟地理环境双核心概念(也就是数据库和模型库)被首次提出(林珲和徐丙立,2007),认为虚拟地理环境区别于地理信息系统的主要因素在于虚拟地理环境是在空间数据库和地理模型管理库基础上构建的、同时支撑静态地理对象表达和动态现象模拟、面向多用户的分布式虚拟环境。该时期的研究真正意义上构架起了虚拟地理环境与地理学研究的桥梁,虽然虚拟地理环境的架构并没有完全清晰,但其地理特性开始得到重视,而虚拟地理环境用于解决地理问题的能力也逐渐得到体现,虚拟地理环境开始向着实用化方向发展。

（3）2008—2015 年,虚拟地理环境研究的爆发期。最显著的表现就是国外许多学者也开始关注并投入虚拟地理环境的研究中。例如,Goodchild（2009b）认为,自发地理信息可以被用作虚拟地理环境构建的重要数据源;Mekni（2010）、Torrens（2015c）在虚拟地理环境中开展了基于多智能体的人类行为模拟及探索;Rybansky（2015）模拟了虚拟地理环境中行军设备的跨区运行行为;Moore 和 Bricker（2015）讨论了虚拟地理环境中的时空一致性问题;Priestnall等（2012）将虚拟地理环境引入教学和地理教育,取得了较好的应用示范效果;而 Konecny（2011）则详细探讨了虚拟地理环境构建中的挑战及难点。以上研究虽然没有在一个完整的体系架构下讨论虚拟地理环境的关键点发展,但不可否认的是,由我国学者自主提出的虚拟地理环境概念已经逐渐被国际学者所认可,其应用也得到了进一步的推广。为了巩固虚拟地理环境自身的理论内涵,也为了清晰地勾画虚拟地理环境的结构与功能,龚建华等（2010）从复杂性人地系统、地理虚/实关系论、地理/遥感信息本体论等基础理论出发,探讨了以“人”为核心的虚拟地理环境理论框架;闾国年（2011）明确了虚拟地理环境的地理分析功能,并设计了可支撑地理分析与模拟的虚拟地理环境系统整体实现框架、结构与组件功能;林珲、陈旻和闾国年将之进行了延伸,将虚拟地理环境的四个子环境设定为数据环境、建模与模拟环境、交互环境以及协同环境,详细讨论了每个子环境实现所涉及的关键技术难点及可能的解决方案（Lin et al.,2013a）。此外,贾奋励、游雄等从现实环境与虚拟环境间的相似性入手,开始探讨虚拟地理环境的认知研究框架的构建,试图从地理学和地图学双向兼容的视角,推进虚拟地理环境认知研究（贾奋励等,2015;Jia et al.,2015）。在此基础上,林珲、陈旻和闾国年等对之前十几年的发展历程进行了总结,认为虚拟地理环境是一类典型的基于 Web 和计算机的,集合了地理知识、计算机技术、虚拟现实技术、网络基础和地理信息技术的数字地理环境,其构建的目的在于提供一个开放式的、数字的、与现实世界对应（相似）的地理环境,用户可以以虚实结合的方式身临其境地感知该环境,并能够通过地理过程与现象的模拟、地理协同分析等手段实现超越现实的探索;基于该环境,用户能够更好地理解现实环境,并开展更加深入的地理问题探索（Lin et al.,2013b）。林珲联合 Michael Batty、Sven Jørgensen、傅伯杰、Milan Konecny、Alexey Voinov、Paul Torrens、闾国年、朱阿兴、John Wilson、龚建雅、Olaf Kolditz、Temenoujka Bandrova 和陈旻等国内外专家教授,讨论并提出了虚拟地理环境的最关键核心在于对地理过程以及地理现象理解的支撑（Lin et al.,2015）。至此,虚拟地理环境新一代地理分析工具的地位得到确认。可以看到,相较于前两个阶段,该阶段虚拟地理环境服务于地理问题求解的定位与导向更加明确,对于地理学研究的贡献更加聚焦,其系统实现架构与组件功能也更加清晰,可实现性得以增强。值得强调的是,陈旻等(Chen et al.,2015;Lin and Chen,2015)将虚拟地理环境的主体进一步定位为地理环境,而不仅仅是计算机构建的虚拟环境;强化了虚拟地理环境的主体功能并不只是表达与交互,分布式地理建模与模拟、网络空间地理协同同样是虚拟地理环境的主体功能,而地理建模与模拟更是直接体现了虚拟地理环境作为新一代地理分析工具的特征与特色(Chen et al.,2017)。借鉴以上思想及理论,案例性的研究也开始围绕虚拟地理环境中动态地理过程与现象的模拟与预测展开,主要应用于大气污染(Xu et al.,2010,2011,2013;张春晓等,2014;Zhang et al.,2015)、水环境监测(赵秀芳等,2009;Liang et al.,2015;Chen et al.,2015;林珲等,2016;Rink et al.,2016)、洪涝溃坝(Lin et al.,2010;Zhu et al.,2015;Zhu et al.,2016;Yin et al.,2015;Li et al.,2015)、植被生长(Tang et al.,2015a,2015b)、深空探测(Chen et al.,2012,2013)、铁路设计与规划(易思蓉和聂良涛,2016;Zhang et al.,2016)、行为模拟与探索(Hu et al.,2011;Song et al.,2013;Mekni,2012;Torrens,2015c)等方面。在某种程度上,该时期对于虚拟地理环境的研究回答了 Cutter 等(2002)提出的十个地理学重大问题中"虚拟系统将在人类理解现实世界这一过程中起到怎样的作用?"这一问题,并且与 Goodchild 在 2009—2010 年提出的新时代地理信息科学发展研究的五个关键研究点中的三个(即多维可视化、动态过程模拟和公众参与)得到了相互印证。

同时,该时期虚拟地理环境研究也得到了诸多方面的认可,例如,"GIS 之父"Roger Tomlinson 博士认为,虚拟地理环境在地理信息科学方面取得了显著的进步(图1.3);中国工程院院士王家耀等(2011)指出,"作为地理信息表达与创新思维的空间信息可视化与虚拟地理环境,是信息时代地图学的一个新的生长点,对于拓宽学科领域和促进地图学理论、方法与技术的深化发展必将产生深远的影响"。虚拟地理环境作为前沿研究,被《地图制图学与地理信息工程学科进展与成就》(2011 年)、《2012—2013 地理学学科发展报告(地图学与地理信息系统)》(2014 年)等书收录,并有专门章节的讨论。虚拟地理环境的早期概念被收入《现代地理科学辞典》(2009 年),而第三阶段形成的中英文定义文章,被收录于美国地理学家协会主编的 *The International Encyclopedia of Geography*(Chen et al.,2017)以及由中国测绘地理信息学会主编的《中国大百科全书》(第三版)(陈旻等,2017)。在此之前,出版了两部直接以虚拟地理环境命名的中英文著作[①](龚建华和林珲,2001;Lin and Batty,2009)。国家自然科学基金委员会也已经将"虚拟地理环境与增强现实"列为资助方向之一。

---

① 前者被翻译为繁体中文发行,后者被翻译为俄文、捷克文发行。

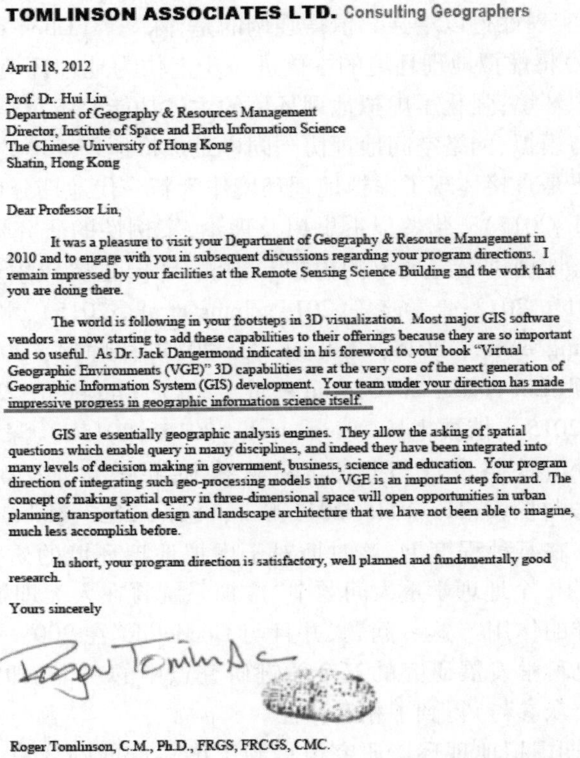

TOMLINSON ASSOCIATES LTD. Consulting Geographers

April 18, 2012

Prof. Dr. Hui Lin
Department of Geography & Resources Management
Director, Institute of Space and Earth Information Science
The Chinese University of Hong Kong
Shatin, Hong Kong

Dear Professor Lin,

It was a pleasure to visit your Department of Geography & Resource Management in 2010 and to engage with you in subsequent discussions regarding your program directions. I remain impressed by your facilities at the Remote Sensing Science Building and the work that you are doing there.

The world is following in your footsteps in 3D visualization. Most major GIS software vendors are now starting to add these capabilities to their offerings because they are so important and so useful. As Dr. Jack Dangermond indicated in his foreword to your book "Virtual Geographic Environments (VGE)" 3D capabilities are at the very core of the next generation of Geographic Information System (GIS) development. Your team under your direction has made impressive progress in geographic information science itself.

GIS are essentially geographic analysis engines. They allow the asking of spatial questions which enable query in many disciplines, and indeed they have been integrated into many levels of decision making in government, business, science and education. Your program direction of integrating such geo-processing models into VGE is an important step forward. The concept of making spatial query in three-dimensional space will open opportunities in urban planning, transportation design and landscape architecture that we have not been able to imagine, much less accomplish before.

In short, your program direction is satisfactory, well planned and fundamentally good research.

Yours sincerely

Roger Tomlinson

Roger Tomlinson, C.M., Ph.D., FRGS, FRCGS, CMC.

图 1.3　GIS 之父 Roger Tomlinson 博士对虚拟地理环境的评论信函

1.3　虚拟地理环境的系统架构、组件及功能

虚拟地理环境的系统架构取决于其构建目的以及实现介质。狭义虚拟地理环境的构建目的在于支持地理学分析与研究,辅助地理认知与表达,而该目的得以实现的手段就是构建相似与增强的现实地理环境、再现与复原的历史地理环境、预测与规划的未来地理环境,在此基础上实现地理认知与研究。因此,虚拟地理环境的系统架构设计,需要首先考虑地理学自身特征以及地理环境的内容特性。

地理学主要研究地理要素和地理综合体的空间分异规律、时间演变过程及区域特征,具有综合性、交叉性和区域性的特点(傅伯杰,2014,2016)。地理学研究涉及地貌、水文、土壤、生物、气候、人文等多种要素及地表过程的相互作用机制(郑度和陈述彭,2001)。新时期地理学需要以综合性、系统性视角,通过学科交叉、定量解译等手段,加深对复杂人地系统的全面理解(傅伯杰等,2015)。

地理环境包含了自然要素(如土壤、水等)、人文社会要素(如人类活动等)以及两种要素间的关联与相互作用(Matthews and Herbert,2008)。地理环境也同样具有整体性、综合性、动态性等特征。

为此,虚拟地理环境系统的实现首先要支持综合性地理环境的表达以及复杂性地理问题的求解;其次,虚拟地理环境需要支持动态地理演化过程与现象(如区域气候、土壤侵蚀、植物生长、养分循环等),以及地理要素相互作用过程(如能量与物质交换、生产过程、平衡过程等)的定量分析与模拟;最后,地理学的综合性、复杂性导致了单一学科难以解决相关问题,需要通过学科交叉、学科融合的方式开展协作式研究,因此虚拟地理环境也就必然要能够支撑地理协同与协作。

综合考虑地理学研究以及地理环境双重特征,从系统架构和功能实现两个层面出发,设计虚拟地理环境的系统架构如图 1.4 所示。首先,虚拟地理环境的实现基于地理认知的抽象,又服务于地理认知的深化,因此虚拟地理环境的设计需要在地理认知的指导下开展。其次,地理数据、地理模型都是地理知识的载

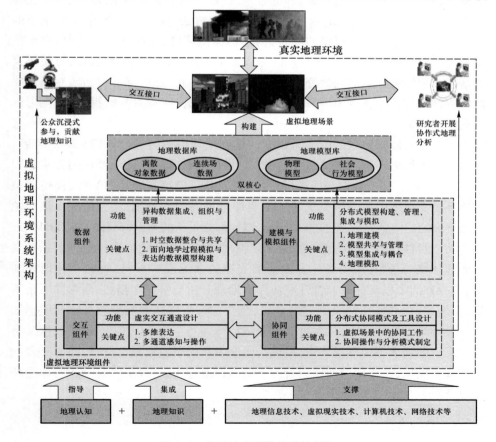

图 1.4　虚拟地理环境的系统架构

体,而问题协同求解的过程也是地理知识交流与碰撞的过程,虚拟地理环境毫无疑问需要集成来自各领域的地理知识与地理常识。同时,这些真实存在的地理常识与知识将对虚拟地理环境的构建起到约束性作用,如地心引力作用、光合作用等。最后,作为地理学领域新一代的信息系统,其实现基础离不开地理信息技术、虚拟现实技术、计算机技术和网络技术等实现技术。在以上相关要素的支撑下,虚拟地理环境需要实现四个功能组件(即数据组件、建模与模拟组件、交互组件和协同组件)以及两个核心库(地理数据库和地理模型库)。

功能组件用于实现异构地理数据集成、组织与管理,分布式模型构建管理、共享、集成与模拟,虚实交互通道设计,分布式协同模式及工具设计等功能。从流程上看,功能组件的设计面向虚拟地理环境构建的四个步骤。首先,无论是静态/动态、全局/局部、宏观/微观、自然/人文等要素与现象的数字化,都需要设计服务于数据组织与整合的有效技术和方法。其次,各种动态地理过程(如降水、蒸发、风暴、地震和火山爆发等)和综合地理现象(如流域水文循环、人地交互作用等)的模拟都需要借助定量分析和数值模拟方法,建模与模拟是至关重要的实现手段。基于数据与模型的准备,构建出虚拟环境,并设计交互通道,便于使用者可以通过更加熟悉、更加常规的方式理解及认知地理现象与过程,方便研究者基于虚拟沙盘开展协同研究与分析。在此基础上,公众与不同领域专家需要能够方便地进行交流及共享知识,表达观点与看法,实现自身的提升,甚至可以实现协同决策。

两个核心库则实现了由空间数据共享到地理模型与地理知识共享的跨越,体现了虚拟地理环境与传统 GIS 的根本性区别。地理学研究最经典的方法是归纳法与演绎法,基于数据与经验的归纳,以及基于模拟与表达的演绎,使得虚拟地理环境支撑下的地学研究从基于现实地理世界的观测、总结型研究发展成依托地学理论的信息挖掘、模拟推理研究,以此形成了新的知识与规律(Lu,2011)。

功能组件与核心库将最终服务于虚拟地理场景的构建。虚拟地理场景是真实地理环境的写照,该场景一方面能够支撑公众沉浸式参与,贡献个体地理知识,另一方面可以支撑研究者开展协作式地理分析与研究。当然,两者并不是割裂的,例如,面向城市污染问题的分析,公众通过沉浸式参与能够身临其境感知到污染持续发展的危害,从而可能改变出行行为乃至生活习惯,而这些数据又将被收集反馈到虚拟地理场景中,提供给研究者新的研究数据与背景;而研究者的研究或者模拟,又将帮助构建新行为下的虚拟地理场景,提供给公众新的体验环境与空间。

1) 数据组件

地理数据为地理研究提供了最关键的表达及分析对象。地理数据是兼顾地理位置、时空分布特征、属性特征的自然现象和社会现象的形式化表达工具,是地理信息的载体。现如今,随着摄影测量技术、遥感技术、传感器技术等技术的发展,利用不同仪器、设备,借助各种专业、非专业的手段可以获取海量的从天空到地下,泛在的与人、事、场所、设施、资产和组织位置相关联的各种各样的地理数据。由于描述对象(如离散对象、连续对象等)、抽象方式(如对象模型、场模型等)、表达形式(如二维、三维等)、存储格式(如文本、数据流等)的不同,面向综合问题描述与表达,多源异构成为地理数据最明显的特性。虚拟地理环境的数据组件主要负责多源异构地理数据的组织、集成与管理;从而为地理场景构建、地理模型运行、虚拟场景交互以及协同地学分析提供基础支撑。面向虚拟地理环境对数据在支撑计算、表达以及协同方面的需求,数据组件设计需要重点考虑如下几个问题:①异构地理数据的规范化表达与交换;②基于统一时空架构的数据模型构建;③地理大数据的管理与调度等。

综合虚拟环境的构建需要整合来自各种渠道、不同采集手段所获取的地理数据,而在很大程度上,这些地理数据还蕴含着领域差异性特征。一方面,虚拟地理环境的构建者与模拟分析者,并不固定于数据采集者与数据拥有者,因此能够充分利用这些地理数据的前提是充分共享这些数据的含义,为数据的理解提供基础。另一方面,复杂地学现象的模拟与预测,通常涉及多模型的耦合与集成;而在协同工作时,如何在多模型输入、输出数据之间进行规格匹配与数据交换至关重要,也要求数据描述能够清晰地为模型数据交换提供支持。

地理数据具备语义、结构、单位、量纲、空间参考等方面的异构性,某一方面的描述错误,都可能导致数据无法使用,或者被错误使用。为了消除这种异质性,为多数据集成、多模型耦合提供有效的数据解析策略,就需要探究来自不同领域的不同数据提供者和用户对地理数据在不同情况下的不同理解方式及组织方法,从而挖掘出具有共性的数据描述与表达规范与机制,使之清晰地表达数据的结构、语义及其他特征,从而为数据的共享、交换(重构、提取等)等提供支持。近年来已经出现了一些尝试性的研究成果(陈旻等,2009a;苏红军等,2009;Yue et al.,2015;Hu et al.,2015)。

现有的地理数据模型大多是基于二维地图模型的扩展,这种思维割裂了不同尺度、不同类型地理对象之间的联系,难以实现多空间参考、多维度、时空一体化计算与表达,以及地理对象在语义、位置、几何、属性和拓扑关系等方面表达的一体化。传统的三维空间数据模型(如表面模型、体元模型、混合数据模型等),其设计主要面向特定领域的应用,虽然具备一定空间分析能力,但难以支撑不同地理分析模型的计算与运行,难以支撑高维统一计算,影响了模型计算时能量、质量以及通量上的交换与守恒。

面向地理数据的复杂性、多样性,以及复杂地理计算的需求,需要重新考虑现有 GIS 数据模型的能力。间国年、袁林旺等借助以维度运算为基础的几何代数理论,设计了基于多维统一时空框架下的可支撑地理计算分析的新型空间数据模型,为地理现象发展、地理过程演化的表达、建模与模拟提供数据支撑,为多维统一时空分析、复杂地学计算等提供了新的理论借鉴(Lu et al.,2015;袁林旺等,2012)。蒋秉川、游雄等基于体素的概念,对地理空间进行抽象,认为地理空间是由无数的体素构成,体素可以再细分,体素之间又存在相互联系与作用力,可以用于表达非同性的空间,模拟诸如气体扩散、泥石流、水淹没等过程(蒋秉川等,2013)。周良辰等(2014)以菱形为基本单元,设计了基于正二十面体的球面菱形格网剖分方法,构建了全球范围无缝无叠的层次递归剖分体系,为统一空间框架下的地理计算与表达奠定了基础。以上研究跳出了传统 GIS 数据模型设计理念的束缚,为虚拟地理环境的数据模型设计提供了较好的借鉴作用。

同时,地理数据的海量性质给虚拟地理环境表达及计算时数据管理、分发及查询效率带来了挑战。需要设计能够有效支持地理数据快速存取、转换及分析的数据管理机制及策略,实现海量地理数据在分布式网络环境下的高效压缩、传输与表达。为了解决空间数据索引实现时分解粒度划分、局部更新操作等难点,吴明光(2015)设计了一种基于空间分布模式探测的空间划分方法,实现了一种自上而下与自下而上相结合的索引树。Wu 等(2015)提出了一种面向地学计算应用的数据库引擎,以支持地理大数据的实时存储、查询、计算和更新。Wen 等(2013b)和 Chen 等(2015)针对网络环境中模型计算结果的可视化分析效能问题,提出了服务于分布式地理模型网络计算与场景重现及分析的地理数据高效压缩及传输机制,减少了网络传输的数据量,优化了空间查询效率,提高了拓扑运算执行效率。

2)建模与模拟组件

对不同时空尺度、要素关联及相互作用的地理过程进行耦合研究,是从机理上系统性理解与开展地理学综合研究的有效途径。为了改变传统 GIS 对地理过程定量计算支持不足的现状,构建与真实世界具有相似性的动态虚拟场景,虚拟地理环境必须要能够支持用户针对特定的地理问题和地理过程进行建模与模拟;面向地理学交叉特性,需要支持分布式异构、多领域模型的集成、共享与重用,从而实现综合地理过程模拟与计算,对复杂地理现象进行预测与表达。这也即虚拟地理环境建模与模拟模块的核心功能。面向虚拟地理环境建模与模拟组件的功能需求,其设计过程需要重点考虑如下几个问题:①地理模型描述规范与标准;②地理建模;③地理模型共享与管理;④模型集成与运行等。

地理建模与模拟是现代地理学研究的重要手段,地理模型是地理现象以及地理规律的主要表达形式(间国年,2011)。当前,面向不同的地理问题、研究领域、实验区域,不同领域的研究者已经构建了大量的地理模型。但是当前,单个领域模型由于其异构性(语义异构、结构异构、数据需求异构等),还难以被共享与重用,造成了模型资源的极大浪费;而面向综合地理环境问题求解,更需要从多学科、跨领域的视角,构建更加综合与复杂的地理模型,需要多领域专家的协作。然而,无论是地理模型的共享,还是地理模型的构建与集成,首先需要解决的是不同领域、不同专业专家、模型提供者/使用者在理解与交流上的障碍。因此,清晰化、标准化、结构化的模型描述规范与标准是地理模型得以共享与重复使用的基础。Crosier 等(2003)将环境模型的描述标准按照 10 类(包括标识、用途、描述、是否可用、运行系统要求、数据需求、数据处理、模型输出、模型校正和元数据),利用 165 个要素进行了总结。闾国年、陈旻、郭飞等在对模型分类、应用范围、空间参考、时空范围、模型参数、建模原理和求解方法等建模要素进行归纳、总结的基础上,对地理模型的分类体系及元数据组成进行了梳理,形成了"地理模型分类标准"与"地理模型元数据标准"等标准草案①。

　　地理建模是地理学家长期从事的一项基础性研究工作。地理模型的构建通常分为概念建模、逻辑建模(框图建模)、计算建模(数学建模)等几个步骤。在这个过程中,以往关注点通常聚焦在框图建模与计算建模上。一方面,地理学家关注自身数学模型的构建;另一方面,计算机领域的相关研究,则试图在模块顺序逻辑、模型执行流程等方面,提供图形化的建模辅助工具,实现工作流式的建模环境,如 GME(General Modeling Environment)、TRIANA、SME(Spatial Modeling Environment)等一批工具。然而,以上研究缺乏对于概念模型构建应有的重视。概念模型是构建框图模型以及计算模型的基础,是研究者从概念层次指导后继模型开发与数据准备的重要依据,模糊、隐式的概念模型难以有效地支撑后续模型的构建,更难以为多领域研究者进行协同建模提供支持。陶虹(2008)对概念模型的构建进行了总结,认为需要:① 显式地构建地理概念模型,以满足地理建模工程的需要;② 构建直观形象的地理概念模型,以满足地理模型快捷共享的需要;③ 需要构建基于形式化表达的地理概念模型,以满足模型地理概念模型知识重用的需要。陈旻等提出,应该遵循地理学家模型设计的理念,结合地图学形象直观表达的手段,开展概念建模研究;一种可行的方案是,将地理问题按照系统、子系统、对象、对象关系进行梳理与总结,以概念图标作为地理对象的表达介质,以图标间连线作为关系的写照,结合地理语义及匹配规则,实现语义引导的图标式概念建模方法(陈旻等,2009b;Chen et al., 2011)。

　　虚拟地理环境系统是由数据库与地理模型库构成的双核心系统,因此,地理模型的管理、共享与重用是系统实现极其重要的支撑。目前,国内外地理学家从

---

① http://geomodeling.njnu.edu.cn/help/sharingstandard.html

不同研究领域出发,针对不同的研究问题、研究区域及对应尺度,已经构建了大量的地理模型。这些模型既有针对单一地理要素的,也有针对特定领域经系统集成的。由于地理模型存在较强的多源、异构特征,导致地理模型的共享十分困难;同时,这些地理模型分散在世界各地不同机构、不同领域科学家手中,导致"地理模型孤岛"问题特别突出,造成了地理模型使用的高成本及大量地理模型资源的严重浪费。为了充分利用这些模型,需要对地理模型从语义、结构、数据需求等方面的异构性进行屏蔽,形成标准化组件,为网络空间地理模型的普适性共享提供基础。按照模型封装方式将现有封装方式分为基于白盒策略(如ESMF、CCA、OpenMI 等)和基于黑盒策略(如基于 WSDL-WPS、REST 技术)(Granell et al., 2013a, 2013b);依据架构体系,可以分为本地化组件封装(如SME、DIAS、MMS、PRISM、SEAMLESS 等)和网络化服务方法(如 Feng et al.,2009; Fook et al., 2009; Geller, 2010; Wen et al., 2013a,2016; Wu et al., 2015;Yue et al., 2015, 2016)。南京师范大学团队开发的地理建模与模拟平台①,其首要功能旨在实现对分散在网络空间的异构模型资源的开放式共享。可以看出,相关研究已经取得了一些成果,可以为虚拟地理环境的模型库构建提供探索性思路,但地理模型的功能、结构与运行行为较为复杂,相关研究仍需要依据地理模型的本质进行深入挖掘;同时需要设计方便于分布式管理与资源调配的策略,不仅充分利用网络上的模型资源,还需要重复利用相关的数据资源及计算资源,从而形成虚拟地理环境模拟资源的一体化管理与重用(Zhang et al., 2016)。

　　虚拟地理环境面向综合地理环境,构建与之对应的复杂虚拟场景。而通常情况下,单个模型只能完成单一现象及过程的模拟与预测,无法支撑复杂地理问题的求解。目前,地理模型的集成方式大体可以分为集中式与分布式两种。集中式的建模虽然便于操作与实施,适合于集中力量解决问题,但是通常存在专业领域性强、封闭性高、耦合度紧密等问题;分布式的集成,旨在充分利用网络上的网络上多源、多领域的模型资源,进行松散式集成模拟与应用,虽然对于系统架构及集成技术的要求较高,但是降低了模拟资源提供的门槛,符合网络服务流行的大趋势,并且可以更加方便地支持群体式协同模拟与问题求解(Voinov et al.,2013,2016)。目前,相关的研究包括 ESMF(Earth System Modeling Framework)、PRISM(Programme for Integrated Earth System Modelling)以及 CSDMS(Community Surface Dynamics Modeling System)等项目,都是着眼于系统建模思想,针对地球系统建模,对大气、海洋、陆地等领域大尺度模型进行集成,以模拟地球的变化,是集中式运行建模的代表。由美国 Argonne 国家实验室开发的 DIAS(Dynamic Information Architecture System)基于定义抽象的地理实体,然后在此基础上加载

---

① 　http://geomodeling.njnu.edu.cn/

数据,绑定模型,生成可以运行的集成模型;欧盟的 OpenMI(Open Modeling Interface)研究建立水资源模型的集成接口标准,试图服务于分布式环境下地理模型集成运行的分布式框架构建,目前 OpenMI 已经完成河流与城市排水系统,河流一维与二维、三维的同步耦合运算实验,该标准也已经被开放地理信息系统协会(Open Geospatial Consortium,OGC)采纳,作为模型集成的基础性标准。原中国科学院寒区旱区环境与工程研究所在对黑河流域进行了 20 多年的研究基础上,建立了基本流域模型集成框架,针对黑河流域水文过程及现象开展模型集成工作(李新等,2010;南卓铜等,2011;张耀南等,2014)。乐松山等面向普适性的模型集成需求,设计了模型数据的通用表达与转换接口,以数据抽取、数据转换为手段,初步实现了分布式环境下的模型集成与模拟(Yue et al.,2015)。此外,模型集成还需要从多模型内部机理方面考虑集成手段的实现,并且需要考虑集成运行时多方面资源的整合方式,是未来的研究重点。

3) 交互组件

地理认知是指人类通过感觉、知觉、记忆、思维、想象、言语等认知活动获得对地理环境知识和规律的心理活动过程。虚拟地理环境的交互组件是用户与虚拟地理环境的交互通道,需要借助传统的计算机技术以及新兴的虚拟现实、增强现实等技术实现不同交互工具支持多通道感知与操作,从而在不同层次上支撑用户对于虚拟地理环境的认知与反馈功效。一方面,虚拟地理环境强调构建以"人"和"自然"为"双中心"的虚拟环境(龚建华等,2010);公众可以以"化身人"的方式参与虚拟实验,并贡献相应的地理知识和虚拟行为,从而为地理实验引入人为要素提供便捷条件。对于普通用户而言,交互组件可以帮助他们身临其境地感知,从眼、耳、鼻、舌、口等多方面提供感知通道,在此基础上辅助他们提供较为真实的感知和反馈。另一方面,对于研究者而言,除了沉浸式感知外,交互通道还需要提供多种类型的虚拟地理环境操作与分析工具,方便研究者以不同的方式和更加自然地面向虚拟地理环境实现地理操作,实现场景驱动的地理分析与探索。因此,交互组件应该支持多维表达、多通道感知与多模式操作。

虚拟地理环境面向的是多用户协同理解地理现象,解决地理问题。因此,多维表达不仅是指在时空维度上的多维(二维、三维以及附加时间维度)表达,而且需要利用不同的表达模式,以满足不同用户的需求及使用习惯(Peuquet,2009)。因此,多维度意味着虚拟地理环境提供给用户的不仅是一个常规的虚拟现实类似的场景,而且要有不同风格的辅助窗口与展示界面(如科学计算可视化风格、美学抽象风格等),帮助来自不同领域的使用者,更好地达到对现实世界表象及内部机理的认知。例如,当水文学家和气象学家面向虚拟地理环境协同解决问题时,除了面向虚拟场景外,他们可能更加熟悉各自领域的图表及相关操作界面;因此,如何辅助他们在不同层次上,更加方便地了解数据、解决问题,就需要综合考虑他们使用习惯及特性的多维表达功能设计。

人体的感觉器官并不局限于眼睛,还包括耳、鼻、舌、肢体等,可以感知色、声、味、触等信息。不同类别的感觉器官,可以接受不同的内外环境刺激。虚拟地理环境的多通道感知是用户可以利用视觉、听觉、触觉、味觉以及嗅觉等对虚拟场景中的声、光、味道、温度等要素进行感知。虽然目前信息、虚拟现实、人工智能领域的相关技术可以为相关感知通道的实现提供技术支撑(如电子鼻、沉浸式头盔、虚拟现实眼镜等),但在设计虚拟地理环境的多通道感知时,其地理特征需要得到高度重视。例如,在现实世界中,一个城市不同区域因为受到不同污染源(数量、种类、排放时间段等)的污染,其空气质量、可感知味道是不一样的;因此,在设计相关的虚拟城市场景中,这些差别需要根据实际情况,按照不同的参数进行设置,并通过相关通道为"化身人"主体所感知,从而构建一个真实感、可感知感更高的虚拟场景。

传统的桌面端系统,在操作时多采用鼠标加键盘的方式进行控制。然而,通常情况下,人类在真实生活中,对于现实世界地理对象的操控及作用,是远远比鼠标和键盘所抽象出来的动作丰富。因此,面向更强调真实感的虚拟地理环境的感知,也需要设计符合人类操作习惯的接口通道,以满足更加自然的操控(如通过声音、手势、姿势等)。除了通过鼠标控制系统外,在虚拟地理环境中,"化身人"主体的姿势应该能映射到虚拟环境中的"化身人"行为上,如向左转、向上看等,这样才能方便"化身人"主体以一种"自然"的方式感知虚拟世界。当"化身人"在虚拟环境中走动时,目标指向场景中的对象,执行查询或者其操控要能够较为便捷地映射到后台数据库或者实现相关信息的查询,需要具备易理解的数据查询和呈现方法。此外,为了能够广泛推广可交互的虚拟地理环境,传统的价格高昂的仪器设备难以满足需求,需要发展较为廉价的、能为广大使用者接受的虚拟地理环境交互设备及工具。

4) 协同组件

协同是指多个对象或者个体通过协调/协商/协作等方式,有序地/合作地完成某一目标的过程。协同强调的是利用要素各自的优势/长处/特点,在充分协调与合作的情况下,整体性推动实现目标的发展及前进。通常情况下,期望完成单个个体无法完成的任务或者获得单个个体无法获得的效益。目前,协同合作是解决综合性、复杂性、系统性科学问题的主要手段与途径。

虚拟地理环境构建所面向的是复杂地理问题的探索与求解。构建一个分布式的虚拟地理场景,需要数据(拥有者)、模型(拥有者)、资源(拥有者)之前的协同设计与实现,而为了达到对该构建过程的监督与改进,还需要普通用户、研究者乃至决策者之间的协同参与、分析与反馈。虚拟地理环境的协同使得相关地理学研究，可以基于网络开展，减少了时间和空间的限制（Xu et al.，2011），其开放性为实验实施者、实验参与者、实验分析者乃至基于实验结果进行决策的决策专家提供了分布式协同合作的机会。

　　根据参与的性质与模式不同，虚拟地理环境的协同可以分为虚拟环境中协同与基于虚拟环境的协同分析与操作。虚拟环境中协同是指以"化身人"形式存在的用户，能够身处共同的虚拟环境中，进行协同感知与交流，并且能够对虚拟场景产生协同作用，例如，共同开垦一片荒地。因此，该类协同分为人与人的协同（例如，两个"化身人"进行协同交流与讨论）、人与物的协同（例如，"化身人"种树、开车）以及物与物的协同（例如，降雨导致河流水位上涨）。为了实现该类协同，需要在虚拟环境中借助相关技术（如物理引擎等），实现一些不同的规则与作用关系。在该方面，地理作用与地理规律在虚拟地理环境中的体现极为重要，贯穿了整个虚拟环境实现的流程，例如，在正常情况下，河水不可能倒着往上游流，人类的施肥对于植物的生长具有促进作用。基于虚拟环境的协同分析与操作，是指面向虚拟地理环境所反映的地理现象与问题，在分析时，支持不同领域的专家，开展协作式分析与模拟。典型的应用之一是在构建综合地理分析模型，以支持综合现象分析时，需要从概念建模、框图建模、计算建模、模型调用与执行等多步骤，支持多领域专家，进行协同工作；不同的专家设计不同计算模块，制定不同的模拟参数，同时在模拟过程中，基于语音、视频等会商工具进行协商，并借助分布式协同操作策略（如角色分配、消息分发、冲突检测等），进行协作式参数调整与模拟过程优化。另一种典型应用是研究者基于虚拟地理环境，设计并提出不同的模拟与预期解决方案，决策者针对不同的情景，选择不同的方案进行决策，而相关决策又会进一步影响到研究者的设计，从而形成相关的协同决策回路，完善基于虚拟地理环境的分析辅助决策功能。目前，相关理论性与案例性的研究都已经有了一些成果，在不同的地理问题分析中已经得到了应用（MecEachren and Brewer，2004；Zhu et al.，2007，2016；Lin et al.，2010；Xu et al.，2011；Chen et al.，2012；Li et al.，2015）。

1.4　后　　语

　　经历了近20年的发展，虽然对于虚拟地理环境是学科、工具还是系统的讨论依旧延续，不可否认的是，虚拟地理环境内涵与外延逐渐清晰，其定义及功能组织结构也得到了较为清楚的定义。当然，目前对于虚拟地理环境的理解，还仅仅是阶段性的探索，任何事物都是发展与演变的，将来对于虚拟地理环境的界定及结构,进阶发展到一定程度,可能会有更为合适的阐述,但目前该阶段的理论和技术阐述,将毫无疑问成为虚拟地理环境发展的方向性指导。

值得注意的是,对虚拟地理环境的理解要紧扣其地理特征与特色。随着虚拟现实、增强现实等技术的发展,一些研究者认为虚拟地理环境得到了必然的发展;更有一些学者提出疑问,既然已经发展了虚拟现实、增强现实,为什么还需要发展虚拟地理环境。虚拟现实的发展确实推动着虚拟地理环境的发展,但是并不能替代虚拟地理环境的发展,时空分布规律、地学演化过程、地理要素相互作用机理是虚拟地理环境描述、表达与分析的核心,脱离了地理特征,再先进的虚拟现实技术都无法替代虚拟地理环境的构建与实现。这里,需要对虚拟地理环境相关的一些概念做进一步的阐述与分析,以帮助区别于虚拟地理环境的特征。

1)虚拟现实、增强现实、混合现实与介导现实

虚拟现实通常被描述为一种包括计算机、显示头盔、耳机、运动感应手套在内的技术性设备媒体(Steuer,1995)。虚拟现实技术是指通过软件生成真实世界的影像、声音和其他感官以达到复制真实环境(或者创造想象设定)的功效,并通过使用户与特定设备展示的对象进行交互模拟出真实环境下的感觉(赵沁平,2009)。增强现实是将计算机系统生成的信息与现实环境信息相叠加,把握虚实结合尺度,使用户在有很强现实感的虚拟环境下实现现实世界所不能实现的任务(罗亚波等,2003)。增强现实技术借助于三维显示技术、交互技术、多种传感技术、计算机视觉技术以及多媒体技术把计算机生成的二维或三维的虚拟信息融合到用户要体验的真实环境中的一种技术(蔡苏等,2011)。混合现实(mixed reality)和介导现实(mediated reality)都简称"MR",所不同的是混合现实是利用虚拟数字画面,通过裸眼现实进行观察,而介导现实是通过数字化现实和虚拟数字画面实现。混合现实包括了增强现实和增强虚拟,它合并了现实世界和虚拟环境,产生新的可视化环境,实现信息快速、形象地交互与获取。介导现实是 VR、AR 与 MR 的父集,是指经过全面数字化的环境,再通过感官通道,为人体所感知。可以看到,无论是虚拟现实、增强现实、混合现实,还是介导现实,作为信息领域目前的热点研究领域,为用户能够真实、自然地感知与认知环境提供了表达与交互手段。然而,正如前面所讨论的,以上各种现实手段都是虚拟地理环境构建的基础性技术手段,但是只有结合相关的地理规律、地理知识,整合恰当的地理数据和地理模型,才能够真正实现虚拟地理环境的建设。

2)虚拟社区、虚拟城市与虚拟世界

虚拟社区在不同领域有不同理解:从社会学角度可以理解为在某个共同的

问题或者兴趣领域,通过电子媒介暂时或者永久地聚集在一起相互交流的各种群体或组织(Plant,2004);从管理学角度可以理解为素不相识而有相似目的的人以网络空间互动沟通为主要手段建立关系、分享知识、享受乐趣或进行经济交易而形成的群体(Gupta and Kim,2004)。不同于传统社区,虚拟社区有虚拟性、非地域性、非时间性和开放性等特性(徐小龙和王方华,2007)。虚拟城市是指综合利用 GIS、RS、GPS、多媒体、虚拟仿真等技术,对城市内的基础设施、功能机制进行自动采集、动态监测管理和辅助决策服务的技术系统(陈述彭,1999)。虚拟城市的建立能够全方位、直观地给人们提供有关城市各种具有真实感的场景信息,并以第一人称的身份进入城市,感受到与实地相似的真实感,并可实现城市信息的查询与分析,这些都是传统的方法所无法比拟的。虚拟城市的作用包含多个方面,如城市规划、城市管理、旅游、城市环境动态变化等(祝国瑞和高山,2004)。虚拟世界是人类通过实体媒介表达出来的幻想空间(冯鹏志,2002)。它包含狭义和广义两个层面:狭义的虚拟世界是指由人工智能、计算机图形学、人机接口技术、传感器技术和高度并行的实时计算技术等集成起来所生成的一种交互式人工现实,是一种能够高度逼真地模拟人在现实世界中视、听、触等行为的高级人机界面;广义层面上,虚拟世界不仅包含狭义的虚拟世界的内容,而且还指随着计算机网络技术的发展和相应的人类网络行动的呈现而产生出来的一种人类交流信息、知识、思想和情感的新型行动空间,是一种动态的网络社会生活空间,它包含了信息技术系统、信息交往平台、新型经济模式和社会文化生活空间等方面的广泛内容及其特征(冯鹏志,2002)。可以看到,虚拟社区强调的是在网络空间的社会虚拟性,而虚拟城市与虚拟世界,则强调了与真实世界所对照的面向感官与交流的虚拟化空间。这三个概念以虚拟为特征,相对宽泛,而虚拟地理环境则强调地理环境的特征,聚焦于地理学分析(目前阶段)。

3) 三维城市、数字城市与智慧城市

三维数字城市的产生可以追溯到 20 世纪 80 年代,是在三维场景下综合运用 GIS、遥感、遥测、网络、多媒体和虚拟仿真等高技术手段,对城市的基础设施、功能机制进行自动采集、动态监测管理和辅助决策支持的技术服务系统。20 世纪初,随着网络技术、虚拟现实技术及空间信息技术的发展,三维数字城市逐步成为 GIS 发展的主流(朱庆等,2001)。数字城市作为三维城市的进阶,是城市地理信息与其他相关信息相结合并存储在计算机网络上的、能供用户访问的将各个城市内外空间连在一起的虚拟空间,是数字地球的重要组成部分,是赛博空间的一个子集。数字城市主要实现了:①从二维城市到三维城市的跨越;②面向服务的新一代城市数字规划平台;③基于数字城市的城市网络化管理与服务;④实现了城市实景影像的可视化和可测量;⑤基于数字城市的空间信息共享与

服务(李德仁等,2011)。智慧城市又是数字城市的升级版,其概念源于 2008 年 IBM 公司在纽约召开的外国关系理事会上提出的"智慧地球"这一理念。智慧城市是数字城市与物联网相结合的产物,其理念是把传感器装备到城市生活中的各个物体中形成"物联网",并通过超级计算机与云计算实现物联网的整合,从而实现数字城市与城市智能管理的综合(李德仁等,2011)。可以看到,三维城市注重于将传统的二维表达与分析拓展到三维空间,而数字城市与智慧城市更加注重信息的整合、管理及高效利用,其关注的焦点是城市空间地物与对象,旨在为日常城市生活及管理提供规划及建议。无论从关注对象及目的性,都与虚拟地理环境有较大的差异;虚拟地理环境关注的是整个地理环境空间,并不仅仅是城市空间,其目的在于支持复杂地学分析。更重要的是,虚拟地理环境更加强调动态综合过程的表达与理解、协同地学探索等方面的功能及其实现。

4)数字地球与智慧地球

数字地球是由美国前副总统戈尔于 1998 年在加利福尼亚科学中心演讲时提出的(孙小礼,2000)。数字地球是利用海量、多分辨率、多时相、多类型对地观测数据和社会经济数据及其分析算法和模型构建的虚拟地球。对于数字地球的内涵,从 20 余年前人们通俗地理解为"就是把地球放到计算机里"转变到如今的两个方面:一个汇聚与表征了与地球和空间相关的数据与信息的巨型系统;可以对复杂地学过程与社会经济现象进行可重构的系统仿真与决策支持的数字化虚拟地球系统(郭华东等,2014)。"智慧地球"由 IBM 公司于 21 世纪初提出,主要内容是把新一代的 IT 技术充分运用到各个行业中,即要把传感器装备到人们生活中的各个物体当中,并且连接起来,形成"物联网",并通过超级计算机和云计算将"物联网"整合起来,实现网上数字地球与人类社会和物理系统的整合(李德仁等,2010)。数字地球与智慧地球发展到现阶段,也已经开始注重地理过程的模拟与预测,这与虚拟地理环境有异曲同工之处。然而,数字地球与智慧地球是一种"从顶至下"的认知工具,对于区域性问题的分析与模拟,仍需要相关其他专业性系统的辅助(Goodchild,2012)。在这点上,虚拟地理环境可以看成是"自底向上"的地理分析与认知工具,可以针对不同尺度的区域性地理问题,开展模拟与分析。同时,虚拟地理环境所强调的以人为中心,涉及交互与协同参与策略,是目前的数字地球与智慧地球所缺乏顾及的。

5)全空间地理信息系统与全息位置地图

全空间地理信息系统与全息位置地图是近几年提出的新概念。全空间地理信息系统是包含从地球空间拓展到宇宙空间、从室外空间延伸到室内空间、从宏观到微观空间和从小数据到大数据的地理信息系统。全息位置地图是以位置为基础,全面反映位置本身及其与位置相关的各种特征、事件或事物的数字地图,是地图家族中适应当代位置服务业发展需求而发展起来的一种新型地图产品(周成虎,2015)。全息地图与文字不同,它提供的是一种视觉思维,而视觉思维是唯一可以在其中以足够的精确性和复杂性表现空间联系的感觉式样(周成虎等,2011)。虽然相关的理论与方法,与虚拟地理环境有着千丝万缕的联系,但是相关概念的细化理解与相关技术的发展,还需要进一步验证。

综上所述,作为新一代地理分析工具,虚拟地理环境的核心在于其地理特征的表达与构建,服务于地理问题的求解与探索。然而,虚拟地理环境的发展并不会止步于目前阶段,其理论与方法还需要深挖与明确,其结构与功能的实现技术尚需要深入探索,更多、更先进的技术需要被引进虚拟地理环境的构建过程中,而面向复杂地理问题求解的综合、集成、开放式的虚拟地理环境构建有待进一步完善。可以看到,虚拟地理环境的构建,涉及了地理、信息、网络等众多领域,迫切需要有更多领域的专家学者参与到虚拟地理环境的建设中,贡献相应的领域知识,实现虚拟地理环境的集成与协作式构建。一旦源于现实世界的各类知识能够被无缝地集成到虚拟地理环境中,将提供更多的可能与契机去探索和创新真实地理世界。

说明:本章内容在对虚拟地理环境相关研究进行总结的基础上,部分内容来自对 *Virtual Geographic Environments（VGEs）：A New Generation of Geographic Analysis Tool* 和 *Virtual Geographic Environment—A Workspace for Computer-aided Geographic Experiments* 两篇文章以及《中国大百科全书》中"虚拟地理环境"定义的再总结与提炼,特此说明。

参 考 文 献

边馥苓,谭喜成. 2007. 适应于分布式虚拟地理环境服务的对等网络模型研究. 武汉大学学报(信息科学版),32(11):1028-1033.

蔡苏,宋倩,唐瑶. 2011. 增强现实学习环境的架构与实践. 中国电化教育,295(8):114-119,133.

陈旻,林珲,闾国年. 2017. 虚拟地理环境. 北京:中国大百科全书出版社.

陈旻,盛业华,温永宁,苏红军. 2009a. 面向地理问题求解的数据表达模型研究. 地球信息科学,11(3):333-337.

陈旻,盛业华,温永宁,陶虹,郭飞. 2009b. 语义引导的图标式地理概念建模环境初探. 地理研究,28(3):705-715.

陈旻,温永宁,王永君,刘立嘉. 2006. 面向虚拟地理环境的三维可视化架构研究. 系统仿真学报,18(S1):349-355.

陈述彭. 1999. 城市化与城市地理信息系统. 北京:科学出版社.

陈述彭,岳天祥,励惠国. 2000. 地学信息图谱研究及其应用. 地理研究,19(4):337-343.

陈小刚. 2003. 虚拟地理环境和地学认知检验——以澳大利亚维多利亚省卡集洼汇水盆地为例. 地理研究,22(2):245-252.

戴汝为. 2006. 从工程控制论到综合集成研讨厅体系——纪念钱学森归国50周年. 复杂系统与复杂性科学,3(2):86-91.

冯鹏志.2002.从混沌走向共生——关于虚拟世界的本质及其与现实世界之关系的思考. 自然辩证法研究, 07:44-47+67.

傅伯杰.2014.地理学综合研究的途径与方法:格局与过程耦合. 地理学报,69(8):1052-1059.

傅伯杰. 2017. 地理学:从知识、科学到决策.地理学报, 72(11):1923-1932.

傅伯杰,冷疏影,宋长青. 2015. 新时期地理学的特征与任务.地理科学,35(8):939-945.

龚建华,林珲.2001. 地学虚拟环境:概念特征、系统设计及初步实验. 海峡两岸地理学术研讨会暨学术年会文集.

龚建华,马蔼乃.2010. 构建"地理虚拟科学"学科体系的思考. 第四届虚拟现实与地理学——三维GIS与虚拟地理环境系统论文集.

龚健华,周洁萍,张利辉. 2010. 虚拟地理环境研究进展与理论框架. 地球科学进展, 25(9):915-926.

郭华东,王力哲,陈方,梁栋. 2014. 科学大数据与数字地球.科学通报,59(12):1047-1054.

胡最,汤国安,闾国年. 2012. GIS作为新一代地理学语言的特征. 地理学报,67(7):867-877.

贾奋励,张威巍,游雄. 2015. 虚拟地理环境的认知研究框架初探. 遥感学报,19(2):179-187.

江辉仙,刘小玲. 2005. 当前虚拟地理环境应用研究探讨. 福建地理,20(4):46-49.

蒋秉川,游雄,夏青,田江鹏. 2013. 体素在虚拟地理环境构建中的应用技术研究. 武汉大学学报(信息科学版), 38(7):875-877.

蒋录全,邹志仁,刘荣增,甄峰. 2002. 国外赛博地理学研究进展. 世界地理研究, (3):92-98.

李德仁,龚健雅,邵振峰. 2010. 从数字地球到智慧地球. 武汉大学学报(信息科学版), 2:127-132,253-254.

李德仁,邵振峰,杨小敏. 2011. 从数字城市到智慧城市的理论与实践. 地理空间信息,9(6):1-5,7.

李睿,郭建文,严宝杰,刘光琇.2006. 基于3S技术的宝天高速公路虚拟地理环境系统设计与实现. 冰川冻土,28(5):787-794.

李爽,孙九林. 2005. 基于虚拟地理环境的数字黄河研究进展. 地理科学进展,24(3):91-100.

李爽,姚静.2005. 虚拟地理环境的多维数据模型与地理过程表达. 地理与地理信息科学,21(4):1-5.

李新,程国栋,康尔泗,徐中民,南卓铜,周剑,韩旭军,王书功.2010. 数字黑河的思考与实践3:模型集成. 地球科学进展, (8):851-865.

廖克.2002. 地学信息图谱的探讨与展望.地球信息科学,4(1):14-20.

林珲,丁雨淋,陈旻. 2016. 虚拟地理环境与生态安全问题监控. 鄱阳湖流域生态安全及其监控//王野乔,龚健雅,夏军,林珲,戴星照,方朝阳等著. 北京:科学出版社.

林珲,龚建华. 2002. On Virtual Geographic Environments. 测绘学报(英文选集). 北京:测绘出版社:90-95.

林珲,龚建华,施晶晶. 2003. 从地图到地理信息系统与虚拟地理环境——试论地理学语言的演变.地理与地理信息科学,19(4):18-23.

林珲,徐丙立.2007. 关于虚拟地理环境研究的几点思考. 地理与地理信息科学,23(2):1-7.

林珲,朱庆.2005. 虚拟地理环境的地理学语言特征. 遥感学报,9(2):158-165.

刘敏.2009. 现代地理科学词典. 北京:科学出版社.

闾国年. 2011. 地理分析导向的虚拟地理环境:框架、结构与功能. 中国科学(地球科学),41(4):549-561.

罗亚波,陈定方,肖田元. 2003. 增强现实环境中的视觉一致性问题研究. 武汉理工大学学报(交通科学与工程版),27(4):452-454.

马蔼乃.2014. 综合集成研讨厅——"钱学森科学思想"之复杂巨系统智能求解法. 商场现代化,(12):50.

南卓铜,舒乐乐,赵彦博,李新,丁永建. 2011.集成建模环境研究及其在黑河流域的初步应用. 中国科学(E辑),41(8):1043-1054.

戚铭尧,舒广,池天河. 2004. 基于 Agent 多用户参与的虚拟地理环境. 系统仿真学报,16(5):1092-1095.

权兵,唐丽玉,陈崇成,兰樟仁,舒娱琴. 2004. 虚拟地理环境下的林分生长可视化研究. 森林与环境学报,24(3):224-228.

舒娱琴,祝国瑞,陈崇成,彭国均,唐丽玉. 2003. 虚拟地理环境真实感图形的构建技术. 测绘通报,10:11-14.

苏红军,盛业华,温永宁,陈旻. 2009. 面向虚拟地理环境的多源异构数据集成方法.地理信息科学,11(3):292-298.

孙小礼. 2000.数字地球与数字中国. 科学学研究,18(4):20-24.

陶虹. 2008.基于场景的可视化地理概念建模方法研究. 南京师范大学硕士研究生学位论文.

万刚,高俊,游雄. 2005. 虚拟地形环境仿真中的若干空间认知问题. 测绘科学,30(2):48-50.

王家耀. 2011. 地图制图学与地理信息工程学科进展与成就. 北京:测绘出版社.

王家耀,孙力楠,成毅. 2011.创新思维改变地图学.地理空间信息,9(2):1-5.

吴明光. 2015. 一种空间分布模式驱动的空间索引. 测绘学报,44(1):108-115.

徐丙立,龚建华,林珲. 2005. 基于 HLA 的分布式虚拟地理环境系统框架研究. 武汉大学学报(信息科学版),30(12):1096-1099.

徐小龙,王方华. 2007. 虚拟社区研究前沿探析. 外国经济与管理,(9):10-16.

易思蓉,聂良涛. 2016. 基于虚拟地理环境的铁路数字化选线设计系统. 西南交通大学学报,51(2):373-380.

袁林旺,闾国年,俞肇元.2012.基于几何代数的多维统一 GIS:理论、算法、应用.北京:科学出版社.

张春晓,林珲,陈旻. 2014. 虚拟地理环境中尺度适宜性问题的探讨. 地理学报,69(1):100-109.

张耀南,龙银平,程国栋,何振芳. 2014. 地学研究中的集成建模环境综述. 科研信息化技术与应用,5(1):3-15.

张之沧.2006. 虚拟空间地理学论纲. 自然辩证法通讯,(1)97-102,112.

张之沧,闾国年,刘晓艳. 2009. 第四世界:一种新时空的创造和探索. 北京:人民出版社.

赵沁平. 2009. 虚拟现实综述. 中国科学 F 辑,39(1):2-46.

赵秀芳,李占斌,李鹏,汶建龙. 2009. 水土流失动态监测体系中虚拟地理环境认知功效与评价.测绘科学,34(S):35-37.

郑度,陈述彭. 2001. 地理学研究进展与前沿领域.地球科学进展,(5):599-606.

中国科学技术协会.2014. 地理学学科发展报告(地图学与地理信息系统). 北京:中国科学技术出版社.

周成虎. 2015. 全空间地理信息系统展望. 地理科学进展,(2):129-131.

周成虎,李宝林. 1998. 资源环境信息图谱机理探讨. 地理研究,1998(增刊):10-16.

周成虎,朱欣焰,王蒙,施闯,欧阳. 2011. 全息位置地图研究. 地理科学进展,(11):1331-1335.

周洁萍,龚建华,陈铮,杜蔚. 2005. 协同虚拟地理环境中多用户交流交互模式及实现.地理与地理信息科学,(5):33-37.

周良辰,盛业华,林冰仙,闾国年,赵志鹏. 2014. 球面菱形离散格网正二十面体剖分法. 测绘学报,12:1293-1299.

周艳,朱庆,冯亮. 2005. 分布式虚拟地理环境中时空一致性研究. 地理信息世界,3(5):23-26.

朱杰,夏青. 2008. 基于虚拟地理环境的空间认知分析. 测绘科学,2008(s1):27-28,187.

朱庆,李德仁,龚健雅,熊汉江. 2001. 数码城市 GIS 的设计与实现. 武汉大学学报(信息科学版),26(1):8-11,17.

祝国瑞. 2004. 地图学. 武汉:武汉大学出版社.

祝国瑞,高山. 2004. 虚拟城市的 3 维建模. 测绘通报,(6):46-48.

Bainbridge, W.S. 2007. The scientific research potential of virtual worlds. *Science*, 317(5837):472-475.

Batty, M. 1997. Virtual geography. *Futures*, 29(45):337-352.

Batty, M., Lin, H., Chen, M. 2016. Virtual realities, analogies and technologies in geography. https://www.bartlett.ucl.ac.uk/casa/pdf/paper206.pdf.[2019-5-2]

Batty, M., Smith, A. H.2005. Urban simulacra:London. *Architectural Design*, 75(6):42-47.

Chen, C., Sun, F.,Kolditz, O. 2015. Design and integration of a GIS-based data model for the regional hydrologic simulation in Meijiang watershed China. *Environmental Earth Sciences*,74(10):7147-7158.

Chen,M., Lin H., Kolditz O., Chen, C. 2015. Developing dynamic Virtual Geographic Environments (VGEs) for geographic research. *Environmental Earth Sciences*, 74(10):6975-6980.

Chen, M., Lin, H., Lu, G. N. 2017. Virtual geographic environments. *The International Encyclopedia of Geography*.New York,USA:John Wiley & Sons,Inc.

Chen,M., Lin, H., Wen, Y. N., He, L., Hu, M. Y. 2012. Sino-virtual Moon:A 3D web platform using Chang'e-1 data for collaborative research. *Planetary and Space Science*, 65(1):130-136.

Chen, M., Lin, H., Wen, Y. N., He, L., Hu, M. Y. 2013. Construction of a virtual lunar environment platform.*International Journal of Digital Earth*, 6(5):469-482.

Chen, M., Sheng, Y. H., Wen, Y. N., Sheng, J. W., Su, H. J. 2008.Virtual geographic environments oriented 3D visualization system. *Journal of System Simulation*, 20(19): 5105-5108.

Chen, M., Tao, H., Lin, H., Wen, Y. N. 2011. A visualization method for geographic conceptual modelling. *Annals of GIS*, 17(1): 15-29.

Chen, M., Wen, Y. N., Yue, S. S. 2015. A progressive transmission strategy for GIS vector data under the precondition of pixel losslessness. *Arabian Journal of Geosciences*, 8(6):3461-3475.

Crosier, S. J., Goodchild, M. F., Hill, L.L., Smith, T.R. 2003. Developing an infrastructure for sharing environmental models. *Environment and Planning B(Planning and Design)*, 30(4): 487-501.

Cutter, S. L., Golledge, R., Graf, W. L. 2002. The big questions in geography. *Professional Geographer*, 54(3): 305-317.

Feng, M., Liu, S., Euliss, Jr, N. H., Ying, F. 2009. Distributed geospatial model sharing based on open interoperability standards. *Journal of Remote Sensing*, 13 (6):1060-1066.

Fook, K. D., Monteiro, A. M. V., Câmara, G., Marco A. C., Silvana A. 2009. GeoWeb services for sharing modelling results in biodiversity networks. *Transactions in GIS*, 13(4):379-399.

Geller, G. 2010. The ecological model web concept: A consultative infrastructure for researchers and decision makers using a Service Oriented Architecture. http://meetingorganizer.copernicus. org/EGU2010/EGU2010-7705.pdf.

Golledge, R. 2002. The nature of geographic knowledge. *Annals of the Association of American Geographers*, 92(1): 1-14.

Goodchild, M. F. 2009a. Geographic information systems and science: Today and tomorrow. *Annals of GIS*, 15 (1): 3-9.

Goodchild, M.F. 2009b. Virtual geographic environments as collective constructions. In: Lin, H., Batty, M.(Eds.). *Virtual Geographic Environments*. Beijing: Science Press.

Goodchild, M.F. 2010. Twenty years of progress: GIScience in 2010. *Journal of Spatial Information Science*, 1: 3-20.

Goodchild, M. F. 2012. Invigorating GIScience. www. geog. ucsb. edu/~good/presentations/ ucgismay12.pptx

Granell, C., Díaz, L., Schade, S., Ostländer, N., Huerta, J. 2013a. Enhancing integrated environmental modelling by designing resource-oriented interfaces. *Environmental Modelling & Software*, 39:229-246.

Granell, C., Schade, S., Ostländer, N. 2013b. Seeing the forest through the trees: A review of integrated environmental modelling tools. *Computers, Environment and Urban Systems*, 41:136-150.

Gupta, S., Kim, H. W. 2004. Virtual community: Concepts, implications, and future research directions. Proceedings of the Tenth America's Conference on Information Systems, New York.

Hu, D., Ma, S.S., Guo, F., Lu, G. N., Liu, J. Z. 2015. Describing data formats of geographical models. *Environmental Earth Sciences*, 74(10): 7101-7115.

Hu, M. Y., Lin, H., Chen, B., Chen, M., Che, W. T., Huang, F. R. 2011. A virtual learning environment of Chinese University of Hong Kong. *International Journal of Digital Earth*, 4(2): 171-182.

Jia, F. L., You, X., Tian, J. P., Song, G. M., Xia, Q. 2015. Formal language for the virtual geographic environment. *Environmental Earth Sciences*, 74(10):6981−7002.

Konecny, M., 2011. Cartography: Challenges and potential in the virtual geographic environments era. *Annals of GIS*, 17 (3): 135−145.

Li, Y., Gong, J.H., Song, Y.Q., Liu, Z.G., Ma, T., Liu, H., Shen, S., Li, W.H., Yu, Y.Y. 2015.Design and key techniques of a collaborative virtual flood experiment that integrates cellular automata and dynamic observations.*Environmental Earth Sciences*, 74(10):7059−7067.

Liang, J. M., Gong, J. H., Li, Y. 2015.Realistic rendering for physically based shallow water simulation in Virtual Geographic Environments (VGEs). *Annals of GIS*, 21(4):301−312.

Lin, H., Batty, M. 2009. *Virtual Geographic Environments*. Beijing: Science Press.

Lin, H., Batty, M.,Jørgensen, S. E., Fu, B. J., Konecny, M., Voinov, A., Torrens, P., Lu, G. N., Zhu, A. X., Wilson, J. P., Gong, J. H., Kolditz, O., Bandrova, T., Chen, M. 2015. Virtual environments begin to embrace process-based geographic analysis. *Transactions in GIS*, 19 (4):493−498.

Lin, H., Chen, M. 2015. Managing and sharing geographic knowledge in Virtual Geographic Environments (VGEs).*Annals of GIS*, 21:(4): 261−263.

Lin, H., Chen, M., Lu, G. N. 2013a. Virtual Geographic Environment—A workspace for computer-aided geographic experiments. *Annals of the Association of American Geographers*,103 (3): 465−482.

Lin, H., Chen,M., Lu, G.N., Zhu, Q., Gong, J. H., You, X., Wen, Y. N., Xu, B. L., Hu, M. Y. 2013b. Virtual Geographic Environments (VGEs): A new generation of geographic analysis tool. *Earth−Science Reviews*, 126: 74−84.

Lin, H., Gong, J.H. 2001. Exploring Virtual Geographic Environments. *Geographic Information Sciences*, 7(1): 1−7.

Lin, H., Zhu, J., Gong, J.H., Xu, B.L., Qi, H. 2010. A grid−based collaborative Virtual Geographic Environment for the planning of silt dam systems. *International Journal of Geographical Information Science*, 24 (4): 607−621.

Lin, H., Zhu, Q. 2006. Virtual Geographic Environments. In:Zlatanova, S., Prosperi, D. (Eds.). *Large−scale 3D Data Integration*: *Challenges and Opportunities*. Boca Raton: Taylor & Francis: 211−230.

Lu, G. N. 2011. Geographic analysis−oriented Virtual Geographic Environment: Framework, structure and functions. *Science China (Earth Science)*, 54(4): 733−743.

Lu, G. N., Yu, Z. Y., Zhou, L. C., Wu, M. G., Sheng, Y. H., Yuan, L. W. 2015. Data environment construction for virtual geographic environment.*Environmental Earth Sciences*, 74 (10): 7003−7013.

MacEachren, A. M., Brewer, I. 2004. Developing a conceptual framework for visually−enabled geocollaboration. *International Journal of Geographical Information Science*, 18(1):1−34.

Mark, D.M.,Freksa, C., Hirtle, S.C., Lloyd, R., Tversky, B. 1999. Cognitive models of geographical space. *International Journal of Geographical Information Science*, 13(8): 747−774.

Dodge, M. 1999. The geographies of cyberspace. Centre for Advanced Spatial Analysis. http://www.bartlett.ucl.ac.uk/casa/pdf/paper8.pdf.[2019-9-2]

Matthews, J. A., Herbert, D. T. 2008. *Geography: A Very Short Introduction*. Oxford: Oxford University Press.

Mekni, M. 2010. Hierarchical path planning for situated agents in informed virtual geographic environments. http://delivery.acm.org/10.1145/1810000/1808182/a30-mekni.[2019-5-18]

Mekni, M. 2012. Abstraction of informed virtual geographic environments. *Geo-spatial Information Science*,15(2):27-36.

Moore, A. B., Bricker, M. 2015."Mountains of work": Spatialization of work projects in a virtual geographic environment. *Annals of GIS*, 21(4):313-323.

Peuquet, D. J. 2009. Toward integrated space-time analysis environments. In: Lin, H. Batty, M. *Virtual Geographic Environments*. Beijing: Science Press.

Plant, R. 2004. Online communities.*Technology in Society*, 26(1):51-65.

Priestnall, G., Jarvis, C., Burton, A., Smith, M., Mount, N.J., 2012. Virtual geographic environments. In: Unwin, D.J., Foote, K.E., Tate, N.J., DiBiase, D. (Eds.). *Teaching Geographic Information Science and Technology in Higher Education.*, UK: John Wiley & Sons: 257-288.

Rink, K., Chen, C., Bilke, L., Liao, Z. L., Rinke, K., Frassl, M., Yue, T. X., Kolditz, O. 2016. Virtual geographic environments for water pollution control. *International Journal of Digital Earth*,11(4):397-407.

Rybansky, M., Hofmann, A., Hubacek, M., Kovarik, V., Talhofer, V. 2015. Modelling of cross-country transport in raster format. *Environmental Earth Sciences*, 74(10): 7049-7058.

Song, Y. Q., Gong, J. H., Li, Y., Cui, T. J., Fang, L. Q., Cao, W. C. 2013. Crowd evacuation simulation for bioterrorism in micro - spatial environments based on virtual geographic environments.*Safety Science*, 53:105-113.

Steuer, J. 1995. Defining virtual reality: dimensions determining telepresence. *Journal of Communication*, 42(4):73-93.

Tang,L. Y., Chen, C. C., Huang, H. Y., Lin, D. 2015a. An integrated system for 3D tree modeling and growth simulation. *Environmental Earth Sciences*, 74(10):7015-7028.

Tang,L. Y., Hou, C., Huang, H. Y., Chen, C. C. 2015b. Light interception efficiency analysis based on three-dimensional peach canopy models. *Ecological Informatics*, 30:60-67.

Torrens, P.M. 2012. Moving agent pedestrians through space and time.*Annals of the Association of American Geographers*, 102(1):35-66.

Torrens, P.M. 2015a. Exploring behavioral regions in agents' mental maps.*Annals of Regional Science*, 57(2-3):309-334.

Torrens, P.M. 2015b. Intertwining agents and environments.*Environmental Earth Sciences*, 74(10): 7117-7131.

Torrens, P.M. 2015c. Slipstreaming human geosimulation in virtual geographic environments. *Annals of GIS*, 21(4):325-344.

Voinov, A., Kolagani, N., McCall, M. K., Glynn, P. D., Kragt, M. E., Ostermann, F. O.,

Pierce, S. A., Ramu, P. 2016. Modelling with stakeholders—Next generation. *Environmental Modelling & Software*, 77(C): 196–220.

Voinov, A., Shugart, H.H. 2013.'Integronsters', integral and integrated modeling. *Environmental Modelling & Software*, 39(C): 149–158.

Wen, Y. N., Chen, M., Lu, G. N., Lin, H. 2013a. Prototyping an open environment for sharing geographical analysis models on cloud computing platform.*International Journal of Digital Earth*, 6(4):356–382.

Wen, Y. N., Chen, M., Lu, G. N., Lin, H., Yue, S. S., Fang, X. 2013b. A characteristic bitmap coding method for approximate expression of vector elements based on self–adaptive gridding. *International Journal of Geographical Information Science*, 27(10):1939–1959.

Wen, Y.N., Chen, M., Yue, S. S., Zheng, P. B., Peng, G. Q., Lu, G. N. 2016. A model–service deployment strategy for collaboratively sharing Geo–analysis models in an open Web environment. *International Journal of Digital Earth*, doi:10.1080/17538947.2015.1131340.

Wu, C., Zhu, Q., Xu, W. P., Zhang, Y. T., Xie, X., Ding, Y.N., He, F., Zhou, Y. 2015. A real–time geo–processing database engine linking calculations and storage for VGE. *Annals of GIS*, 21(4): 265–274.

Wu, H.Y., You, L.,Gui, Z., Hu, K., Shen, P. 2015. GeoSquare: Collaborative geoprocessing models' building, execution and sharing on Azure Cloud.*Annals of GIS*, 21(4): 287–300.

Xu, B.L., Lin, H., Chiu, L.S., Hu, Y., Zhu, J., Hu, M.Y., Cui, W.N. 2011. Collaborative Virtual Geographic Environments: A case study of air pollution simulation. *The Information of the Science*,181 (11): 2231–2246.

Xu, B.L., Lin, H., Chiu, L.S., Tang, S., Cheung, J., Hu, Y., Zeng, L.P. 2010. VGE–CUGird: An integrated platform for efficient configuration, computation, and virtualization of MM5. *Environmental Modeling and Software*, 1 (25): 1894–1896.

Xu, B.L., Lin, H., Gong, J.H., Tang, S., Hu, Y., Nasser, I.A., Jing, T. 2013. Integration of a computational grid and Virtual Geographic Environment to facilitate air pollution simulation.*Computers & Geosciences*, 54: 184–195.

Yin, L.Z., Zhang, X., Li, Y., Wang, J. H., Zhang, H., Yang, X. F. 2015. Visual analysis and simulation of dam–break flood spatiotemporal process in a network environment. *Environmental Earth Sciences*, 74(10): 7133–7146.

Yue, P., Zhang, M., Tan, Z.2015. A geoprocessing workflow system for environmental monitoring and integrated modelling. *Environmental Modelling & Software*, 69(C):128–140.

Yue, S. S., Wen, Y. N., Chen, M.,Lu, G. N., Hu, D.,Zhang, F. 2015. A data description model for reusing, sharing and integrating geo–analysis models. *Environmental Earth Sciences*, 74 (1): 7081–7099.

Yue, S.S., Chen, M., Wen, Y. N., Lu, G. N. 2016. Service–oriented model–encapsulation strategy for sharing and integrating heterogeneous geo–analysis models in an open web environment. *ISPRS Journal of Photogrammetry and Remote Sensing*, 114: 258–273.

Zhang, C. X., Chen, M., Ding, Y. L., Li, R. R., Lin, H. 2015. A virtual geographic environment system for multiscale air quality analysis and decision making: A case study of SO_2 concentration simulation. *Applied Geography*, 63:326-336.

Zhang, C. X., Chen, M., Li, R. R., Fang, C. Y., Lin, H. 2016. What's going on about geo-process modeling in Virtual Geographic Environments (VGEs). *Ecological Modelling*, 319: 147-154.

Zhang, H., Zhu, J., Xu, Z., Hu, Y., Wang, J. H., Yin, L. Z., Liu, M. W., Gong, J. 2016. A rule-based parametric modeling method of generating virtual environments for coupled systems in high-speed trains.*Computers, Environment and Urban Systems*, 56:1-13.

Zhang, J.Q., Gong, J.H., Lin, H., Wang, G., Huang, J.L., Zhu, J., Xu, B.L., Teng, J. 2007. Design and development of distributed Virtual Geographic Environment system based on Web services. *The Information of the Science*, 177 (19): 3968-3980.

Zhu, J., Gong, J.H., Liu, W.G., Song, T., Zhang, J.Q. 2007. A collaborative Virtual Geographic environment based on P2P and grid technologies. *The Information of the Science*, 177 (21): 4621-4633.

Zhu, J., Yin, L. Z., Wang, J. H., Zhang, H., Hu, Y., Liu, Z. J. 2015. Dam-break flood routing simulation and scale effect analysis based on virtual geographic environment. *IEEE Journal of Selected Topics in Applied Earth Observations and Remote Sensing*, 8(1): 105-113.

Zhu, J., Zhang, H., Yang, X. F., Yin, L. Z., Li, Y., Hu, Y., Zhang, X. 2016. A collaborative virtual geographic environment for emergency dam-break simulation and risk analysis.*Journal of Spatial Science*,61(1): 133-155.

第 2 章

地理数据资源管理

2.1　多源地理数据及其获取

地理数据是指以地球表面空间位置为参考的自然、社会和人文经济景观数据,以图形、图像、文字、表格或者数字等方式呈现。地理数据可以表达地理空间实体的位置、形状、大小及其分布特征等诸多方面信息,可以描述来自现实世界的目标,具有定位、定性、时间和空间关系等特征。

目前,地理数据已广泛应用于社会各行业和各领域,如城市规划、交通、银行、航空航天等。随着科学和社会的发展,人们已经越来越认识到地理数据对于社会经济的发展、人们生活水平提高的重要性,这加快了人们获取和应用地理数据的步伐。地理数据是虚拟地理环境的核心之一,是虚拟地理环境建模的基础和认知的前提,为地理场景构建、地理模型运行、可视化表达及地学分析提供数据支撑。相对于传统 GIS 的数据管理,虚拟地理环境更注重多源数据的整合、共享、集成与信息挖掘,以服务于多通道感知的表达和地理过程模型,最终实现地理问题分析、地理规律提炼、地理现象模拟、地理环境变化再现与预测以及人类活动影响的评估(闾国年,2011)。

2.1.1　静态场景数据

2.1.1.1　传统 GIS 数据源

传统的 GIS 数据源是虚拟地理环境的数据源之一,多表现为 4D 产品:数字高程模型(digital elevation model,DEM)、数字正射影像图(digital orthophoto map,

DOM）、数字栅格地图（digital raster graphic，DRG）、数字线划图（digital line graphic，DLG），还包括航空/卫星遥感影像数据、纸质或数字地图数据以及人口与自然资源等统计资料数据等数据源。

航空、卫星遥感影像数据是虚拟地理环境中另一种数据源。通过遥感影像可以快速、准确地获得大面积的、综合的各种专题信息，航天遥感影像还可以取得周期性的资料，这些都为虚拟地理环境提供了丰富的信息。每种遥感影像都有其自身的成像规律、变形规律，所以在应用时要注意影像的纠正、影像的分辨率、影像的解译特征等方面的问题。

地图数据也可以成为虚拟地理环境的数据源。地图是地理数据的传统描述形式，是具有共同参考坐标系统的点、线、面的二维平面形式的表示。图上实体间的空间关系直观，而且实体的类别或属性可以用各种不同的符号加以识别和表示。不同类型的地图，其研究的对象不同，应用的部门、行业不同，所表达的内容也不同。地图数据一般主要包括普通地图和专题地图两类（汤国安等，2007）。

人口、自然资源等方面的大量统计资料、国民经济的各种统计数据常常也是虚拟地理环境的数据源，尤其是属性数据的重要来源。统计数据一般都是和一定范围内的统计单元或观测点联系在一起。当前各领域的统计数据已建立起各种规模的数据库，统计数据的建立、传送、汇总已普遍实行电子化。各类统计数据可存储在属性数据库中与其他形式的数据一起参与分析。

2.1.1.2　倾斜摄影测量数据

传统的影像数据主要来源于垂直角度（或倾角很小）的航空或卫星影像，这些影像大多只有地物顶部的信息特征，缺乏地物侧面详细的轮廓及纹理信息，不利于全方位的模型重建和场景感知。并且这些影像上建筑物容易产生墙面倾斜、屋顶位移和遮挡压盖等问题，不利于后续的几何校正和辐射处理。

倾斜影像（oblique image）是指由一定倾斜角度的航摄相机所获取的影像。倾斜摄影技术是国际测绘遥感领域近年发展起来的一项高新技术，通过在同一飞行平台上搭载多台传感器，同时从垂直、倾斜等不同的角度采集影像，获取地面物体更为完整准确的信息。倾斜摄影技术颠覆了只从单一垂直角度进行拍摄的传统航空摄影模式，集成了传统的航空摄影和测距技术，获取的影像成果更符合人类视觉系统的直观真实世界认知（李德仁等，2015）。

倾斜影像测量的原理是通过具有一定倾角的倾斜航摄相机获取的，具有如下特点：①可以获取多个视点和视角的影像，从而得到更为详尽的侧面信息，能够反映地物真实的情况，并能够对地物进行量测；②具有较高的分辨率和较大的视场角；③同一地物具有多重分辨率的影像；④倾斜影像地物遮挡现象较突出；

⑤高性价比和高效率。针对这些特点,倾斜摄影测量技术通常包括影像预处理、区域网联合平差、多视影像匹配、数字表面模型(DSM)生成、真正射纠正、三维建模等关键内容(朱庆等,2012)。倾斜摄影测量的关键技术有:

1) 多视影像联合平差

多视影像不仅包含垂直摄影数据,还包括倾斜摄影数据,而部分传统空中三角测量系统无法较好地处理倾斜摄影数据,因此,多视影像联合平差需充分考虑影像间的几何变形和遮挡关系。结合 POS 系统提供的多视影像外方位元素,采取由粗到精的金字塔匹配策略,在每级影像上进行同名点自动匹配和自由网光束法平差,得到较好的同名点匹配结果。同时,建立连接点和连接线、控制点坐标、GPU/IMU 辅助数据的多视影像自检校区域网平差的误差方程,通过联合解算,确保平差结果的精度。

2) 多视影像密集匹配

影像匹配是摄影测量的基本问题之一,多视影像具有覆盖范围大,分辨率高等特点。因此,如何在匹配过程中充分考虑冗余信息,快速准确获取多视影像上的同名点坐标,进而获取地物的三维信息,是多视影像匹配的关键。由于单独使用一种匹配基元或匹配策略往往难以获取建模需要的同名点,因此近年来随着计算机视觉发展起来的多基元、多视影像匹配,逐渐成为人们研究的焦点。目前,在该领域的研究已取得很大进展,如建筑物侧面的自动识别与提取。通过搜索多视影像上的特征,如建筑物边缘、墙面边缘和纹理,来确定建筑物的二维矢量数据集,影像上不同视角的二维特征可以转化为三维特征,在确定墙面时,可以设置若干影响因子并给予一定的权值,将墙面分为不同的类,将建筑的各个墙面进行平面扫描和分割,获取建筑物的侧面结构,再通过对侧面进行重构,提取出建筑物屋顶的高度和轮廓。

3) 数字表面模型生成和真正射影像纠正

多视影像密集匹配能得到高精度高分辨率的 DSM,充分表达地形地物起伏特征,已经成为新一代空间数据基础设施的重要内容。由于多角度倾斜影像之间的尺度差异较大,加上较严重的遮挡和阴影等问题,基于倾斜影像的 DSM 自动获取存在新的难点。可以首先根据自动空三解算出来的各影像外方位元素,分析与选择合适的影像匹配单元进行特征匹配和逐像素级的密集匹配,并引入并行算法,提高计算效率。在获取高密度 DSM 数据后,进行滤波处理,并将不同匹配单元进行融合,形成统一的 DSM。多视影像真正射纠正涉及物方连续的 DEM 和大量离散分布粒度差异很大的地物对象,以及海量的像方多角度影像,具有典型的数据密集和计算密集特点。因此,多视影像的真正射纠正,可分为物方和像方同时进行。在有 DSM 的基础上,根据物方连续地形和离散地物对象的几何特征,通过轮廓提取、面片拟合、屋顶重建等方法提取物方语义信息;同时在多视影像上,通过影像分割、边缘提取、纹理聚类等方法获取像方语义信息,再根据联合平差和密集匹配的结果建立物方和像方的同名点对应关系,继而建立全局优化采样策略和顾及几何辐射特性的联合纠正,同时进行整体匀光处理,实现多视影像的真正射纠正(图 2.1)。

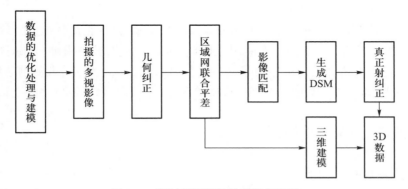

图 2.1　倾斜摄影测量数据处理流程

2.1.1.3　三维激光数据

激光扫描测量可以快速获得物体表面每个采样点的空间立体坐标,得到一个表示实体的点集合,称为点云(point cloud)。点云数据借助计算机软件处理,用点、线、多边形、曲线、曲面等形式可以将立体模型描绘出来,可以重建出实体的表面模型。三维激光扫描测量真正做到了直接从实物进行快速的逆向三维数据采集及模型重构。

为了得到正确的空间坐标,除了建立准确的模型外,还必须设法确定有关的装置参数。这些参数由于种种原因可能与设计值不符,而且可能根据使用要求进行调整。标定的方法与计算模型、误差模型密切相关。一般是通过对已知准确尺寸的精密标准场地进行测量,根据计算模型和已知尺寸,反求姿态常数,这一过程称为定标。系统的定标精度和可靠程度直接影响装置的测量精度。在获取物体表面每个采样点的空间坐标后,得到的是一个点的集合,称为点云。这些数据不能直接使用,必须用点、多边形、曲线、曲面等形式将立体模型描述出来,构成模型。同样的点集进行不同的链接,可能得到不同的三维模型。由于被扫描对象的形状可能很复杂,扫描得到的点集会很不规则,给建模带来了困难。如何正确、快速地完成复杂表面的散乱构模是一项难度很大的工作。

激光扫描测量是通过激光扫描器和距离传感器来获取被测目标的表面形

态。激光扫描仪一般由激光发射器、接收器、时间计数器、传动装置、微电脑和软件等组成。激光脉冲发射器周期地驱动激光二极管发射激光脉冲,然后由接收透镜接收目标表面的反射信号,并生成一接收信号,利用一稳定的石英时钟对发射与接收时间差做技术处理,经由微电脑对测量资料进行内部微处理,显示或存储、输出距离和角度资料,并与距离传感器获取的数据相匹配,最后经过相应系统软件进行一系列处理,获取目标表面三维坐标数据,从而进行各种量算或建立立体模型(陈静等,2001)。目标的三维构模、格式转换、可视化以及各种量算等都由应用软件进行。

激光扫描技术的特点包括:精确度高;受外界影响小;非接触性;高密度、高精度特性;数字化、自动化等。应用领域包括:建立三维城市模型;在林区确定DEM、平均树高或者测定架空线悬高;灾害评估;测量水下地形;堆积物的测定;古建筑、文物等测绘;其他大型工程进展监测等(李清泉等,2003)。

2.1.2　动态场景数据

虚拟地理环境中除了静态场景数据(如传统的 GIS 数据、各类三维数据等),还包括动态场景数据的管理,其中比较有代表性的有:动态过程数据、时空行为数据、人文社会数据等。

2.1.2.1　动态过程数据

虽然地理信息系统的出现可以完善人类对静态布局的理解能力,但是依旧无法满足人类对于动态过程探索的需求。诸如"如何预测台风走势""海啸发生五小时后将波及多大范围"等问题,仅利用以地理编码数据库为主的地理信息系统还无法回答。而虚拟地理环境的出现正是为了满足对动态地理现象和过程的模拟与解释的需求,动态过程数据是其必要和重要支撑。

虚拟地理环境的动态过程是指地理事物及各种环境场现象随时间的推移和相关地理要素的变化而出现的动态变化过程。根据其在时间、空间上的变化特征,主要可分为地理循环过程、地理演变过程、地理波动性变化过程和地理扩散过程。例如,典型的城市地理过程包括建筑形态、噪声场、风场、热场、空气质量场等动态变化过程,动态过程数据包括城市规划、设施管理、应急模拟、环境污染模拟、自然灾害模拟等模型模拟产生的数据。

2.1.2.2　时空行为数据

地理学对于个体行为的关注最初主要体现在行为地理学和时间地理学。时间地理学作为个体行为过程的分析方法之一,整合了人类行为的空间和时间维度,是理解人类时空制约的有效工具。它通过对人类活动的制约条件的分析,建立了一个在时空轴上动态地描述和解释行为活动的框架(如时空路径、时空棱柱、路径-棱柱组合及驻点等以及用于时空路径与时空棱柱分析的活动束、交叉点等概念)。然而个体行为的研究过去一直受时空数据的可获得性手段制约,近年来随着移动通信技术、GIS 和无线定位技术的发展,尤其是虚拟地理环境理论和技术的发展,使个体行为研究获取更高精度和更大尺度的时空数据成为可能。同时,在虚拟地理环境的应用中,个体时空行为数据和分析已在生活行为、日常活动空间、交通规划及社区规划等领域显示出独特的价值。

时空行为数据为虚拟地理环境的研究和实践提供了新的数据源。信息化社会、特别是移动互联网技术带来了基于个体的时空行为数据的革命,因为每一个人都是传感器、信息源,其时空定位信息等的背后隐藏着人类行为的模式与趋势,成为虚拟地理环境中人的行为研究的重要信息来源。与此相关的概念有众源(众包)地理数据、群智感知数据和自发地理信息数据等。

众源地理数据(crowd-sourcing geographic data,CSGD)是由大量非专业人员志愿获取并通过互联网向大众或相关机构提供的一种开放地理数据。用户利用智能手机、平板电脑、GPS 接收机等收集某一时刻的位置信息,然后借助 Web2.0 的标注和上传功能,使得大众用户成为义务的信息提供者。代表性的众源地理数据有 GPS 行驶轨迹数据、用户协作标注编辑的地图数据、各类社交网络如 Twitter、Facebook、微博、Flickr 用户签到的兴趣点、Open Street Map 等。这些数据需经过处理才能形成规范的地理信息。与传统地理信息数据相比,来自非专业大众的众源地理数据具有数据量大、现势性好、信息丰富、成本低、质量各异、冗余而不完整、覆盖不均匀、缺少统一规范、隐私和安全难以控制等特点,成为近年来国际地理信息科学领域的研究热点。众源地理数据可以用于应急制图、交通分析、早期预警、犯罪分析、疾病传播分析、城市规划等诸多地理空间信息服务领域。

其中,位置签到数据是利用带有 GPS 的智能终端记录某一时刻所处位置而产生的具有空间性、时间性和社会化属性信息的数据,它记录生活轨迹,反映了人的日常生活行为,是一种重要的众源地理数据。位置签到数据多集中在城市、旅游景区,并以大众签到的兴趣点为主要表现形式(单杰等,2014;胡庆武等,2014)。

群智感知由众源、参与感知(participatory sensing)等相关概念发展而来。2012 年,清华大学刘云浩教授首次提出"群智感知计算"概念,即利用物联网/移动互联网进行协作,实现感知任务分发与感知数据收集利用,最终完成大规模、复杂的城市与社会感知任务。与基于传感网和物联网的感知方式不同,群智感知以大量普通用户作为感知源,强调利用大众的广泛分布性、灵活移动性和机会连接性进行感知,并为城市及社会管理提供智能辅助支持。群智感知作为一种全新的感知模式,为推动社会与城市管理创新带来了前所未有的机遇。与传统网络相异的感知方式也为其带来了很多新的研究问题,特别是群智感知将形成多模态、内容丰富、具有时空和人本特征的数据,已有的模型和方法并不能很好地满足其在数据处理和理解方面的需求,故而需要探索新的计算模型和方法。

群智感知中用户的参与性体现为两种模式:①线下移动感知参与,通过人在回路的感知模式贡献数据;②在线社交媒体参与,通过各种移动社交媒体贡献数据,移动社交媒体能够实现虚拟空间交互和物理空间元素(如地理签到、活动等)的连接。群智感知数据的两种数据产生模式具有明显区别,分别称为显式感知模式和隐式感知模式。移动感知参与属于显式感知模式,通过需求驱动产生感知任务,并进行任务分配和参与者选择,用户则根据任务需求贡献数据。移动社交媒体参与属于隐式感知模式,用户在使用各种既有社交服务(如微博、大众点评等)的过程中产生了大量数据,而在贡献数据时并没有明确的感知任务需求,数据后期经过二次加工利用,产生新的服务价值(如通过用户在线签到数据发现城市的热点区域或异常聚集趋势)。

由于数据产生过程中人类的参与,群智感知数据相比传统感知网络数据具有许多新特点。一是群智数据通过人类线上、线下的多种参与方式获得,同时产生于信息空间和物理空间,且由于人类的纽带作用,不同空间数据实现时空交织和语义关联。二是人类行为的不确定性和自发性等特征使得群智数据常包含较多的错误或冗余,质量良莠不齐,给数据的及时准确处理带来了极大挑战。三是群智数据体现人、机、物的融合,在数据获取过程中还蕴含了丰富的群体智能信息,如群体与感知对象的交互特征(如交互时间、地点、采集情境、采集模式等),为实现人类和机器智能融合,进行高效数据处理提供了基础。

随着地球信息科学在新地理信息时代的发展,学者认为地理信息的创建、维护、应用可由大众完成,称为自发地理信息(volunteered geographic information,VGI)(Miller et al.,2015)。

2.1.2.3　人文社会数据

后现代社会以"信息时代""知识经济""学习型社会"作为其基本特征,实际上已经悄然来临,并迅速而全面地渗透到当代人类社会各个方面。近年来,关于信息时代地理学的研究活动和文献日趋增多。例如,Batty 考虑现代信息技术快速发展对地理学的影响,提出基于信息的"不可见城市""赛博空间地理学"以及"虚拟地理学"。日益增多的公众对虚拟环境、虚拟地球、虚拟世界日渐熟悉并参与其中。信息化、网络化、虚拟化后现代社会中学习、工作和生活的新方式诸如 e-旅游、e-教育、e-购物、虚拟社区、虚拟办公室、虚拟银行、虚拟股市、虚拟游戏、虚拟艺术等相继出现并展现强大生机,公众用户群正在迅速扩大。例如,越来越多的后现代人类进入"第二人生"(Second-Life)虚拟世界开始其虚拟人生,瑞典政府在其中设立了虚拟大使馆。

后现代媒介传播、后现代教育、后现代文化消费、后现代经济模式以及后现代新人类取向等的出现,代表了整个后现代人类发展的一些趋势和方向。因此,利用虚拟地理环境这样一个窗口平台研究后现代社会经济、政治、法律、文化和人类心理、行为特征及生活方式的人文社会科学领域,可以从中了解、探讨和深入研究后现代人类社会的特征及发展趋势和方向。而虚拟地理环境也继承了地理学沟通自然科学和人文社会科学的"桥梁"特征。人文社会数据自然构成虚拟地理环境中地理数据资源的一个不可或缺的部分。

通常,虚拟地理环境所提及的人文社会数据主要包括:①历史和人类学领域的数据;②宗教发展与文明对话方面的数据;③社会资本与均衡发展研究领域的数据;④城市发展与城市集体记忆相关的数据;⑤政治热点方面的数据,如国家选举、地缘政治、区域管治等;⑥经济热点方面的数据,如土地、交通、市场、旅游等;⑦文化热点数据,如历史地理、经济人类学、景观分析等。

2.1.3　实时传感器数据

传感器的出现和飞速发展,改变了传统 GIS 数据的获取方式,地理环境中无处不在的传感器可以捕获空间对象或者地理过程的演变,实现地理现象的实时动态监测(Hart et al., 2006)。传感器彻底地改变了地理空间信息的采集、管理和分析手段,极大地增强了人们对地理环境的监测能力,成为地学研究中革命性的研究工具之一。传感器数据是新一代的数据源,而带有位置信息的传感器数据逐渐成为虚拟地理环境的一种重要实时数据来源,通过遍布在各个位置的不同传感器,可以实时获取各种各样的地理数据。

2.1.3.1　传感器数据与移动感知数据

1) 传感器数据

美国学者 Neil Gross 曾预言,在下一世纪(即 21 世纪),行星地球将附上一层电子皮肤(Gross, 1999),"它由上百万个嵌入式电子测量器件(传感器)组成,包括温度计、压力计、污染检测仪、摄影机、麦克风、血糖仪、心电图仪和脑电图仪等,它用通信网络作为骨架来支持和传输各种感知信息。利用这层电子皮肤可以测量和监测固体地球、大气、海洋、生物,用于电子政务、电子商务,我们的日常生产、生活,人们的对话、身体乃至我们的梦境"。

传感器是指能感知外界信息,并能按一定规律将这些信息转换成可用信号的装置。一定意义上,传感器就是人类五官的延伸。根据其感知外界信息的原理可将传感器分为:①物理类:基于力、热、光、电、磁和声等物理效应;②化学类:基于化学反应的原理;③生物类:基于酶、抗体和激素等分子识别功能。而根据其基本感知功能可分为:热敏、光敏、气敏、力敏、磁敏、湿敏、声敏、色敏、味敏和放射线敏等。

2013 年,在美国的产学联合会议"万亿传感器峰会"(TSensors Summit)上就提出了"万亿个传感器覆盖地球"(Trillion Sensors Universe)计划,旨在推动社会基础设施和公共服务中每年使用 1 万亿个传感器。目前已知 99% 以上的传感器分布在地球表层空间,这些传感器在某一时刻都具有特定的空间位置,因此它们绝大部分属于地理目标或对象。其中有些传感器本身就是用于空间数据探测,包括空间定位数据、几何形态数据,以及在某一时刻某一空间位置上或语义数据(属性数据),这些数据就成为地理数据。2020 年,全球已有十万亿级以上的传感器服务于对地观测(李德仁等,2014)。这些传感器使得地理环境观测在空间、时间、粒度、广度、成本、尺度的灵活性等方面均取得了变革(张耀南等,2014),为虚拟地理环境的实时动态场景构建提供支撑。

2)移动感知数据

现今随着智能手机的发展,加之大量传感器的嵌入,可以认为几乎人人都有手持移动设备,出现了一种新的感知方式——移动感知(mobile sensing)(Macias et al., 2013;Boubiche et al., 2019)。人们通过手持移动设备收集数据,每一个人和他的设备都组成一个基本的传感节点,众多的人在不断的移动中形成了一个广域的或者多个具有微观特性的由传感节点组成的"移动感知社会"。

现在有超过数亿人每天携带智能手机。这些随处可见的设备利用交互式或自主式的方法,能够收集越来越多的数据,并且能够对数据信息进行分类,如图像信息、声音信息、位置信息和其他数据信息。这些移动设备跨越了多种应用领域,使得它们互相关联,如医疗保健、安全、环境监测、数据传输等应用领域,并且形成了一个新的研究领域,即移动感知。在手机中装上传感器,以这种方式就可以收集到大量的数据。例如,可以利用移动感知来追踪并监控多个数据点,并且可以提供有关环境监测的动态信息,以此来了解城市的交通状况。Burke 在 2006 年明确提出了移动感知的概念,他描述了一个可以提高数据质量、可信度、安全性和共享性的体系架构(Burke et al., 2006)。近两三年研究人员认识到,移动感知的挑战在于能够确保收集到完整、准确、安全的数据,并且在高效节能的情况下正确地传输。

在大多数的移动感知应用场景中,通常涉及多类型海量数据的采集和处理。利用机器学习、数据挖掘等技术,可以从收集到的传感数据中提取到需要的信息,然后进行分析、存储、管理,以至反馈至关联对象,在分析数据时,需要根据任务的类别来建模。许多新兴应用发展都是以人为中心的,所以可根据周围的环境和人们所感兴趣的行为来建模。可以将这些任务归类,形成数据库。关于任务归类的划分,需要将行为和社会研究相结合,将心理学理论和计算机科学相结合。由于每个类都有自身的特点,我们将传感器感知到的数据进行过滤然后与类相匹配,进而保存在数据库中。

而庞大的数据处理操作,有时需要云计算技术作为支撑,以确保更为可靠的服务。服务器收集到这些信息之后,归类储存,并根据任务目标对感知主体做出反馈,并在应用层对他们的行为进行预测和指导。

2.1.3.2 地理视频数据

地理视频是具有地理位置语义增强信息的视频,具有数据内容动态、实时和真实感地理场景表达的突出优势。地理视频数据(也可以称为视觉传感器数据)兼有视频数据与时空数据两者的特性,视频 GIS 系统需有效管理多尺度、多时相、多模态、多维度的地理视频数据。

作为一类常见的媒体类型,视频由于时空属性兼备、信息分辨率高、表达直观和空间关系传递准确的特点,一直是世界性技术研究和产品开发的热点。视频作为一种普适化公众媒体资源,已不仅是一种视觉产品,而成为大众化的、社会化的地理信息来源和建模分析与表达手段。在 GIS 领域,由于视频信息本身的特点以及在许多领域中具有极其广阔的应用前景和重要的发展潜力,视频数据与虚拟地理环境的集成应用已成为当前国际上的一个研究热点和新兴产业生长点。

早在 1978 年,美国麻省理工学院的 Andrew Lippman 教授首次将视频与空间数据集成,开发了动态、交互式超媒体地图系统。随后多媒体技术逐步被引入 GIS 领域,提出了多媒体或超媒体地图、GIS 多媒体功能扩展、地理超媒体概念与技术框架等技术与方法。然而在超媒体地图和地理超媒体概念中,视频数据仅作为空间实体的一种属性进行存储和调用。近年来,诸多领域专家学者对视频与空间信息(GPS 定位信息与方位信息)集成进行了大量研究,数据源呈单一的信息资源转向聚合多种信息资源的趋势,具体可分为单幅/全景图像、视频、全景视频与空间信息的集成。其集成方式主要分为以下四种:

(1) 字符叠加方式:将 GPS 信息转换为模拟信号,通过同步字符发生器将 GPS 模拟信号以点阵数据脉冲的方式叠加到视频中实现与图像的融合。但该方式采用模拟图像/视频,生成的文件数据量巨大,而且 GPS 嵌入图像/视频,后期难以分离利用。

(2) 占用音频信道方式:通过专用信号调制解调设备将解析获取的空间位置、方位等参数转换为模拟信号并调制到音频载频中完成与视频的合成。采用专业设备采集,操作复杂;视频文件损失了音频信息;难以支持基于位置的快速检索。

（3）同步信息外部关联方式:采用MPEG7视频元数据格式对位置、时间等信息进行描述;建立专门的元数据描述视频帧与地理位置的对照关系,并使用插值方式获得所有视频帧的空间位置;基于高精度时间同步实现视频与空间信息的关联,如移动测量系统。实现简单;需显式建立图像/视频信息与定位信息之间的时域约束关系,且两者信息分离存储,不利于一些实时应用（如视频与定位信息同步传输）。

（4）基于视频容器嵌入方式:使用ASF流媒体文件作为编码容器,将接收到的GPS经纬度、方位等信息存储到ASF脚本命令对象中,利用ASF内部时间轴实现音频、视频和空间信息之间时域同步并实时自动融合。视频与定位信息实时融合且同步质量好;支持视频无线同步传输、播放（宋宏权等,2012;吴勇,2015）。

地理视频（GeoVideo）是包含地理时空信息的视频数据。它具有对地理空间动态、实时和真实感表达的优势,符合人类直观感受和认知特点,是智慧城市与城市安全领域广泛采用的关键信息内容。地理视频数据一般具有以下三个特征:数据的海量性;数据接入的实时性;数据模型不统一（谢潇等,2015）。

2.2　地理数据集成、组织与管理

2.2.1　地理数据集成

地理数据集成是把不同来源、格式、比例尺、多投影方式或大地坐标系统的地理数据在逻辑上或物理上有机集中,从而实现地理信息的共享。集成后的地理数据仍然保留着原来的数据特征,并没有发生质的变化（崔铁军和郭黎,2007）。

目前有以下几种常用的数据集成模式。

2.2.1.1　地理数据格式转换

空间数据格式的转换是空间数据共享和集成的基础。为实现数据格式的互相转换,许多国家制订了空间数据转换标准。美国国家空间数据协会制订的空间数据转换标准（Spatial Data Transfer Standard,SDTS）,包括几何坐标、投影、拓扑关系、属性数据、数据字典,也包括栅格和矢量等不同空间数据格式的转换标准。SDTS 的基础是一个十分通用的空间数据模型,其概念模型包含空间现象模型、空间目标(对象)模型和空间要素模型。SDTS 定义了一组简单的空间目标。这些简单的空间目标或是基元目标(不是从其他目标聚集来的),或是仅从属于不同类空间目标聚集来的目标(多边形不是多边形的聚集,而仅是环、链或折线的聚集)(高小力等,1997)。SDTS 定义了三类空间对象,其中两类的定义较为明确:纯几何形式和几何拓扑形式。第三类为纯拓扑形式,由几何拓扑形式除去坐标而定义。纯几何形式用于绘图、显示和几何运算;几何拓扑形式用于几何绘图与拓扑运算的向量式数据结构;纯拓扑形式用于特定的分析运算(Altheide,2008)。

美国国防建模仿真局、国防高级研究项目局等发起的综合环境数据表示与交换规范(SEDRIS)项目,从空间数据编码、参考模型、表达模型、传输、应用程序接口五个方面为环境数据制订了相应规范和标准,并正在向国际标准化组织(ISO)/国际电工技术委员会(IEC)申请相关的国际标准(对应的标准草案为 ISO/IEC 18023、18024、18025、18026、18041、18042 等)。其他类似的标准有澳大利亚的 ASDTS、英国的 NTF、北约的 DIGEST 等。

我国也制订了空间数据转换标准 CNSDTF,用于规范化矢量数据、影像数据和数字高程模型数据等的标准数据转换格式。专门的空间数据格式转换软件如 FME,可以支持大多数格式之间的转换(王艳东等,2000)。而一般的 GIS 软件多使用一种公开格式作为文件转换格式,如 Arc/Info 的 E00 格式、MapGIS 的明码格式文件、MapInfo 的 MID/MIF 格式等。我国的 SuperMap、MapGIS、GeoStar 和 SuperEngine 等软件也都实现了对多种数据格式的读取、转换和集成。

空间数据交换格式规定了较为全面的各种几何图形要素,能够通过各个 GIS 系统先将内部数据格式转换成标准的格式,然后再由其他的 GIS 系统将此标准格式转换为内部的数据格式,如此达到数据交换和共享,而不丧失地理数据原有的意义。由于缺乏对空间对象统一的描述方法,不同格式用以描述空间数据的模型不尽相同,以至于数据格式转换总会导致或多或少的信息损失。另外,通过转换格式转换数据的过程较为复杂,需要首先使用软件 A 输出为某种转换格式,然后再使用软件 B 从该转换格式输入。一些单位同时运行着多个使用不同 GIS 软件建立的应用系统。如果数据需要不断更新,为保证不同系统之间数据的一致性,需要频繁进行数据格式转换(宋关福等,2000)。

可扩展标记语言 XML 出现之后,由于其自身的可扩展性与通用性,迅速成为网络环境中数据转换的标准。基于该技术,开放地理信息系统协会(Open GIS Consortium,OGC)于 1999 年提出了 GML 语言,基于 XML 和 GML 进行数据格式转换和集成的研究得到了较大的发展;此外,Web3D 联盟于 1998 年提出了 X3D 三维图形规范,在 XML 基础上对三维图形数据格式进行规范化。

2.2.1.2　地理数据互操作

地理数据互操作是 OGC 制定的规范。OGC 为数据互操作制定了统一的规范,从而使得一个系统同时支持不同的空间数据格式成为可能。OGC 规范基于对象管理组织(Object Management Group, OMG)的 CORBA、Microsoft 的 OLE/COM 以及 SQL 等,为实现不同平台间服务器和客户端之间数据请求和服务提供了统一的协议。OGC 规范正得到 OMG 和 ISO 的承认,从而逐渐成为一种国际标准,将被越来越多的 GIS 软件以及研究者所接受和采纳。目前,还没有商业化 GIS 软件完全支持这一规范。

数据互操作为多源数据集成提供了崭新的思路和规范,为空间数据集中管理和分布存储与共享提供了操作的依据(马照亭等, 2002)。但这一模式也存在着局限性:

(1)为真正实现各种格式数据之间的互操作,需要各种格式的宿主软件都按照统一的规范实现数据访问接口,在实现上有一定的难度。

(2)一个软件访问其他软件的数据格式时是通过数据服务器实现的,这个数据服务器实际上就是被访问数据格式的宿主软件,用户必须同时拥有这两个 GIS 软件,并且同时运行,才能完成数据互操作过程。这将不可避免地增加用户的负担(周顺平等, 2008)。

(3)OGC 标准更多地考虑到采用 OpenGIS 协议的地理数据服务软件和地理数据客户软件,对于那些历史存在的大量非 OpenGIS 标准的地理数据格式的处理方法还缺乏标准和规范。

(4)由于各种 GIS 软件存储的地理空间信息不尽相同,为了顾全大局,所定义的 API 函数提供的信息可能是最小的。

(5)各种 GIS 软件之间虽然可以互相操作数据,但一般各种软件所做的工程数据还是以它自身的系统进行管理,这样难免会出现数据的不一致性和影响现势性的问题(郭黎, 2008)。

2.2.1.3　直接数据访问

直接数据访问指在一个 GIS 软件中实现对其他软件数据格式的直接访问,用户可以使用单个 GIS 软件存取多种数据格式。直接数据访问不仅避免了烦琐的数据转换,而且在一个 GIS 软件中访问其他某种软件的数据格式不要求用户拥有该数据格式的宿主软件,更不需要该软件运行。直接数据访问提供了一种更为经济实用的多源数据集成模式(陈楠, 2005)。

为了解决数据格式转换带来的种种问题,理想的方案是在一个软件中实现对多种数据格式的直接访问。多源空间数据无缝集成(seamless integration of multi-source spatial data，SIMS）就是这样的一种技术。SIMS 具有多格式数据直接访问、格式无关数据集成、位置无关数据集成、多源数据复合分析等特点。SIMS 的核心不是分析、破解和转换其他 GIS 软件的二进制文件格式，而是提出了一种内置于 GIS 软件中的特殊数据访问体系结构，实现不同格式数据的管理、调度、缓存，并提供不同格式数据之间的互操作能力。

2.2.1.4　基于本体的地理数据集成方法

上述三种常用的地理数据集成方法主要集中于物理实现和逻辑模型层次上，是从数据本身出发的，是一种微观的数据集成方式，无法集成数据的语义，不能将源数据的含义完整地转换和集成到目标数据中。基于本体的地理数据集成方法可以解决这一问题，通过比较数据生产者本体与数据使用者本体中概念之间的关系，并根据一定的规则在这两个本体的概念之间建立映射关系。首先，确定地理概念语义关系，包括等价关系、父概念/子概念关系、交叉关系和不交叉关系四种，并结合对应的集成规则，可以产生不同的数据集成结果。其次，要在地理本体与相应地理数据集之间建立关联，以完成集成过程中的数据抽取与转换。通常通过两种途径来建立：一是在地理数据集的元数据中明确指出其对应的地理本体名称或存储路径；二是在地理本体中明确指出使用该本体的地理数据集或者要素类。根据语义映射关系将源地理数据集中的各个要素进行抽取，复制其几何特征到集成地理数据库的既定要素类中，并对转换后的要素根据集成本体对其专题特征重新进行编码和融合等后处理，完成基于本体的地理数据集成（郭黎，2008）。

2.2.2　时空数据模型

2.2.2.1　地理数据模型概述

地理数据模型是关于现实世界中地理实体及其相互间联系的概念，它为描述地理数据的组织和设计空间数据库模式提供基本方法。地理数据模型由空间数据结构、数据操作和完整性约束三部分构成。

一般地，现实世界抽象为空间数据模型的过程可以归纳为三个层次：概念模型、逻辑模型和物理模型。其中，物理模型是逻辑模型在计算机内部具体的存储形式和操作机制，即在物理磁盘上是如何存放和存取的，是系统抽象的最底层。在此仅对概念模型及逻辑模型进行介绍。

1）概念模型

概念模型是地理空间中实体与现象的抽象概念集，是地理数据的语义解释，也可称为地理空间认知模型。从计算机系统的角度来看,它是抽象的最高层。根据 GIS 数据组织和处理方式,目前地理数据的概念模型大体上分为三类,即对象模型、场模型和网络模型。

(1)对象模型:也称作要素模型,将研究的整个地理空间看成一个空域,地理现象和空间实体作为独立的对象分布在该空域中。要素模型是概念模型层面中重要的一部分,其主要是解决集成模型的几何图形要素建模及几何要素间的拓扑关系问题。要素(feature)是真实世界实体和现象的抽象,当与地球位置相关联时,成为地理要素(geographic feature)(Reed,2005)。地理要素模型将研究的整个地理空间看成一个空域,地理实体和现象作为独立的对象分布在该空域中。按照其空间特征可分为点、线、面、体等基本要素;也可能由其他要素构成复杂要素,并且与其他分离的对象保持着特定的关系,如要素之间的拓扑关系等,也就是说,地理要素模型主要包含地理空间几何对象模型和其对应的拓扑模型。要素模型是地理空间认知模型的较为流行的模型之一,是 GIS 三个抽象层次的最高层。作为地理空间中地理事物与现象的抽象概念集,要素模型的抽象程度、表达能力、负责程度等直接关系到下一层逻辑模型甚至物理模型的构建(王家耀,2001)。

对象模型强调地理空间中的单个地理现象。任何现象,不论大小,只要能从概念上与其相邻的其他现象分离开来,都可以被确定为一个对象。对象模型一般适合于对具有明确边界的地理现象进行抽象建模,如建筑物、道路、公共设施和管理区域等人文现象以及湖泊、河流、岛屿和森林等自然现象,因为这些现象可被看作离散的单个地理现象。

(2)场模型:也称作域(field)模型,是把地理空间中的现象作为连续的变量或体来看待,如大气污染程度、地表温度、土壤湿度、地形高度以及大面积空气和水域的流速和方向等(Couclelis,1992;Goodchild,1992)。根据不同的应用,场可以表现为二维或三维。一个二维场就是在二维空间 R^2 中任意给定的一个空间位置上,都有一个表现某现象的属性值,即 $A=f(x,y)$。一个三维场是在三维空间 R^3 中任意给定一个空间位置上,都对应一个属性值,即 $A=f(x,y,z)$。一些现象如大气污染的空间分布本质上是三维的,但为了便于表达和分析,往往采用二维空间来表示。

由于连续变化的空间现象难以观察,在研究实际问题中,往往在有限时空范围内获取足够高精度的样点观测值来表征场的变化。在不考虑时间变化时,二维空间场一般采用 6 种具体的场模型来描述:①规则分布的点;②不规则分布的点;③规则矩形区;④不规则多边形区;⑤不规则三角形区;⑥等值线(王家耀,2001;汤国安等,2007)。

(3)网络模型:与对象模型的某些方面相同,都是描述不连续的地理现象,不同之处在于它需要考虑通过路径相互连接多个地理现象之间的连通情况。网

络是由欧氏空间 R^2 中的若干点及它们之间相互连接的线（段）构成,亦即在地理空间中,通过无数"通道"互相连接的一组地理空间位置。现实世界许多地理事物和现象可以构成网络,如公路、铁路、通信线路、管道、自然界中的物质流、物量流和信息流等,都可以表示成相应的点之间的连线,由此构成现实世界中多种多样的地理网络(王家耀,2001;汤国安等,2007)。

2) 逻辑模型

空间数据逻辑模型作为概念模型向物理模型转换的桥梁,根据概念模型确定的空间信息内容,以计算机能理解和处理的形式具体地表达空间实体及其关系。针对对象模型和场模型两类概念模型,一般采用矢量数据模型、栅格数据模型、矢量-栅格一体化数据模型、镶嵌数据模型、面向对象数据模型等逻辑模型来进行空间实体及其关系的逻辑表达。空间数据概念模型与逻辑模型不是一一对应的,而是存在着一定的交叉关系(王家耀,2001;汤国安等,2007)。

2.2.2.2　面向对象时空数据模型

面向对象的时空数据模型的核心内容是在静态对象数据模型的基础上扩展时态信息的表达。从时空语义上分析,时态信息离散地标示在变化地理对象上,等同地记录对象的空间信息、属性信息和空间关系,而信息的变化需通过不同时刻状态对象的变化操作获取。与基于传统数据模型扩展不同的是,该类数据模型能隐式地表达空间关系的动态变化。

该类数据模型以地理对象作为表达载体,能表达空间信息、属性信息和空间关系同时发生变化的地理实体类型;从解决的地球信息科学问题上分析,不仅能解决空间和属性信息的状态变化问题,也能回答空间关系的变化问题。例如,龚健雅(1997)利用面向对象技术把时态信息分别标示在属性信息、空间信息、空间关系和对象版本上,实现地理实体的属性信息、空间信息及关系和地理对象的动态变化。

与基于静态数据模型的扩展类似,该类数据模型无法直接表达对象的变化信息,需要通过模型内部和外部的操作算子实现,且同样无法回答对象变化原因、变化程度、变化趋势等问题。其不足之处也与基于静态数据模型的扩展类似,主要存在数据冗余和信息丢失(薛存金和谢炯,2010)。

2.2.2.3　事件驱动的时空数据模型

Peuquet 等(1995)提出的基于事件的时空数据模型是模拟事件序列的时空数据模型的代表,通过把地理实体的变化抽象为地理事件,首次把变化的信息纳入时空语义描述与表达框架下,丰富了地理实体的时空语义,实现了地理实体变化信息的显式表达。该类模型同时记录地理实体的初始状态(矢量数据或栅格数据)和变化信息,采用双向链表的形式表达地理实体完整的变化视图,包括任意时刻地理实体的回溯复原和地理实体变化信息的提取。

基于对象变化与模拟事件序列模型的重要区别是初始状态的矢量数据或栅格数据向地理对象的转变,实现地理实体空间、属性和时态信息的等同表达,利用对象 ID 连接对象的空间、属性和时态信息,构建地理实体的完整动态变化视图结构;时态信息标示在空间信息上,构建空间信息的动态变化视图;时态信息标示在属性信息上,构建属性信息的动态变化视图。而空间和属性信息的时态变化,则表达地理实体的变化历史。因而,基于对象变化和事件序列的数据模型在时空语义上并没有本质的差异,为在时空表达与建模框架中纳入地理实体变化奠定了理论基础。

由于在时空语义中纳入变化信息,该类数据模型能够表达空间位置信息、属性信息和两者同时离散变化的地理实体类型。对于时变性较快或连续变化的地理实体类型,尽管该类数据模型也能表达,但需要解决"连续变化→离散表达"的时态尺度问题,尺度越大,事件间的信息丢失越多,很难实现地理实体信息的回溯复原;尺度越小,双向链表之间的关联变得非常复杂,很难实现时态关系的查询。无论时态尺度小到何种程度,由于缺乏事件之间的内在联系性(引起变化的原因),事件与事件之间的信息都会丢失。

从解决地球信息科学的问题上分析,由于记录了变化信息,该类模型能直接回答某时刻地理实体状态和状态变化的问题,并能通过模型内部或外部的操作算子,间接回答地理实体的空间和属性信息的变化速度和变化程度。但由于缺乏事件与事件间的内在联系,该类模型很难回答诸如变化过程、变化趋势和变化动力问题。

尽管该类数据模型首次把变化信息纳入时空语义描述框架中,进一步丰富了时空建模与表达理论,但其不足之处也显而易见,主要包括:①空间关系的动态表达能力较弱:由于以初始状态和变化关系作为表达载体,而空间关系的表达需要完整地理实体的空间信息,而时刻状态的空间信息需要逐步地回溯复原;②对于时变性较快和连续变化的实体类型的表达能力较弱:对于时变性较快的实体类型,需要解决双向链表关联的高效性,对于连续渐变的实体类型,需要解决"连续变化→离散表达"最佳转换的时态尺度;③ 深层知识挖掘能力较弱:模型中事件间的关系只是简单的时态顺序关系,而现实世界中可能是线性、非线性、动力模型的驱动等。

2. 2. 2. 4   以过程为核心的时空数据模型

以过程为核心的时空数据模型,尝试在时空语义和表达框架体系中纳入地理实体变化机制,把过程对象——实体演变序列、过程序列、时间序列、事件序列、地理时空单位、区域动态现象作为完整的载体进行表达和存储,并采用分级的思想进行"过程→状态"的提取和"状态→过程"的回溯复原,从而实现地理实体的动态变化表达。例如,Yuan 等(2001)提出"事件—过程—状态"和"事件—过程—序列—区域"地理动态的时空分级表达结构,在火势蔓延、降雨过程模拟等方面具有很好的应用;谢炯等(2011)提出"时空过程—演变序列—演变—变元"梯形描述框架和"事件—过程"的逻辑形式化表达结构,进行土地利用变化和地籍变更等方面的研究。

由于把过程对象作为完整的表达载体,该类数据模型提供了更丰富的时空语义和更完备的动态表达框架。利用分级表达与存储的思想,在分级的底层设计空间和属性信息的表达结构,在级别内部设计时态信息的表达结构,利用级别与级别间的变化机制实现动态实体的过程化描述、表达与存储。

从表达的地理实体类型上分析,该类数据能表达所有动态变化的地理实体,对于静态实体,该类数据模型的数据结构却过于复杂。由于在时空语义和表达框架体系中纳入变化机制,该类数据模型能更全面地解决地球信息科学的基本问题,不仅能解决状态变化的问题,也能回答变化的速度及为何发生变化的问题(变化动力)。

尽管如此,该类数据模型在具体实施过程中还存在许多问题需要完善:①分级表达中,级别内部之间并不只是时态顺序关系,时态顺序关系仅仅表达了地理实体发生的先后,而地理实体的变化可能是线性关系、非线性关系或动力模型的驱动;②对于连续渐变的地理实体的表达与建模,利用离散事件驱动实体的变化,不仅要解决连续变化实体离散化的最佳时间尺度问题,也要解决信息的丢失问题;③过程间、过程内部之间的各种关系、过程操作和过程变化类型及各种地理事件都有可能是实体发生变化的原因(变化机制),由于其类型不一,在模型内部的集成接口、内部参数、返回类型等方面都存在差异,需探讨如何在模型内部实现变化机制的归一化集成。

2.2.2.5　现有虚拟地理环境数据模型

1)可定制的多维空间数据集成模型

借鉴 SEDRIS 的思想,王永君等开展了可定制的多维空间数据集成模型研究,从图形要素、关系要素等几方面对空间数据进行定制,实现空间数据的统一表达,建立多维空间数据之间的映射和集成体系,实现点、线、面、体、格元、体元的一体化表达(图 2.2)(Wang et al., 2008)。

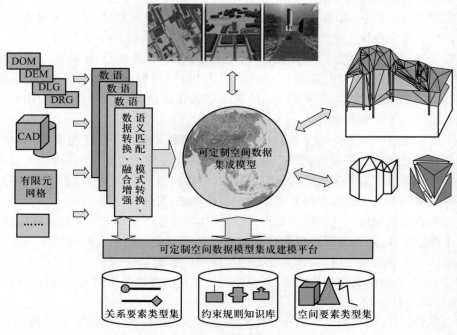

图 2.2 可定制空间数据模型集成建模平台

2) 面向地理问题求解的虚拟地理环境数据表达模型(XGE-DRM)

XGE-DRM 是可扩展的地理建模环境与模型集成平台的基础。XGE-DRM 层的数据模型将为地理环境层进行完整的对象描述与环境表达提供底层支撑。XGE-DRM 的设计分为两个部分:原子数据表达层和对象数据表达层。在原子数据表达层,在对地理数据及其关系进行抽象的基础上,从类型、语义、元数据、空间参考和量纲五个要素方面对数据本身,利用位置关系与关联关系辅助数据之间的关系进行表达。在对象数据表达层,利用原子数据表达层所制定的几个要素的表达规范,在充分理解数据含义的基础上,通过定制、组合和嵌套组成地理概念对象;同时,为了适应多领域专家共同建模时对地理数据的不同要求,地理概念对象的组织由多侧面组成,每个侧面对应了具体的应用需求,在用地理概念对象对地理环境层进行表达时,可以抽出不同的侧面对应于不同的应用。XGE-DRM 力求在结构和语义层面上显式地表达地理数据,支持数据的互操作和共享,为多源、异构、语义不统一、分布式的地理数据提供重用及共享;整合地理数据,构建地理环境表达;为地学问题求解建模环境提供基础支撑(图 2.3)。

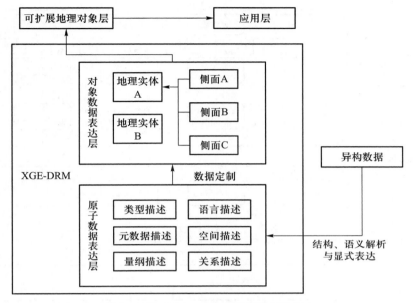

图 2.3　基于 XGE-DRM 的数据共享策略

3）几何代数时空数据模型

　　针对现有数据模型在支撑复杂地理对象表达、多维空间关系和地学分析以及对地理模型多维运算支撑仍显不足的问题,袁林旺等(2010)尝试构建了一种可支撑多维复杂地理对象统一表达与运算的三维数据模型。作者认为,现有的 GIS 数据模型多基于欧氏几何框架,在维度扩展时可能导致一系列的问题,如空间语义的多义性、空间查询信息的不完备性、空间特征的模糊性和不确定性、空间模拟与推理的复杂性等,因此需要从底层数据基础上对模型进行改进和创新。共形几何代数(conformal geometric algebra,CGA)将维度作为几何运算的基础,具备发展以多维融合为特征的新型数据模型的潜力。CGA 可同时有效表征不同几何形体间的层次关系与度量关系,多重向量则可以有效实现不同维度、不同类型几何对象的有效融合与统一表达,从而为构建具有严密数学理论支撑的面向对象数据模型提供基础。在数据模型构建中,对三维空间中复杂地理对象的组织按照其组成对象的维度进行层次划分,将复杂几何对象抽象成点、线、面、体四大几何要素类,该要素类可看作是基本几何要素形体的复合(复形)。对上述复合几何要素类进行拆分,可用 CGA 直接表达的基本几何形体(单形)集合,从而实现复杂几何形体的表达与建模。除了常用的点、线、面、体四类基本几何要素,该模型还增加了点对、圆环和球三类几何单形(图 2.4)。

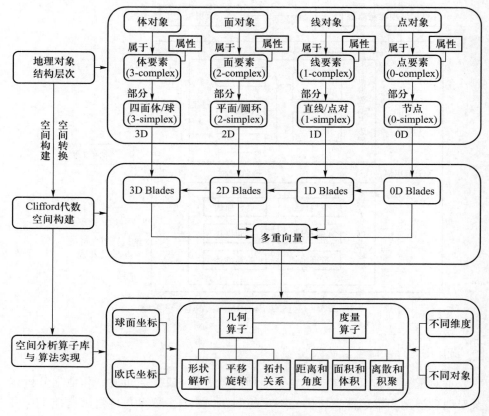

图 2.4   基于 CGA 的三维空间数据模型

4）真三维数据模型

三维空间数据模型是虚拟地理环境的基础，也是决定虚拟地理环境系统能力的最基本因素。传统三维空间数据模型大都面向特定的专业领域，如地质模型、矿山模型、地表景观模型等，这些模型大部分针对单一数据类型，不能表示多源异构数据，并且缺乏统一的语义表达，在多尺度表达的一致性方面较差，需要在线进行坐标转换、数据结构转换，不同系统功能难以并行处理、增加三维绘制状态的切换频率等，导致三维 GIS 系统利用率低，多种应用需要多套数据和多种软硬件系统，难以满足地上下和室内外三维空间信息的精准表达、动态更新与一致性维护以及综合分析的需要。因此，传统三维 GIS 难以提供一个城市完整的空间表达与管理的解决方案，尤其是宏观规划管理与微观精细化管理之间的矛盾十分突出。针对地上下和室内外多粒度对象统一表达的复杂性与高效性难题，地上下和室内外一体化表达的真三维数据模型（图 2.5）刻画了三维空间对

象几何、拓扑和语义的特征及其相互关系:统一的空间基准与数据结构、多层次
语义与拓扑关系,以及几何与纹理的多细节层次表达等。特别是基于三维几何
的精细化表达,实现了建筑、道路等设施及其部件级别的物理性能和功能的语义
描述,使得虚拟地理环境进一步拓展能有效支撑物联网信息的承载和关联分析,
以及室内外无缝定位与导航应用。该模型扩展了国际 OGC 标准 CityGML 四种
最主要的常用专题模型:建筑模型、道路模型、管线模型和地质模型,实现了将复
杂的三维地理环境划分为三个层次进行描述:地形表面层次、地上下立体空间层
次和建筑物三维内部空间层次(图 2.5)。

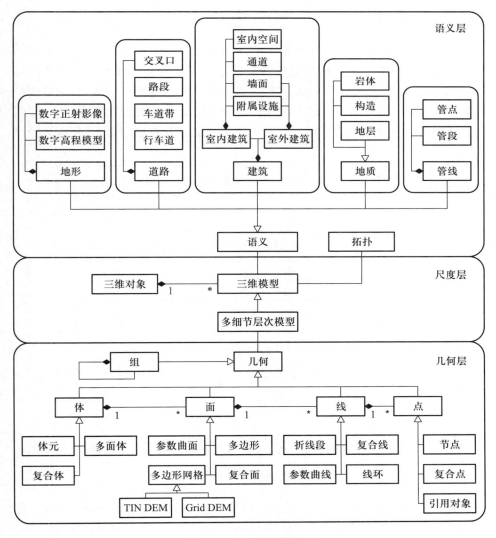

图 2.5 真三维数据模型

（1）地形表面层次是面向完整的 2.5D 地表空间管理,在整个区域地形表面空间层次上确保合理的空间划分与区域识别;

（2）地上下立体空间层次是基于基本的立体层次描述的三维空间,主要解决三维空间对象在二维抽象表示中产生的地上下交叠问题,满足三维空间层面的对象精确表达与分析需求;

（3）建筑物三维内部空间层次是基于建筑结构的语义关系进一步详细划分的内部空间层次,使用"位于"和"部分-组成"语义关系来表达建筑物的内部逻辑构成,从而建立完整的三维内部空间表示(朱庆,2014)。

5）地理视频数据模型

面向地理视频内容变化的显示表示,将地理视频场景变化中的载体、驱动力和呈现模式三个关键因素及其相互关系具体化为具有关联性的地理实体和场景、对象行为和多层次事件对象,并依次抽象为相互关联的特征域、行为过程域和事件域三个层次。为支持复杂地理环境中不同地理视频的关联表示与推理,在各数据层次内容语义的基础上引入统一时空框架下的地理语义,其概念模型如图 2.6 所示(谢潇等,2015)。

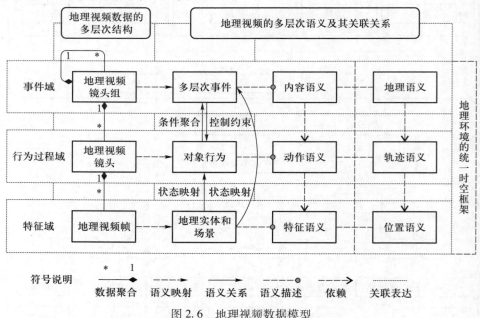

图 2.6　地理视频数据模型

特征域（feature-domain）:地理实体和场景（geographic entity and scenario）作为特征域对象,是地理环境变化的载体,地理实体通常表示具有改变自身状态的行为能力的对象,而场景通常表示为状态相对不变的对象,由条件（condition）、实例

(instance)、语义（semantics）和关系（relationship）4元组描述。

行为过程域（behavioral process-domain）：对象行为（object behavior）作为过程域对象，是地理视频内容变化的驱动力，对应了地理实体的状态、时空关系及属性的变化过程，是地理视频解析与分析的基本单元，由变化流程、关键状态、语义和关系4元组描述。

事件域（event-domain）：多层次事件（hierarchical event）作为事件域对象，是地理视频内容变化呈现模式的抽象描述，由有序的对象行为链组成，事件的层次性体现了行为变化的复杂性，表现为支持不同尺度事件对象因影响、反馈和关联而相互影响并递归聚合为局部小尺度事件、区域中尺度事件和全局大尺度事件。

6）通用时空数据模型

传统 GIS 系统只支持多维静态或准静态的地理对象，描述的是数据的一个瞬态，当数据发生变化时，用新数据覆盖旧数据，系统成为另一个瞬态，无法对数据的连续变化进行分析，也无法预测未来的发展趋势。准静态 GIS 系统虽然保存了历史数据，但缺乏动态数据组织，难以实现历史数据的集成分析功能。为了有效地组织和表达具有时变特征的地理数据，描述动态的地理现象，提供相应完善的时空过程模拟、准确的时序分析，高效地回答与时间相关的各类问题，需要研究和实现支持时态描述和实时数据接入的实时 GIS 系统。

时空数据模型是虚拟地理环境的核心。现有的时空数据模型可以分为三类：

（1）侧重状态描述的时空数据模型：也称为基于时间标志的时空模型，是传统 GIS 空间数据模型（矢量与栅格模型）加上离散时间维扩展的结果，它包括时空立方体模型、快照序列模型、基态修正模型和时空复合模型等。

（2）基于单体变化或时间的时空数据模型：为了能重现地理现象的变化过程，基于单体变化或时间的时空数据模型被提出，此类模型的主要特征是：描述时空变化（事件）过程，并对触发这种变化（事件）的原因和结果进行表达和分析。其中，基于事件的时空数据模型最具有代表性，基于图论的时空数据模型则居其次。基于事件的时空数据模型能显式存储事件序列，顾及了状态与因果关系。

（3）侧重时空对象及其时空关系描述的时空数据模型：以时空对象描述为主体，以面向对象技术为基础，模拟和描述现实世界地理空间的复杂对象，克服了传统地理数据模型的局限性，改进和提高了系统的性能。虽然面向对象技术在建模概念、理论基础和实现技术上还没有达成共识，不够成熟，但它以更自然的方式对复杂的时空实体和现象模型化，是支持时空复杂对象建模的最有效手段。目前，真正纯面向对象的 GIS 模型应用已经很多，但是能够完整表达时态特征的 GIS 模型还比较少，仍有许多理论问题尚未得到解决。例如，时空变化的语义,理论上还缺乏一种支持变化(涉及时空实体的属性、位置、形状以及拓扑关系的变化)的统一的数据表达模型。

通用时空数据模型是按照精确描述时空环境中各种对象的几何、语义、物理和行为等方面的属性和演化规律的要求所设计的模型,为时空环境信息模型的标准化,以及各类应用的数据共享、互操作奠定了基础(图 2.7)。模型实现了四个层次的统一,即几何对象层、多尺度表达层、时态层和语义层的统一(Xu et al., 2013)。

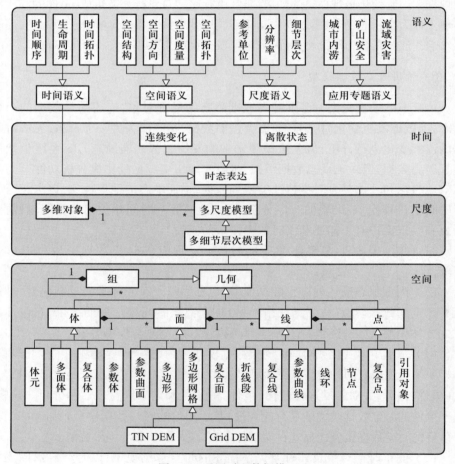

图 2.7   通用时空数据模型

2.2.3   时空数据库

空间数据库(spatial database)是虚拟地理环境的核心之一。空间数据库是以描述空间位置和点、线、面、体特征的位置数据(空间数据)以及描述这些特征的属性数据（非空间数据）为对象的数据库，其数据模型和查询语言能支持空间数据类型和空间索引，并且提供空间查询和其他空间分析方法。

空间数据库具有通用数据库的基本内涵，它是大量具有相同特征的数据集的有序集合，它需要数据库管理系统进行管理，需要有数据查询与浏览的界面，同时要考虑多用户访问的安全机制问题。它也遵循数据库的模式，具有物理模型、逻辑模型和概念模型，但是它不能直接采用通用数据库的关系模型。如果采用商用的关系数据库进行管理，也要对它进行扩展，使之成为对象关系数据模型进行存储管理。

空间数据库与一般数据库相比，具有以下特点：

（1）数据量特别大，地理系统是一个复杂的综合体，要用数据来描述各种地理要素，尤其是要素的空间位置，其数据量往往大得惊人。

（2）不仅有地理要素的属性数据（与一般数据库中的数据性质相似），还有大量的空间数据，即描述地理要素空间分布位置的数据，并且这两种数据之间具有不可分割的联系。

（3）数据应用的面相当广，如地理研究、环境保护、土地利用与规划、资源开发、生态环境、市政管理、道路建设等（龚健雅等，2004；沙克哈（美）等，2004；王家耀，2001）。

时空数据库是空间数据库和时态数据库结合的产物，是能够同时存储和管理数据的空间特性和时间特性的数据库系统。时空数据库主要用于存储和管理对象形状、大小、位置坐标等状态随时间而变化的各类空间对象，是支持空间对象随时间而发生变化的数据库系统。时空数据库的研究内容主要包括时空对象模型、时空查询语言、时空对象索引、时空查询处理和时空数据库体系结构等。

2.2.3.1 一般时空数据库

高效、一体化地组织与管理复杂的不均匀分布的地上下和室内外三维空间模型数据一直是研究的前沿难点问题，也是虚拟地理环境从局部范围示范应用到城市级综合应用面临的主要技术挑战。三维地理数据高效组织管理存在两大技术瓶颈：①由于模型数据量大、三维空间对象几何形状各异、空间分布稀疏不均，且结构化的二维纹理数据与非结构化的三维几何数据紧耦合引起的数据密集导致数据动态存取存在严重的 I/O 瓶颈；②三维地理数据分析与实时可视化等应用越来越复杂所引起的计算密集导致复杂空间数据操作存在服务器的性能瓶颈。传统 GIS 可视化系统由于采用一次性装载的数据组织管理方式，能处理的数据量受限于计算机内存和显存的大小，而且数据和软件常常还要绑定，难以充分发挥系统应用效能。针对这些技术瓶颈，国际上的研究一方面在最基本的模型表示和数据结构上通过标准化进行统一，尽量减少运行时不同格式模型的转换导致的时间和空间浪费;另一方面在系统研制上主要是发展虚拟地理环境特有的数据组织模式和相应的空间索引结构,以及动态调度机制。例如,基于数据内容的三维地理数据自适应多级缓存、顾及多细节层次的三维 R 树空间索引、虚拟地理环境异步通信传输方法,以及文件系统、数据库系统与集群并行系统等灵活的数据库管理系统模式等。如图 2.8 所示,典型的虚拟地理环境三维地理空间数据库引擎能灵活适应文件系统和关系数据库管理系统等多种存储管理模式,并满足多用户不同层次的实时可视化分析应用需求(朱庆等, 2011;朱庆, 2014)。

面向智慧城市建设,虚拟地理环境一方面要不断优化改进数千平方千米范围 TB 级地上下和室内外三维模型数据的一体化组织管理性能,真正实现一个

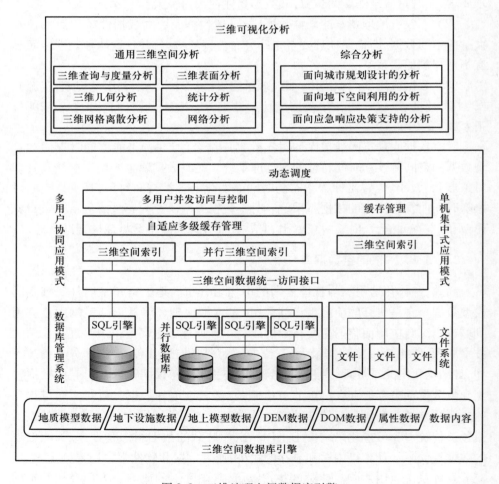

图 2.8   三维地理空间数据库引擎

数据库共享应用的目的,显著提升整个城市级多层次应用的效能;另一方面要既能提供在线协同设计与精细化管理应用服务,也能提供在线轻量化与社会化的应用服务;同时,虚拟地理环境作为时空数据的基本承载引擎,急需大大提升其支撑多维动态时空数据的组织管理能力,特别是时空关联和语义感知的数据库智能搜索能力。面向大型设施全生命周期的协同设计、施工管理、运营管理与综合养护等需要,虚拟地理环境作为一体化的共享数据库平台,急需不断提升虚拟地理环境组织管理与动态更新更加复杂的 BIM/CAD 模型,以及与各专业 CAD 系统之间有机协同的能力,支撑三维环境中的地理设计(Geodesign)。

2.2.3.2　NoSQL 时空数据库

随着 Web2.0 的兴起,超大规模和高并发的社会型网络服务类型的动态网站对数据库高并发读写、可扩展性和高可用性的要求,以及对海量数据存储和访问在效率上的需求,使传统的关系型数据库越发"力不从心"。在此基础上,非关系型数据库、分布式数据存储得到了空前的发展,逐渐发展成一个极其热门的新领域。

NoSQL(not only SQL)源于 2009 年在美国旧金山举行的一场技术会议,从提出到现在得到了飞速的发展,并已经得到了广泛的认可。它摆脱了传统的关系型数据库与事务一致性(atomicity consistency isolation durability, ACID)理论的限制。NoSQL 数据库对数据的存储大多采用键值(key-value)的方式,没有固定的表结构,也没有烦琐的连接操作。NoSQL 数据库在存储海量数据上的性能优势,是传统关系型数据库所不具备的。

相比中心化、向上扩展的关系型数据库,NoSQL 是分布式、水平扩展和面向集群的,去掉了关系型数据库关系和连接特性,在架构上和数据存储上更加容易扩展;它简单的数据库结构和数据无关性的特点使得在大数据量的情况下,依然能支持高性能的读写操作;NoSQL 无须建立表结构,随时存储自定义的数据格式,灵活的数据存储模型,使得 NoSQL 不会像关系型数据库那样增删操作需要很大的系统开销和代价;NoSQL 的两种数据分布方式(复制与分片)不但保持了系统的负载均衡能力,而且提高了系统的故障恢复能力,使得它能够很便捷地实现高可用的架构并且不会对其性能产生太多的影响。

NoSQL 从种类上大致可以分为四种类型:①键值存储数据库,如 Tokyo Cabinet/Tyrant、Redis、Voldemort、Berkeley DB 等;②列式数据库(column-family databases,如 Cassandra、HBase 等;③文档型数据库(document-oriented),如 CouchDB、MongoDB 等;④图结构数据库(graph-oriented databases),如 Neo4J、InfoGrid、Infinite Graph 等。

2.3   地理时空大数据与虚拟地理环境

2.3.1   地理时空大数据时代

第二次工业革命的爆发,导致以文字为载体的数据量约每十年翻一番。从工业化时代进入信息化时代后,数据量以每三年翻一番的速度持续增长。随着计算机技术和互联网的快速发展,半结构化、非结构化数据大量涌现,数据的产生已不受时间和空间的限制。尤其是近年来,随着各类传感器的日益普及、通信技术的飞跃以及网络基础设施的高速发展,各行各业开始有意识地收集和积累大量数据,并从中挖掘以前不曾也不可触及的价值(李德仁等,2014)。随着智能终端和传感器的加速应用渗透,人、机、物逐步交互融合,全球数字化进程将不断加速。2015年全球数据总量为6 ZB,2020年已经达到45ZB,预计至2030年将超过2500 ZB,数据规模呈几何级数高速成长。据统计,人类生活中所产生的数据,有80%与空间位置有关,因此,很多大数据具有地理空间本质。

大数据具有相对特征,即在用户可接受的时间范围内,使用普通设备不能获取、管理和处理的数据集;大数据更具有绝对特征,即大数据"4V"特性:体量大(volume)、类型多(variety)、价值高(veracity)、变化速度快(velocity)。大数据时代以及大数据计算的本质特征在于从模型驱动到数据驱动范式的转变以及数据密集型科学方法的确立(Guo,2014;Guo et al.,2014)。

与传统的逻辑推理研究不同,大数据研究是对数量巨大的数据做统计性的搜索、比较、聚类和分类等分析归纳,进行"相关分析",重点关注所谓"相关性",即2个或2个以上变量的取值之间存在某种规律性,目的在于找出数据集里隐藏的相互关系网。

由此可见,大数据时代以及大数据计算的本质特征在于从模型驱动到数据驱动范式的转变以及数据密集型科学方法的确立。人类社会对自然界的认知从观测模式与实验科学到17世纪的理论模型范式后,发展到21世纪的计算模式,经历了上千年的演化。在今天的大数据时代中,新型数据密集型科学发现的范式被提出——不依赖或者较少依赖模型和先验知识,对海量数据中的关系和规律进行分析和挖掘,从而获得过去的科学方法所发现不了的新模式、新知识甚至新规律。

在科学研究数据与日俱增的今天,与科学相关的大数据可以称为科学大数据。科学大数据集复杂性、综合性、全球性和信息与通信技术高度集成性等诸多特点融于一身,其研究方法也正在从单一学科向多学科、跨学科方向转变;从自然科学向自然科学与社会科学的充分融合方向过渡;从个人或小型科研团体向国际科学组织方向发展。科学家不仅通过对广泛的数据实时、动态地监测与分析来解决难以解决或不可触及的科学问题,更是把数据作为科学研究的对象和工具,基于数据来思考、设计和实施科学研究。

科学大数据正在使科学世界发生变化,科学研究已进入一个全新的范式——数据密集型科学范式。近年来,美国国家科学基金会(National Science Foundation, NSF)投入了大量资金支持数据密集型科学计算。其中,由戴尔公司和得克萨斯州立大学研发的超级计算机"Stampede"已正式服役,其综合处理能力、高可用性和高性能能力超群。美国南加利福尼亚地震中心利用 Stampede 预测了加利福尼亚州破坏性地震的频率。得克萨斯大学奥斯汀分校利用 Stampede,通过详细的数据建模更好地描述了从南极洲到海洋的冰川流动。

虽然科学大数据已成为科学研究的重要途径,数据密集型科学范式也已逐渐被接受,但是科学大数据系统的机理模型及其在科学发现中的理论与方法仍有待深入研究。现阶段在大数据概念与应用实践中,网络大数据与商业大数据得到了广泛重视和快速发展。与之相比,科学大数据的理论研究与实践相对较少,究其原因在于其本身具有的"3H"①科学内涵。

地理时空信息和大数据之间有着非常密切的联系,体现在以下四个方面:

(1)时空信息的价值空前提升。由于世界上大部分的信息和地理空间位置有关,地理信息是整合集成社会经济和自然人文信息的公共基底,可以有效揭示经济社会发展与资源环境的内在关系和演变规律,综合反映人地关系协调程度。随着大数据的逐步发展以及数据分析与挖掘的不断进步,地理信息的数据挖掘和知识发现成为热点,地理空间的思维方式成为科学的世界观和方法论,地理信息服务的价值从原来的基础数据和技术支撑层面正逐步向认识世界、改造世界的科学理论和科学工具层面升级。

(2)大数据引发了信息采集的全面变革。各种简便化的、便携式的测量工具,如移动测量车乃至智能手机等正逐步取代传统测量仪器。此外,人们可以通过众包、用户生产内容(user generated content, UGC)等地理信息数据生产服务提供者正从专业走向大众。

(3)时空信息服务呈现普世化趋势。移动互联时代,要实现对移动目标的管理和服务,就必须依赖地理信息技术和地理信息数据。当前,地图内容从传统交付模式逐渐发展到实时在线服务。基于地理围栏技术(基于地理空间位置围出一个模拟的地理区域)的精准信息推送服务,以及电子商务、线上线下服务等

---

① "3H"指高维(high dimension)、高度计算复杂性(high complexity)和高不确定性(high uncertainty)。

正在蓬勃兴起,地理信息技术开始全面融入人们的工作生活。地图正逐步成为移动互联的入口,地理信息产业跨界发展成为趋势,地理信息服务的边界在不断拓展,产业链条在不断延伸,我们都在不知不觉中使用和享受着地理信息服务。

（4）所有大数据都是人类活动的产物,而人类生活在地球（或其他星体）上,一切活动都是在一定的时空环境中进行的。而且所有的大数据只有当其余时空数据集成融合后,才能直观地为人类提供大数据的时空概念。从这个意义上来讲,大数据本身都是在一定的时间和空间内发生的,大数据本质上就是地理时空大数据(王家耀等,2017)。

总之,大数据与地理时空信息之间是相辅相成的,只有运用大数据的解决手段才能对大量的地理时空信息进行有效的利用与挖掘。同时,大数据时代的来临促进了地理时空信息采集的复杂化、多样化、多源化以及巨量化。因此,管理、利用好地理时空大数据,将会给人们的工作和生活带来极大的价值和便利(边馥苓等,2016)。

2.3.2　地理时空大数据特征

地理时空大数据由于其所在空间的空间实体和空间现象在时间、空间和属性三个方面的固有特征,呈现出高维、高度计算复杂性和高度不确定性(李德仁等,2015)。

高维:地理时空大数据反映和表征着复杂的自然和社会科学现象与关系,而这些自然现象或科学过程的外部表征一般具有高度数据相关性和多重数据属性。简言之,地理时空大数据一般具有超高数据维度。以地理信息系统中的大规模复杂社会经济现象时空分析为例,每个空间坐标上叠加着各种自然地理数据、空间观测数据、社会经济与文化数据。这些数据相互关系极其复杂,并且来自不同传感器,具有不同的时空分辨率和物理意义。

高度计算复杂性:地理时空大数据应用的场景大多属于非线性复杂系统,具有高度复杂的数据模型。因而地理时空大数据计算问题不仅仅是一个数据处理与分析的问题,还是一个复杂系统与数据共同建模和计算的问题。这个问题需要通过复杂系统理论、估计理论与本学科的机理模型相结合来探索解决方法。现代气候科学就是一个典型案例。

高不确定性:地理时空大数据的来源一般包括对自然过程的感知和科学实验数据的获取。这两种数据来源的特点决定了地理时空大数据普遍具有一定的误差和不完备性,从而导致数据的高度不确定性。一般而言,地理时空大数据应用的学科为非人工系统,如气候变化与地学过程。这样的系统由近似的机理模型来表征,具有高度的不确定性。数据的不确定性与模型的不确定性给科学大数据计算带来极大的挑战。

王家耀等（2017）认为，地理时空大数据除具有一般大数据的特征外，还具备以下 6 个特征。①位置特征：定位于点、线、面、体的三维位置数据(x,y,z)，具有复杂的拓扑关系、方向关系和精确的度量关系。②时间特征：地理时空大数据是随时间的推移而变化的，位置在变化，属性也在变化（例如，航空母舰在海上航行，普通公路变成了高速公路）。③属性特征：点、线、面、体目标都有自身的质量、数量特征（如居民地的行政等级、人口数据、历史文化意义等）。④尺度（分辨率）特征：尺度是空间大数据的主要特征之一。尺度效应普遍存在：一是简单比例尺变化（缩放）所造成的地理信息表达效应；二是不同比例尺地图上经过综合后不同详细程度的表示；三是对于不同采样粒度呈现的空间格局和描述的细节层次不同；四是对地理信息进行分析时由于采用的数据单元不同而引起的悖论，即可塑性面积单元问题。⑤多源异构特征：一是数据来源的多样性，基本上为非结构化数据；二是地理空间信息的多源异构性（空间基准不同、时间不同、尺度不同、语义不一致），为结构化数据。⑥多维动态可视化特征：指所有来源的随时间变化的情报数据都可以与三维地理空间信息融合，并实现动态可视化。

2.3.3 地理时空大数据管理

现有的地理时空大数据主要来源于全球定位系统、遥感、传感器、社交网络、移动互联网等，每种方式产生的数据格式各不相同。由于地理时空大数据涉及领域广泛，多渠道的数据积累形成海量数据。数据总量巨大，数据类型繁多，包含结构化、半结构化甚至非结构化数据，且非结构化数据所占份额越来越大。数据产生速度飞快，主要基于手持移动终端、互联网、物联网、车联网等平台，因此，整合、清洗、存储和管理不同来源且结构复杂的地理时空大数据是时空大数据库面临的重要问题。

2.3.3.1 地理时空大数据清洗

数据清洗的目的是检测数据集合中存在的不符合规范的数据，并进行数据修复，提高数据质量，以便更好地应用于数据挖掘和决策支持等。除了对数据的检查修复以外，数据清洗还能将数据源中的数据进行抽取和转换，并存储到其他的媒介中。数据清洗可以运用一些清洗算法、制订清洗转换规则，从而为后续的数据应用提供条件。

随着无线传感设备的普及，诸如 GPS 的使用，获取的数据增长速度越来越快，数据的错误率随数据的快速增长也相应增多，但传统清洗方法无法对地理时空大数据进行有效清洗。主要体现在计算能力有限,不能随要清洗的数据量的增长而方便地提升其计算能力。

利用分布式处理平台 Hadoop 可以实现地理时空大数据的处理。它利用各个计算节点并行处理来提高运算效率,通过灵活可扩展的存储架构可以实现计算存储节点的动态增加或删除。在同一平台下并行处理来源各异的数据,由于不同数据的质量不同,因而对应的清晰规则不一样,因此需要调用不同的计算节点按照其对应的清洗规则进行处理,并合并处理后的结果。对于清洗后的异构数据,Hadoop 平台通过统一的数据格式来存储数据文件。Hadoop 平台对地理时空大数据的清洗主要经历多源异构数据的加载、数据清洗的并行化处理和数据清洗过程,而在数据清洗过程中包含数据预处理及规则导入、数据清洗引擎和清洗质量评估。

(1) 多源异构数据的加载:Hadoop 可以从任意多的数据源接收任何结构化和非结构化类型的数据。来自多个数据源的数据可以按任何所需的方式进行合并或聚合,放入 Hadoop 文件系统统一管理,使得 Hadoop 平台对应地作为数据源服务器,为下一步的数据清洗做准备。

(2) 数据清洗并行化处理:使用 Hadoop 分布式环境来实现集群的存储及计算,其中 HDFS 分布式文件系统实现对数据文件的存储和管理,MapReduce 运行机制实现并行化数据清洗。需要在 Hadoop 环境下设计合理的划分算法,将有依赖的数据划分到相同计算节点,从而实现数据清洗的并行化处理。

(3) 数据清洗过程:通过基于 Hadoop 的各种数据清洗算法,对整个数据集进行清洗,最终将清洗后的数据通过接口或其他方式输出。该清洗引擎主要包括三个子功能模块:数据预处理及规则导入、数据清洗引擎和清洗质量评估。

2.3.3.2　地理时空大数据存储

在地理时空大数据时代,数据规模已经由 GB 级跨越到 PB 级,当前的时空数据存储方法显然受单机的吞吐性能与扩展能力的限制,无法存储和处理如此规模的数据量,只能依靠大规模集群来对这些数据进行存储和处理。因而需要探究高效的地理时空大数据存储架构以满足需求。Hadoop 与 NoSQL 相结合的方法可进行栅格数据、矢量数据和轨迹数据一体化的时空数据组织模型、访问机制和管理策略的设计,根据空间数据类型及其特点以及用户对空间数据访问的高可靠性、高可用性的具体需求。陈崇成等(2013)采用云计算与 NoSQL 分布式数据库技术相结合的方法,开展云环境下栅格矢量一体化空间数据组织模型、访问机制、管理策略的设计,形成一个新的空间数据云存储架构(图 2.9)。

(1) 虚拟资源层是一个包含各种硬件资源的计算机集群,集群可以使用廉价的普通机器构建,同时可以对其进行横向扩展,使其成为一个动态可扩展的资

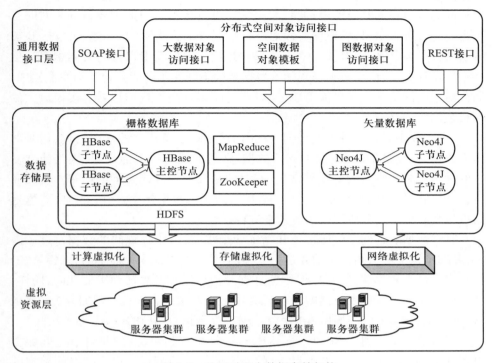

图 2.9　地理时空大数据存储架构

源池。主要用于向上层提供存储环境和资源。

（2）数据存储层采用 Hadoop 分布式文件系统,整个文件系统采用的是元数据集中管理与数据块分散存储相结合的模式,并通过数据的复制来实现高度容错。并且根据时空数据类型的不同,可以采用不同的数据存储方式。例如,栅格数据可以存储在 HBASE 或 MangoDB 中,而矢量数据可以存放在 MangoDB 或图数据库 Neo4J 中,轨迹数据可以采用 MangoDB 和 HBase 进行存储。

（3）通用数据接口层是在存储层之上,用于对数据库进行访问,该层将对 NoSQL 数据库自带的 API 进行封装,为用户提供常用的应用功能,如输入、下载、检索、更新和删除,隐藏了数据存储层内部的复杂处理逻辑。同时,该层应构建兼容各种数据库的中间件,隐藏客户端与不同类型 NoSQL 数据库之间的连接细节。

2.3.3.3　地理时空大数据的索引和查询

时空数据库中通常管理着两类空间对象:一类是静态的空间对象,如山脉、道路、河流等,这类数据对象并不具有时态的特性;另一类则是移动对象,指随时间的变化位置也在不断变化的物体,对移动时空对象的处理尤其重要,因为这些对象同时具有空间和时态两种特性。另外,时空数据索引的主要目的是对时空数据建立各种索引机制,以便有效地进行数据查询。常用的时空索引包括 B 树索引及其变体、R 树索引及其变体、四叉树索引、网格索引以及哈希索引等。但在大数据环境下,由于数据模式随着数据量的不断变化可能会处于不断变化中,因此对索引的要求是尽可能简单,同时要能够实现高效快速地处理规模庞大的海量数据。

目前,对于时空大数据的查询,首先仍然依赖于所建立的索引结构,但是对于大数据,尤其是 TB 级别以上的大数据,索引的建立尽可能简单,因为建立复杂的索引会导致索引的更新异常复杂和耗时,反而会影响查询的效率。一般而言,可以用网格索引和哈希索引相结合的方式为大数据建立索引。例如,谷歌地图以将世界地图划分成网格的方式来进行索引。

时空数据的查询会经历过滤和精练两个步骤,由于处理间的数据量过于庞大,过滤步骤中对空间对象的表达不太精确。因此,只能采用简单的算法对大的相对质量低的数据集进行处理,因为数据充沛可以弥补算法简单的缺陷,同样,简单算法使得对大规模数据的处理成为可能。算法组合是提升数据分析精度的重要方法,对很多 $O(N^2)$ 简单算法组合,整体复杂度比 $O(N^3)$ 的单个复杂算法低。

如果数据量达到了 PB 级,采用 Hadoop 技术成为可能,但是对于空间数据而言,Hadoop 存在着先天的不足,它的核心框架并不能很好地支持空间数据的特性。现有基于 Hadoop 地理空间数据主要集中在特定的数据类型和数据操作等方面,如根据轨迹进行范围查询等,而且对空间数据操作的效率也受 Hadoop 内在因素的限制。

Spatial Hadoop 基于 Hadoop 所有层都嵌入了空间结构,包括语言层、存储层、MapReduce 层和业务层(Eldawy et al., 2013)。在语言层,提供了一种简单高级语言用于空间数据分析,即使非技术人员也可以进行操作。在存储层,提供了一个两级空间索引机制,即节点之间分区数据的全局索引和每个节点组织数据的局部索引。通过这样的索引机制建立了网格索引、R 树和 R+树索引。在 MapReduce 层,嵌入了两个新的空间组件,通过该组件可以获取索引文件,即 SpatialFileSplitter 和 SpatialRecordReader。SpatialFileSplitter 通过修剪分区来利用全局索引,但不会导致生成查询结果;而 SpatialRecordReader 利用局部索引来获得每个分区内有效的访问记录。在业务层,提供了一系列空间操作(范围查询、KNN 查询和空间连接),实现了在 MapReduce 层应用索引和新的空间组件。其他的空间操作也可以通过同样的方式嵌入该平台。

图 2.10 为 SpatialHadoop 系统框架。SpatialHadoop 集群主要包括一个主节点,用来接收用户的查询,并将其分割为更小的任务,并通过多个从节点类执行这些任务。

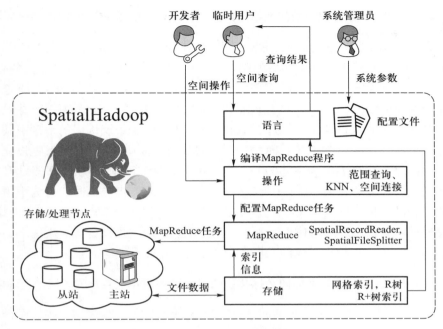

图 2.10 SpatialHadoop 系统框架

2.3.4 地理时空大数据时代虚拟地理环境的机遇与挑战

2.3.4.1 大数据驱动静态 GIS 到实时动态虚拟地理环境

传感网大数据的实时性,连接了现实世界与虚拟世界(大数据世界、虚拟地理环境),增强了虚拟地理环境的现实性、实时性以及互动性。传统 GIS 的数据获取方法主要包括以遥感技术、测绘技术为代表的大范围数据获取方法和传统的以统计方式的数据获取方法。虽然遥感技术的获取精度和获取能力不断提高,但这主要是一种单向的获取方法,无法和被观测者进行交互。此外,由于天气、气候、地理条件等原因,尚无法达到实时处理和全时段业务运行。统计方式的数据获取强项主要在于基于静态数据的数据汇总和历史数据比对等。传感网大数据可以为地理环境提供更多的时间方面的元素。真实环境中无处不在的传感器可以捕获空间对象或者地理过程的演变,实现地理现象的实时动态监测,从而可以为虚拟地理环境动态地控制和反馈信息。传感网大数据可为用户提供更自然、更真实、更实时、动态的虚拟地理环境,消除人们对虚拟与现实认知的两个极端,融合物理世界与虚拟环境(Che et al., 2011)。

2.3.4.2　大数据驱动面向地物对象的 GIS 到以"人"为中心的虚拟地理环境

目前的 GIS 所处理的对象,主要是宏观的地理实体、现象、过程及其空间环境,而对于社会、经济活动中的个体、群体等的行为及其相关事件,却缺乏强有力的表达方法和模式。目前,GIS 表现的大多是物化的东西(房屋、山川、河流等),许多非物质的东西(如社会行为、政治、经济、哲学、文化、宗教、情感等)并没有被包含在 GIS 系统框架中,导致人们通过当前地理信息系统认识的地理空间经常是一个缺乏"人气"的地理空间(林珲等, 2013)。而虚拟地理环境,是以化身人、化身人群、化身人类为主体的一个三维虚拟共享空间与环境,用于表达和分析现实地理环境的现象与过程(龚建华和林珲, 2006)。大数据时代可为虚拟地理环境提供各种各样关于"人"的大数据,如移动互联网、智能手机、社交网络、自发地理信息、位置计算与服务、视频、移动传感与穿戴式设备等。这些丰富的"人气"数据为虚拟地理环境的发展带来了前所未有的契机。

2.3.4.3　大数据驱动面向数据共享的 GIS 到面向知识共享的虚拟地理环境

经典 GIS 的一个显而易见的问题是"GIS 缺乏专用的过程模型来控制系统中地理对象的状态、调控以及演化"(Torrens, 2009)。过去,空间数据的收集工作量巨大,人们总是通过减少模型复杂度来尽量使用较少的参数和数据进行预测建模,这在一定程度上影响了模型的精度(张晓祥, 2014)。大数据极大地改变了 GIS 领域的现状(隋殿志等, 2014),实时的数据获取、处理、计算、可视化乃至分析为地理过程建模的深入研究提供了可能。大数据时代,数据挖掘是最关键的工作,发现知识则是其最终的真正价值。而虚拟地理环境则是在融合 GIS 的基础上,为建立由空间数据共享提升到地理知识和经验共享的新型地理学语言框架而提出,其最终目标也是要走向知识共享平台,进而形成一个新知识的生成环境(林珲和徐丙立, 2007)。从这个方面来讲,大数据时代无疑为虚拟地理环境的发展提供了机遇。

2.3.4.4　地理时空大数据带来的挑战

地理时空大数据时代,虚拟地理环境同时面临很多挑战。首先,是地理时空大数据所带来的模型驱动到数据驱动的转变,模型分析的思维转换为数据计算的思维。数据的极大丰富使得人们可以逐渐摆脱对模型和假设的依赖,例如,谷歌公司的研究主管 Peter Norvig 提到,"所有模式都是错的,没有它们,您将越来越成功"(李德仁等, 2014)。而虚拟地理环境所提出的第二个核心——模型库是否与之相互矛盾? 本书认为,这恰好是虚拟地理环境发展的机遇。在地理时空大数据时代,需要针对地理空间中海量数据知识挖掘的需求,整合非传统建模方法(Miller et al., 2015),例如,动态数据驱动的地学过程建模等,从而真正的由大数据来驱动虚拟地理环境中复杂地学过程的构建。

其次,地理时空大数据时代,由于各类传感设备的多样性、社交网络媒体的不同等,所得到的数据具有类型各异、时空粒度不统一、精度千差万别等特征。面对这些越来越多的非结构化、不规则的数据,如何利用已有的地理知识和规律来进行实时、动态的数据处理,使之能够有效地用于过程模拟和知识发现,实现对地理环境的连续、动态认知,将是虚拟地理环境面临的第二个挑战。

最后,面对全体数据的表达和分析方法。虚拟地理环境是一个在线的多维时空虚拟环境,随着地理时空大数据的加入,海量的空间地物数据、动态过程数据、时空行为数据、人文社会数据等都需要进行有效的表达和分析。研究云平台下分布式多源异构数据的汇聚机制和模型,研究高性能、大规模并行的数据表达和分析方法,成为虚拟地理环境亟待解决的问题。

2.4 后 语

相对于以地理编码数据库为"单核心"的地理信息系统,虚拟地理环境的特色在于其拥有"双核心",即地理时空数据库和地理模型库两个核心,地理数据管理既是数据库核心的"核心",又是地理模型库正常运行的保障,为地理场景构建、地理模型运行、可视化表达及地学分析提供数据支撑。虚拟地理环境是一个综合集成系统,其数据涉及多源海量信息(包括空间定位、几何形态、演化过程、时空关系、语义特征等信息),用于表达这些信息的数据之间需要屏蔽其语义、结构等多方面差异,进行高度整合,从而设计出统一、高效的虚拟地理环境数据模型,为虚拟地理环境的整体构建提供保障。除了数据的异构性之外,数据的运行效率也是需要关注的问题。传统的矢量与栅格数据已经不能满足虚拟地理环境的构建需求,其数据源要能够满足构建动态场景的需求,数据模型要能够准确地描述地理空间及对象的时空关系,并支持高效的时空运算与分析,才能支持复杂空间分析及地理模型的运算需求。尤其是随着大数据时代的到来,地理时空大数据给虚拟地理环境的发展带来了新的机遇和挑战,使虚拟地理环境的科学范式也由计算和模拟范式(第三范式)中分离出来而进入当前的数据密集型计算范式(第四范式)。在虚拟地理环境数据组织与管理未来的研究中,除多源异构时空大数据融合外,还需要关注地理时空大数据多尺度自动变换、地理时空大数据分析挖掘与知识发现,以及地理时空大数据可视化等的理论、方法和技术,最终才能实现地理时空大数据价值的最大化,更好地服务于虚拟地理环境。

参 考 文 献

边馥苓, 杜江毅, 孟小亮. 2016. 时空大数据处理的需求、应用与挑战. 测绘地理信息, 41(6): 1-4.

陈楠. 2005. 多源空间数据集成的技术难点分析和解决策略. 计算机应用研究, 10: 206-208.

陈静, 李清泉, 李必军. 2001. 激光扫描测量系统的应用研究. 测绘工程, (1): 49-52.

陈崇成, 林剑峰, 吴小竹, 巫建伟, 连惠群. 2013. 基于 NoSQL 的海量空间数据云存储与服务方法. 地球信息科学学报, 15(2): 166-174.

崔铁军, 郭黎. 2007. 多源地理空间矢量数据集成与融合方法探讨. 测绘科学技术学报, (1): 1-4.

单杰, 秦昆, 黄长青, 胡翔云, 余洋, 胡庆武, 林志勇, 陈江平, 贾涛. 2014. 众源地理数据处理与分析方法探讨. 武汉大学学报(信息科学版), 39(4): 390-396.

高小力, 张朝晖. 1997. SDTS 的空间数据模型. 测绘标准化, 13(3): 36-38.

龚健雅. 1997. GIS 中面向对象时空数据模型. 测绘学报, 26(4): 10-19.

龚建华, 林珲. 2006. 面向地理环境主体 GIS 初探. 武汉大学学报(信息科学版), 31(8): 704-708.

龚健雅, 杜道生, 李清泉, 朱庆, 朱欣焰, 王伟, 王艳东. 2004. 当代地理信息技术. 北京: 科学出版社.

郭黎. 2008. 多源地理空间矢量数据融合理论与方法研究. 解放军信息工程大学博士研究生学位论文.

胡庆武, 王明, 李清泉. 2014. 利用位置签到数据探索城市热点与商圈. 测绘学报, 43(3): 314-321.

李清泉, 李德仁. 2014. 大数据 GIS. 武汉大学学报(信息科学版), 39(6): 641-644, 666.

李德仁, 刘立坤, 邵振峰. 2015a. 集成倾斜航空摄影测量和地面移动测量技术的城市环境监测. 武汉大学学报(信息科学版), 40(04): 427-435, 443.

李德仁, 马军, 邵振峰. 2015b. 论时空大数据及其应用. 卫星应用, (9): 7-11.

李德仁, 姚远, 邵振峰. 2014. 智慧城市中的大数据. 武汉大学学报信息科学版, 39(6): 631-640.

李清泉, 杨必胜, 史文中, 李必军, 胡庆武. 2003. 三维空间数据的实时获取、建模与可视化. 武汉: 武汉大学出版社.

林珲, 胡明远, 陈旻. 2013. 虚拟地理环境研究与展望. 测绘科学技术学报, 30(4): 361-368.

林珲, 徐丙立. 2007. 关于虚拟地理环境研究的几点思考. 地理与地理信息科学, 23(2): 1-7.

闾国年. 2011. 地理分析导向的虚拟地理环境: 框架、结构与功能. 中国科学: 地球科学, 41(4): 549-561.

马照亭, 潘懋, 林晨, 屈红刚. 2002. 多源空间数据的共享与集成模式研究. 计算机工程与应用, 38(24): 31-34.

沙克哈(美), 谢昆青, 马修军, 杨冬青. 2004. 空间数据库. 北京: 机械工业出版社.

宋关福, 钟耳顺, 刘纪远, 肖乐斌. 2000. 多源空间数据无缝集成研究. 地理科学进展, 19(2): 110-115.

宋宏权, 刘学军, 闾国年, 王美珍. 2012. 基于视频的地理场景增强表达研究. 地理与地理信息科学, 28(5): 6-9,113.

隋殿志, 叶信岳, 甘甜. 2014. 开放式 GIS 在大数据时代的机遇与障碍. 地理科学进展, 33(6): 723-737.

汤国安, 刘学军, 闾国年, 盛业华, 王春, 张婷. 2007. 地理信息系统教程. 北京: 高等教育出版社.

王家耀, 武芳, 郭建忠, 成毅, 陈科. 2017. 时空大数据面临的挑战与机遇. 测绘科学, 42(7): 1-7.

王家耀. 2001. 空间信息系统原理. 北京: 科学出版社.

王艳东, 龚健雅. 2000. 基于中国地球空间数据交换格式的数据转换方法. 测绘学报, 29(2): 142-148.

吴勇. 2015. 视频数据空间化方法及其应用. 计算机应用与软件, 32(1): 139-142.

谢炯, 薛存金, 张丰. 2011. 时态 GIS 的面向过程语义与 HAS 表达框架. 地理与地理信息科学, 27(4): 1-7.

谢潇, 朱庆, 张叶廷, 周艳, 许伟平, 吴晨. 2015. 多层次地理视频语义模型. 测绘学报, 44(5): 555-562.

薛存金, 谢炯. 2010. 时空数据模型的研究现状与展望. 地理与地理信息科学, 26(1): 1-6.

袁林旺, 俞肇元, 罗文, 周良辰, 闾国年. 2010. 基于共形几何代数的 GIS 三维空间数据模型. 中国科学(地球科学), 40(12): 1740-1751.

张晓祥. 2014. 大数据时代的空间分析. 武汉大学学报(信息科学版), 39(6): 655-659.

张耀南, 火久元, 朱文平, 罗立辉, 冯克庭. 2014. 地学研究无线传感器网络的回顾与展望. 科研信息化技术与应用, 5(2): 14-26.

周顺平, 魏利萍, 万波, 杨林, 宋宗孝. 2008. 多源异构空间数据集成的研究. 测绘通报, (5): 25-27,39.

朱庆. 2014. 三维 GIS 及其在智慧城市中的应用. 地球信息科学学报, 16(2): 151-157.

朱庆, 李晓明, 张叶廷, 刘刚. 2011. 一种高效的三维 GIS 数据库引擎设计与实现. 武汉大学学报(信息科学版), 36(2): 127-132,139.

朱庆, 徐冠宇, 杜志强, 于杰, 王京晶. 2012. 倾斜摄影测量技术综述. 北京: 中国科技论文在线.

Altheide, P. 2008. Spatial Data Transfer Standard (SDTS). In: Shekhar, S., Xiong, H. (Eds.). *Encyclopedia of GIS*. Boston, MA: Springer.

Boubiche, D. E., Imran, M., Maqsood, A., Shoaib, M. 2019. Mobile crowd sensing — Taxonomy, applications, challenges, and solutions. *Computers in Human Behavior*, 101: 352-370.

Burke J. A., Estrin D., Hansen M., Parker A., Ramanathan N., Reddy S., Srivastava M. B. 2006. Participatory Sensing. Workshop on World-Sensor-Web (WSW): Mobile Device Centric Sensor Networks and Applications. Boulder, Colorado, USA.

Che W., Lin H., Hu M. 2011. Reality-virtuality fusional campus environment: An online 3D platform based on OpenSimulator. *Geo-spatial Information Science*, 14(2): 144-149.

Couclelis, H. 1992. People manipulate objects (but cultivate fields): beyond the raster-vector debate in GIS. In: Frank, A.U., Campari, I. (Eds.). *Theories and Methods of Spatio-temporal Reasoning in Geographic Space*. Berlin, Heidelberg: Springer: 65-77.

Eldawy, A., Mokbel, M. F. 2013. A demonstration of SpatialHadoop: An efficient mapreduce framework for spatial data. *Proceedings of the VLDB Endowment*, 6(12): 1230-1233.

Goodchild M. F. 1992. Geographical data modeling. *Computers & Geosciences*, 18(4): 401-408.

Gross N. 1999. The earth will don an electronic skin. https://www.bloomberg.com/news/articles/1999-08-29/14-the-earth-will-don-an-electronic-skin. [2019-08-27]

Guo, H. 2014. Digital Earth: Big Earth Data. *International Journal of Digital Earth*, 7(1): 1-2.

Guo, H., Wang, L., Chen, F., Liang, D. 2014. Scientific big data and digital earth. *Chinese Science Bulletin*, 59(35): 5066-5073.

Hart, J. K., Martinez, K. 2006. Environmental sensor networks: A revolution in the Earth system science? *Earth-Science Reviews*, 78(3-4): 177-191.

Macias, E., Suarez, A., Lloret, J. 2013. Mobile sensing systems. *Sensors*, 13(12): 17292-17321.

Miller, H. J., Goodchild, M. F. 2015. Data-driven geography. *GeoJournal*, 80(4): 449-461.

Reed, C. 2005. Data integration and interoperability: OGC standards for geo-information. In: Zlatanova, S., Prosperi, D. (Eds.). *Large-scale 3D Data Integration: Challenges and Opportunities*. London, UK: CRC Press: 161-174.

Torrens, P. M. 2009. Process models and next-generation geographic information technology. *GIS Best Practices: Essays on Geography and GIS*, 2: 63-75.

Wang, Y., Che, W., Cao, R., Shen, J. 2008. An object-oriented spatial data model for virtual geographical environment. Geoinformatics 2008 and Joint Conference on GIS and Built Environment: Geo-Simulation and Virtual GIS Environments. Guangzhou, China.

Xu, W., Zhu, Q., Zhang, Y., Ding, Y., Hu, M. 2013. Real-time GIS and its application in indoor fire disaster. Proceedings of the ISPRS 8th 3D Geoinfo Conference & Wg II/2 Workshop. Istanbul, Turkey.

Yuan, M. 2001. Representing complex geographic phenomena in GIS. *Cartography and Geographic Information Science*, 28(2): 83-96.

第3章

地理过程建模与模拟

3.1　地理过程与模型

3.1.1　地理过程

虚拟地理环境是包括作为主体的化身人类社会以及围绕该主体存在的一切客观环境,由地理位置层面、内表达数据层面、外表达镜像层面、单主体感知认知层面和互主体社会层面组成(林珲和龚建华,2002)。虚拟地理环境是地球表层空间在计算机中的映像。地球表层空间包括大气圈、水圈、生物圈等自然地理空间,是地球上各类机理过程综合作用最复杂的区域(陈述彭等,2000)。地球表层空间涉及气候过程、水文过程、地貌过程、生态环境过程等基本自然地理过程,具有较强的时空相关性及地域特性,同时伴随一定的地理时空规律。这些地理过程通常涉及多种学科领域且复杂多变,如何在虚拟地理环境中从机理角度描述地理现象的发生、地理过程的发展和演变,是虚拟地理环境研究的热点和发展趋势。

虚拟地理环境建模与模拟的首要步骤是对地理过程的认识和理解。有关地理过程的认识,不同的研究机构和人员给出了不同的看法。有些文献认为地理过程导致了地理对象的变化(Forbus,1984；Claramunt et al.,1998；Thériault et al.,1999；Bian,2000；Galton,2000);有些文献认为地理过程的本质是相关状态时间序列表达的一系列变化(Worboys,2001；Yuan,2001);还有些文献将过程中有着明确时间边界的重要活动定义为事件(Worboys,2001；Yuan,2001),这些事件共同构成了地理过程(Claramunt and Thériault,1996；Yuan,2001)。部分文献则认为地理过程本身就是一种特殊的复合事件(Worboys,2001)。个别文献详细地定义地理过程为地理事物随时间推移而出现的动态变化过程,将反映这种时间上地理事物动态演化过程的基本事实、概念、原理、规律等统称为地理过程知识,同时,进一步将地理过程细化为地理循环过程、地理演变过程、地理波动性变化过程和地理扩散过程四方面(李爽和姚静,2005)。另外,有部分研究关注将地理过程表达为地理现象变化的目录。这些目录描述了实体或实体集伴随时间推移的步骤,而动态变化就是这些步骤之间的插值(Claramunt and Thériault,1996;Claramunt et al.,1998;Thériault et al.,1999;Miller,2005)。还有部分研究工作则围绕对象实体的变化展开,提出多个场景现象片段之间发生的变化应该分别存储(Hornsby and Egenhofer,2000;Frank,2001;Stefanakis,2003)。个别研究者评论了地理过程是概念建模方法的基础,但还没有形成系统的概念模型和实现框架(Renolen,2000)。

总的来说,地理过程指的是地理特征关联的事物随时间变化而产生的空间变化过程。从广义上讲,它不仅仅指自然地理过程(如地质运动过程、生态演化分布过程等),还应包括人文地理过程(如城市扩张、人口迁移过程等)。由于地理过程蕴含着丰富的内容、规律和知识,现代地理信息科学围绕地理过程展开了广泛而深入的探究,从最初关于地理分布形态的简单数学分析与表达(如数字地形模型)、空间信息三维可视化到虚拟地理环境下地理过程建模与模拟,地理过程的研究促进了大量地理知识的产生,为深入了解地球系统的时空模式奠定了理论与方法基础。

研究地理过程必须首先了解它的典型特点。地理过程反映的是时间轴上地理事物动态演化过程的基本事实、概念、原理、规律等,具有一定的机理支撑。地理过程具有特定时空尺度的特点,可以覆盖某个区域连续时间区间及连续空间范围的自然或人文现象,不同问题类型的地理过程涉及的时空尺度可以是完全不同的。例如,湖泊演变和岩石风化等地理演变过程需要跨越较长时间尺度和较小空间尺度,台风的骤变和山体滑坡则经历时间尺度和空间尺度均较小,而近年作为研究热点的全球气候变化则需同时跨越较大时间尺度和空间尺度。复杂的科学问题往往需要多个领域专业知识的协同解决,地理过程问题是综合知识问题,需要多学科专业知识融合演化以产生新的针对该类科学问题的地理知识,具备典型的跨学科特点。跨学科综合性也决定了地理过程的研究需基于特定的历史背景、经济指数、地理情景、语义情景等,具有多因素情景约束的特点。同时,地理过程自身内在不稳定本质以及支撑机理的复杂性和因素多变性使其具备不确定性。

地理过程的研究关注自然过程和规律的动态表达、模拟和分析,地理变量和要素是地理过程发展的内在驱动力,常采用经验公式、数理模型或概率分布加以描述(李爽和姚静,2005)。在计算机空间中建模与模拟地理过程可以有效帮助理解和探究地理现象演变机制、自然规律、驱动因素、演化过程及预测可能的地理事物未来状态,针对地理过程的深入理解和研究,有助于积极应对未来可能发生的自然灾害、地理现象和公共安全事件等,提前研究问题解决方案和对策。

伴随着计算机科学、地理信息技术的快速发展,围绕虚拟地理环境的研究也随之逐渐展开,基于虚拟地理环境的地理过程研究注重对自然地理过程和规律的表达和分析,大大提高了决策支持的效率,因而成为近年来地理信息科学领域的研究热点之一。由于地理过程在地球表层空间中是可视的,虚拟地理环境的多维模拟与可视化特点恰好可以在计算机空间中充分表达地理过程中的地理变量和要素。在虚拟地理环境中,计算机能够处理研究主体所能感受到的、在思维过程中接触到的地理过程;长时间尺度及大空间尺度的地理过程在虚拟环境中能够实现重复演示和可视化模拟,为地理科学研究提供新的实验手段和方法;抽象的地理数据和时空模型能够转换为直观可视的多维动态过程及实时图表,有利于研究人员及时监测并建立数据、现象间的关联;与此同时,地理过程中的理论知识和经验可以有效融合在地理协同中,以帮助加强感知和认知能力来全面地获取信息。

地理信息科学在地理数据、模型、服务的统一表达及相关规范方面已经取得了较大的进展,基于虚拟地理环境的地理过程建模与模拟研究将是下一代地理信息科学发展的必然。关于过程模型与下一代地理信息科学,美国2008年总统奖得主、亚利桑那州立大学地理与规划学院副教授Paul Torrens博士描述了过程模型在整个地理信息科学中发展与演变的历史,以元胞自动机、智能体与GIS结合的两个过程模型为例,论述了地理过程模型在从地理信息可视化到地理信息模拟的转变中的巨大作用,并强调下一代地理信息系统将由地理过程模型主导和驱动(Torrens,2009)。

虚拟地理环境提供了一种新的思维和可能方式,探讨遥感图像、虚拟环境、虚实结合、模型集成的本质,从而为全球环境变化与区域可持续发展、为构建弹性城市与社会的发展提供了概念思考与基础设施框架。如何在地理过程中更科学地利用虚拟现实技术,以更好地服务于复杂地理科学问题的研究和解决;如何实现高效的地理过程建模方法,以提高地理科学研究的效率;如何采用多维多感知方式将在自然地球空间中不可视的地理时空过程转换成可视的动态虚拟过程,以建立空间数据、模型之间的关联关系;如何将不可形式化表达的地学经验知识融合进分布式协同工作模式中,以促进新的地学知识的产生;如何实现智能算法技术和地理模拟计算的结合,以提高地理时空过程模型的模拟精度;如何实现不同异构地学模型的耦合与集成,以实现模型知识的构建与重用,等等。围绕地理过程的这些问题对于当代虚拟地理环境学科的发展有着重要的影响和深远的意义,目前已经引起国内外学者的关注和重视,相关研究工作尚在展开中。

3.1.2　地理过程模型

地理过程建模是对地理环境中地理时空过程模型的表达与计算,建模结果是地理过程模型,它是虚拟地理环境的核心和理论支撑,也是虚拟地理环境进行场景应用、知识创新及系统自身演化的主要驱动元素。地理过程模型是对地理现象、机理与过程的抽象与表达。对地理过程进行建模有利于人类进一步理解和深入研究地球系统机理,准确预测演化趋势和未来状态,有利于提前决策以应对地理过程演化带来的影响。

一直以来,地理信息系统主要采用栅格和矢量两种类型空间数据模型,该数据模型决定了地理信息系统的存储、组织及显示方式。空间数据模型是采用描述实体及其属性来表达任何地理事物的模型,但最初没有专用的过程模型来控制系统的动态、调控以及演化(Torrens,2009)。近年来,地理信息科学在统一表达实体对象和地理过程方面已经取得了很大的进展,地理过程模型的发展也是下一代地理信息技术发展的必然。地理科学研究气候变化、水文动态、地貌改变、生态进化、人文活动等地理相关过程,以及地带性、地域分异规律等基本地理规律,其中许多重要的地理现象与过程比较抽象,需要采用一定的手段进行描述、提取与表达,以便研究人员深入了解和探索。地理过程模型则用于模拟这些地理过程的计算模型,它使用数学方法和理论描述模拟地理相关过程的演化规律,并通过计算机算法加以实现,比如洪灾蔓延模型、城市演化模型、气候变化模型、海岸线变化模型等都是地理过程模型。

长期以来,地理计算在地理信息系统领域的重要性持续不断地增加,传统的地理信息系统依赖于基于空间分析与数据操作的地理计算。过程模型的出现代表着现有技术的进化,例如,人工智能推动着传统地理信息系统进入一个以数据和智能软件代理互联的语义网为基础的动态、主动计算的世界(Torrens,2009)。在地理科学中,过程模型的许多创新思想来源于早期在线地理信息系统中的核心——地理计算。其中,地理计算中的在线制图与"Mashup"(混搭)技术受到广泛关注。在信息化时代里,人们通过各种渠道搜集大量有关事物和行为的数据,两者都常常具有位置注释信息。利用地图将所有这些包含位置数据的不同数据集采用地图图形化方式呈现出来,即为 Mashup 技术。谷歌公司发布了 Google Maps API 促进了 Mashup 技术的蓬勃发展,它使得来自网络的不同数据源的基于地图的集成、分析和重构变得容易。如图 3.1 所示,Mashup 案例展示了美国犹他州盐湖城的 Wi-Fi 信号云,由大约 1700 个数据访问点生成。

地理过程建模是地理研究的重要方法和复杂地理问题求解的重要手段,通

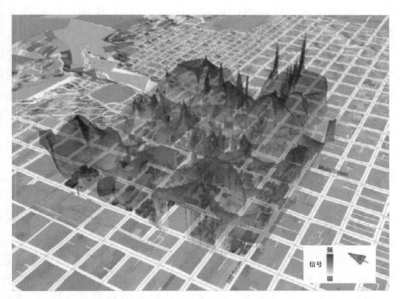

图 3.1　Mashup 案例：美国犹他州盐湖城的 Wi-Fi 信号云（Torrens，2009）（参见书末彩插）

过地理信息方法和理论模拟地理过程，形式化地理过程的演化规律，最终得到地理过程模型。

　　针对地理过程模型和建模方法的研究已经在很多应用领域展现出了显著的效果和优势，其中，Paul Torrens 在其评论文章中对地理过程模型在虚拟世界中的现状和发展进行了归纳。文中阐述，语义网倡导者描绘了一个大规模动态系统场景，该场景采用数字化链接对象和用户，并持续投射高分辨率和高保真的"数字阴影"以构建物理世界的虚拟表达，这些虚拟世界正在被构建，很多个人或公司以"沉浸"在线虚拟世界以及大规模多用户在线多角色游戏（massively multiplayer online role-playing gaming，MMORPG）的方式进行社交、商务、远程组织、协同研究等（Torrens，2009）。同时，地理过程模型也在推动着技术的进步。地理过程模型被移植到虚拟世界，填充虚拟世界的自动数字化服务，可以让用户在游戏世界中交流就如同在现实世界中一样。利用地理信息系统中常见的几何学，通过地理信息系统中几何对象进行真实自然环境的虚拟表达，虚拟世界已经实现了与现实世界的紧密耦合。该文认为，目前用于 MMORPG 环境的过程模型在处理空间行为上相对简单，但在将一系列行为地域和空间认知能力融入 MMORPG 环境以促进更先进的空间推理方面已经取得了较大进展。Torrens 博士还详细阐述了地理过程模型在人口统计学、编码空间、社会科学、商业智能等方面的应用（Torrens，2009）。在当今地理大数据时代中，地理过程模型也将广泛支持大众生活的方方面面，促进各种信息技术及应用的发展。

地理过程模型是新一代地理信息技术关注的核心,地理过程建模可以用来模拟自然灾害的发生过程以帮助政府或国家有效避免或降低灾难影响,可以模拟和预知城市扩张过程以优化城市规划设计,也可以模拟紧急公共安全事件以提前规划救援决策以支持实时应急响应等。地理过程模型是当前虚拟地理环境的主要驱动与核心,虚拟地理环境为地理过程模型提供了直观高效的建模方法和环境。基于虚拟地理环境的地理过程建模有望成为未来地学建模工作者的主要科研方法。

3.1.3　地理过程建模与模拟方法

虚拟地理环境的兴起与发展为地理过程的表达、地理知识的获取、地理问题的求解提供了新的思路、方法和技术(林珲等,2009)。作为虚拟地理环境的重要核心内容,地理过程建模与模拟在地理时空大数据的背景下取得了快速发展,地理过程建模与模拟比以往任何时候更关注与虚拟地理环境的紧密耦合,特别是在高精度模拟与计算模型方面,现有研究主要采用元胞自动机、智能体、方程式建模、动力学机理等方法对复杂地球空间系统中的地理对象及动态场景和过程进行建模与模拟。

3.1.3.1　元胞自动机方法

元胞自动机(cellular automata,CA)是一种离散数据模型,通过约定的局部规则进行简单运算可以模拟空间上离散、时间上离散的复杂性现象(Batty et al.,1997)。元胞自动机由现代“计算机之父”冯·诺依曼在 20 世纪 40 年代提出,该模型主要由五个主要部分组成:元胞(cell)、状态(state)、邻近范围(neighborhood)、转换规则函数(transfer function)和时间(temporal)。CA 模型的核心运算法则是,假定某元胞在下一时刻的状态是该元胞上一时刻的状态及周围邻近范围元胞状态的函数。因此,CA 模型能通过局部运算形成全局的复杂模式,并已成功应用于物理、化学、地理、生态和城市等过程的模拟应用中(杨青生和黎夏,2007)。复杂现象的呈现来源于简单元素群中的相互作用。元胞自动机从局部运算到复杂模式的特点逐渐受到包括地理学家在内的各领域研究人员的重视。这种建立在离散空间上的动态模型在模拟复杂空间现象的时空动态演变方面具有天生的优势,是其他模型和方法所不能比拟的(孙战利,2012)。元胞自动机具有较强的模拟复杂系统时空演化过程的能力,“自下而上”的思路充分体现了复杂系统局部个体行为产生全局、有序模式的理念,极为适用于复杂动态地理过程的建模与模拟。

元胞自动机用于复杂地理系统的建模与模拟有一定的必然性和可行性,主要原因包括：①元胞自动机在模拟空间现象的时空动态性上具有直观、生动、简洁、高效、实时等内在优势；②元胞自动机的计算完备性特点可以模拟非线性复杂系统的突现、混沌等，是模拟高度复杂地理现象的有效方法；③元胞自动机的二维离散格网模型与遥感影像、栅格数据一致，保证了与地理信息系统集成和展示过程的兼容性；④元胞自动机的灵活性和开放性保证了建模者扩展与集成工作的有效性和可靠性（孙战利，2012）。

最早在1965年，元胞自动机思想被首次用于模拟空间扩散过程，取得了较好的效果（Hägerstrand，1965）。随后，各国不同领域研究人员逐渐开始关注元胞自动机，围绕元胞自动机的过程建模与模拟的研究与应用陆续展开。Chapin 和 Weiss（1968）综合分析了土地开发相关因素的影响，并基于该结论提出了 CA 模型以模拟预测城市区域中的住宅开发过程。Waldo Tobler 采用元胞自动机模型模拟了美国五大湖边底特律地区的城市发展变化过程。Helen Couclelis（Couclelis，1985）基于离散模型理论综合归纳了元胞空间的规则，同时针对个人决策和大规模城市变化等复杂问题进行了相关应用的研究。White 和 Engelen（1997）提出了一个动态区域空间模型，该模型集成了一个连接 GIS 系统和一些标准化区域经济统计模型的土地利用元胞自动机以及一个简单的环境变化模型。Michael Batty 等对城市系统建模提出了采用元胞自动机的动态性理论研究城市模型，并有效模拟了美国纽约州城市布法罗的扩张过程（Batty et al.，1999）。周成虎（1999）在深入分析和研究元胞自动机的基础上，结合复杂地理空间系统的特征，提出地理元胞自动机（GeoCA）的概念和模型框架，构建了城市土地利用动态发展模型 GeoCA-Urban。这些早期研究成果为后续元胞自动机在交通网络、城市扩张、土地利用、森林火灾等典型的动态过程模拟和建模领域的大量研究与应用奠定了良好的基础。

全球经济的发展和城市的扩张使得交通问题（如交通事件、交通阻塞等）日益凸显。交通系统是包含行人、车辆和路径网络的复杂动态系统，国内外许多学者采用元胞自动机模拟交通系统。基于纵横交错的二维交通网络，Biham 等（1992）提出了二维元胞自动机模型的三种变形用于描述交通流，利用该模型成功模拟了城市交通阻塞等现象。薛郁等（2001）在 Nagel-Schrekenberg 单车道元胞自动机交通流模型的基础上，考虑车辆之间的相对运动以及车辆减速概率对交通状态的影响，提出了一种改进的单车道元胞自动机交通流模型。汪秉宏研究了一种一维交通流元胞自动机模型用于模拟高速车辆交通（ Wang et al.，2001）。

土地利用对全球气候变化有着重要的影响，土地利用的变化过程是复杂的动态系统，具有变化不连续性、景观镶嵌、土地利用类别混合、变化不可逆等特点（Mertens and Lambin，2000）。元胞自动机的基本分析单位是空间网格，土地利用的时空变化取决于每个网格和邻近网格间的转换规则,元胞模型在模拟土地利用变化的生态过程方面具有优势。黎夏和叶嘉安(2005)通过神经网络、元胞自动机和 GIS 相结合模拟土地利用的动态发展过程,并利用多时相的遥感分类图像训练神经网络,便于确定模型参数和模型结构。由于标准的元胞模型在描述地理特征方面存在局限性,限制了模拟地理过程的能力,针对该问题,罗平等(2005)提出了基于地理特征的元胞概念模型,以深圳特区土地利用演化为例验证了带有地理特征的元胞概念模型具有较大的应用价值。赵晶(2006)利用人工神经网络的自学习特性,扩展了元胞自动机模型,建立了土地利用演变人工神经网络模型,提高了土地元胞转换规则的客观性,挖掘了土地利用演变的内在规律,实现了土地利用格局的反演。杨国清等(2007)采用元胞-马尔可夫模型模拟预测了 2010 年广州市土地利用空间格局变化,进一步提高了模拟精度。刘小平等(2007)提出了一种基于蚁群智能来自动获取地理元胞自动机转换规则的新方法,该方法所提取的转换规则能更方便和准确地描述自然界中的复杂关系。邱炳文和陈崇成 (2008) 等综合了灰色预测模型、元胞自动机、多目标决策、GIS 四种技术方法提出了 GCMG 模型,模拟了人类综合考虑的自然环境与社会经济因素进行的土地利用决策,并将其导入元胞模型的转换规则,在 GIS 环境中实现了土地利用空间的配置,该方法能较好地同时模拟不同土地利用类型以及不同人类决策情景下的土地利用转换。乔纪纲和邹春洋(2012)利用神经网络构建了多类型演化的元胞模型,从城市演化历史数据中挖掘土地利用转变的空间要素权重,并利用广州市白云区 2005—2007 年的土地利用数据训练神经网络,对 2009 年研究区的土地利用结构进行了模拟。郭欢欢等(2011)探讨了土地利用变化的内在机理,分析了元胞自动机和多主体模型的内涵、研究热点、模拟平台和优缺点等,并对其今后在土地利用变化模拟研究的发展趋势进行了展望。刘毅等(2013)综合运用了元胞自动机、多维驱动力分析和情景分析方法,构建了城市土地利用变化模拟系统。这些有关土地利用和城市扩张的元胞自动机模型研究成果为政府决策、城市规划等提供了丰富的科学依据,对城市的长期可持续发展建设有着极大的指导意义。

森林火灾、地震、山体滑坡等自然灾害对严重威胁着人类的生命财产安全,这些自然灾害的发生和演变过程极为复杂,具有时空的动态性、空间的分异性,与此同时,受到自然、社会、经济等各方面不确定性因素的影响,普通数学模型方法难以预测和模拟,许多研究人员采用元胞自动机模拟灾难过程时空蔓延的过程,以起到决策支持作用。针对当前元胞模型未考虑灾难疏散时人与人之间的摩擦力与排斥力造成运算结果误差较大的问题,宋卫国等 (2005)在经典元胞自动机模型的基础上,量化确定了摩擦力和排斥力的运算规则,提出了一种新的元胞自动机模型对单出口房间中的人员疏散进行了模拟计算,提高了准确度。孟晓静等(2008)考虑了建筑结构物地震后可能产生的次生火灾的不确定性,构建了基于元胞自动机的城市地震次生火灾蔓延概率模型,指出元胞着火的概率与建筑物的特性和灾害条件有关,包括建筑材料、外墙是否有开口、与着火元胞的距离、地震对建筑的破坏程度以及气象条件等因素。柳春光等(2010)利用元胞自动机构建了城市地震次生火灾蔓延模型,通过相关参数的初步量化,模拟了某小区的火灾蔓延,综合考虑了大面积阻火要素阻止火势蔓延的重要作用、风的重要影响及消防扑救的影响,为城市规划和震后火灾扑救提供了参考。湛玉剑等(2013)针对林火蔓延影响因子的复杂性,基于地理元胞自动机提出一种针对复杂多样性树种的林火蔓延模拟模型,实现了蔓延模型在 GIS 系统的动态模拟,该模型适用于多种因素综合作用下的林火蔓延模拟,能够为预测分析火势蔓延趋势提供决策支持。

与此同时,元胞自动机模型还被用于城市景观演化过程、地区景观格局变化、物种竞争、生态演化等多个领域地理过程的建模与模拟,其强大的计算能力、高度动态及具空间概念等特征使它在模拟空间复杂系统的时空动态演变研究中具有较强的优势。赵莉等(2016)综述了元胞自动机在地理学中的主要应用领域和研究现状,分析了目前元胞自动机研究所面临的问题,指出二维规则的元胞自动机难以应对现实世界中邻域范围并不规则的地理实体以及越来越立体化的城市空间扩展趋势,元胞邻域扩展、元胞维度以及矢量元胞自动机应是未来的研究重点。

3.1.3.2　智能体方法

智能体(agent)理论是计算机科学和人工智能中发展很快的前沿领域之一,已经广泛应用于许多研究领域,"智能体"现已成为一个通用概念(Nilsson,1999)。智能体指具有智能特征的对象实体,它能综合自身特点、所处环境及其他要素,以相关知识规则为指导,通过环境状态感知及和其他智能体的协作,主动做出决策并以相应行为活动作为响应(O'Sullivan and Haklay,2000)。智能体是一个在动态环境中高度自治的实体,其存在形式可以是一个系统或机器或某软件程序等,它能够在目标任务的驱动下主动感知、学习、通信等,针对外界变化实时做出反应(赵龙文和侯义斌,2001)。智能体方法比较适合通过协作解决某些传统方法所难以解决的复杂问题,具有社会性、自律性、反应性、自发性等主要特点。自律性指智能体具有内部自治机制,具有高度自主控制能力;社会性指智能体通常会是相互作用的群体,按照既定协议通信和协作;反应性指智能体具有外部环境变化的反射作用;自发性指智能体具有对目标的主观能动性(杨青生和黎夏,2007)。智能体方法擅长处理复杂的系统分析与模拟任务,已经广泛应用在地理过程建模与模拟研究中,包括城市扩张、土地利用、环境形态、人口动态分布、疾病传播等时空演化过程的研究。

　　针对传统微观交通模拟研究在模拟速度和精确性等方面的局限性,孙少鹏等(2004)讨论了地理元胞机和多智能体用于微观交通模拟研究的可行性,构建了两者结合的微观交通模拟模型,有效提高了模型运算效率和模拟真实性。刘小平等(2006)探讨了基于多智能体的城市土地利用动态变化模拟方法,其中模拟模型由相互作用的环境层和多智能体层组成,探索了城市中居民、房地产商、政府等多个智能体之间及多智能体与环境之间的相互作用而导致的城市空间结构的演化过程。陶海燕等(2007)基于多智能体建立了居住空间分异模型,模拟了居民智能体聚集现象的产生过程及对房屋价值的影响,比较了居民不同收入差异情况下对居住空间分异的影响。由于元胞自动机模型无法描述城市土地扩张多元变化的结果,张鸿辉等(2008)以多智能体系统理论为基础,建立了城市土地资源时间和空间配置规则,基于描述影响城市土地扩张的多智能体间互动关系构建了城市土地扩张模型,能够反映城市土地扩张的基本特征和规律,有助于解释城市土地扩张的成因及演化过程。王飞等(2009)关注基于多智能体的风险评估模型,从微观上建立了灾害系统各要素间的相互影响,并在多风险情景下,模拟了灾害系统状态的变化以实现动态的风险评估。刘涛等(2009)建立了一种基于小世界网络的多智能体传染病时空传播模型,用多智能体系统反映个体间的时空动态相互作用,小世界网络用来表示多智能体之间的社会关系,该模型引入了个体对感染记忆的时间衰减效应、个体间的空间距离以及社会关系对感染的影响,较传统的传染病传播模型更准确,可用于真实地理环境的传染病时空传播模拟应用。刘小平等(2010)提出了基于多智能体的居住区位选择模型,采用多智能体方法建模与模拟居民居住区位决策行为和动态地价变化影响的关系,探索居民在居住选择中的复杂空间决策行为以及居民之间、居民与地理环境的相互作用而导致的城市居住空间分异的演化过程。肖洪等(2010)用相互作用的多智能体系统、元胞自动机环境及城市人口密度模型构建了精确到街道的城市人口分布模型,并以长沙为例,分析了城市人口分布的演变过程,为相关的调控提供决策依据。龙瀛等(2011)采用多智能体方法建立了城市形态、交通能耗和环境的集成模型,通过就业地斑块数目、平均斑块分形指数、香农多样性和平均近邻距离等 14 个指标表征城市形态,实现了识别城市形态与通勤交通能耗和环境影响的定量关系,以及对空间规划方案的能耗和环境影响的评价。张鸿辉等(2011)从区域土地利用优化配置数量、空间、时间等三维特征的角度,研究了区域土地利用优化配置的多智能体系统及其决策行为规则,构建了基于多智能体系统的区域土地利用优化配置模型。袁满和刘耀林(2014)结合多智能体建模与遗传算法计算,设计了土地利用规划多智能体决策框架,将多智能体的空间决策行为与遗传算子相结合,构建了基于多智能体遗传算法的土地利用优化配置模型,该模型能够合理地对区域土地利用数量结构与空间布局进行配置,有效协调不同土地利用决策主体的需求。针对人口分布模拟模型自动化程度较低、难以分析人口分布成因且精细尺度的人口样本较难获取等问题,卓莉等(2014)提出了一种基于多智能体模型和建筑物信息的高空间分辨率人口分布模拟模型。李少英等(2015)提出了基于劳动力市场均衡的人口空间分布模型,建立了经济发展的劳动力需求与人口劳动力供给之间的关系,利用多智能体建模了劳动力市场均衡条件下的人口区位选择行为,实现了人口规模估算与空间分布模拟。开展特大城市群地区城镇化与生态环境交互耦合效应的研究是地球系统科学研究的前沿,方创琳等(2016)系统解析了特大城市群地区城镇化与生态环境交互耦合效应的基本理论框架,并构建了多要素—多尺度—多情景—多模块—多智能体集成的时空耦合动力学模型,实现了特大城市群地区可持续发展优化智能调控决策支持系统。

3.1.3.3 人工神经网络

人工神经网络(artificial neural network,ANN)是机器学习和认知科学领域的一种前沿理论方法,其思想是通过模仿生物神经网络(如中枢神经系统,尤其是大脑)的结构和功能建立的一种数学模型或计算模型。人工神经网络由大量的人工神经元联结计算,能在外界信息基础上改变内部结构,属于一种自适应系统。人工神经网络一般包括训练阶段和预测阶段,其计算工作需经过反复学习训练使得网络预测输出不断向期望输出逼近,得到与最小误差平方和对应的网络参数,训练结束后,通过类似输入样本经过训练后网络则对应最优结果(付玲等,2016)。人工神经网络是由大量简单神经元连接而成的非线性复杂网络系统,具有并行分布式处理、自组织、自适应、自学习、健壮性与容错性等特点,擅长模式识别、决策支持、知识处理等方面任务(李双成和郑度,2003)。

伴随人工神经网络技术的不断完善,其在地理过程建模与模拟中的研究与应用逐渐展开。传统地学定量分析中的单变量或多变量预测成为人工神经网络地学模型的主要研究对象,包括模式识别和过程模拟等。建模经验和知识的积累促使地学人工神经网络模型的发展呈现综合集成趋势,其中元胞自动机、遗传算法、智能体、模拟退火算法与人工神经网络的融合,特别适合解决非线性地学分析问题(李双成和郑度,2003)。

当前,人工神经网络在地理过程建模与模拟中的研究与应用逐渐广泛,已经取得了一系列丰富成果,尤其在土地利用、城市演化、分布格局等相关领域。黎夏和叶嘉安(2002)为了解决元胞自动机在地理现象模拟中遇到的模型结构和参数难以确定的问题,提出了通过人工神经网络的训练自动获取空间变量和参数,进而提高了模拟精度,同时缩短了参数搜寻时间,实现了对城市模拟的优化。采用元胞自动机进行城市模拟多局限于从非城市用地到城市用地的转变,而多种土地利用的动态系统模拟比一般城市演化更加复杂,基于该问题,黎夏和叶嘉安(2005)探讨了结合神经网络和元胞自动机模拟复杂的土地利用系统及其演变,能简便地确定模型参数和结构,避免常规模拟方法所存在的问题。在此基础上,徐昔保等对黎夏等提出的 ANN-CA 模型进行了扩展,综合考虑了影响城市土地利用变化的自然、经济和政策 3 个层面共 17 个空间变量,设计了 5 种不同阈值和随机扰动参数组合,耦合了 Matlab7.2、GIS、人工神经网络和元胞自动机,用以模拟兰州市土地利用变化趋势。赵晶等(2007)利用学习矢量量化神经网络,从不同时相遥感数据中挖掘土地利用演变的内在规律,自动找到土地利用元胞的转换规则,从而反演和预测土地利用格局进行地理模拟,在上海市区典型边缘带的应用显示模拟规则与同期上海城市发展状况相吻合,可以满足土地利用演变模拟预测的要求。曹银贵等(2008)探讨耕地与社会经济因子之间的关系,采用三层神经网络建立了耕地面积与相关社会经济因子的模型,并以全国1996—2005 年耕地面积与社会经济数据为基础资料,模拟预测耕地变化的过程及趋势。井长青等(2010)利用人工神经网络训练研究区域获取模型参数,构建了喀什市城区的土地利用动态演化模型,有效地缩短了空间变量的获取时间,同时获得更高的精度,能较精确地模拟城市发展过程。张晓瑞等(2015)利用相关系数分析法提取影响 UVI 的主导指标因素,基于神经网络模型,构建并优选精度高的预测模型,模拟预测了合肥市的城市脆弱性动态演变过程,进而为完善城市脆弱性研究体系和类似城市的相关研究提供了一定的借鉴。付玲等(2016)研究了城市增长边界的预测模型,采用人工神经网络结合 GIS 和 RS 技术,采用8 个对城市边界扩张影响较大的因子(包括绿地、建筑物、行政中心、主要道路、次要道路、坡度、坡向和海拔),建立了城市增长边界模型,用于预测北京市 2020年城市增长边界,同时采用面积匹配值法评估了模型精度。

近年全球范围内频繁暴发的 H7N9 禽流感、"非典"、登革热等传染疾病严重威胁了公众健康和生命,公共卫生问题成为各国科学家争相展开的研究热点。从地理学时空过程视角,传染疾病的暴发和蔓延过程存在着一定的时空规律,部分地理学研究人员采用神经网络模型模拟和预测疾病传播的时空模式以期有效支持政府决策。李卫红等(2015)针对全球性登革热问题,基于时空数据挖掘与建模,综合环境、气象、地理、人口四大因素,分析登革热发病的空间相关性及病例的空间自相关性,挖掘其影响因子,采用遗传算法改进 BP 神经网络模型,探究登革热的时空特质并构建了登革热时空过程模型。除此以外,人工神经网络也常用于自然灾害过程的模拟。根据不同雨洪其径流生成机制存在较大差异而导致模拟精度不高的问题,邵月红等(2016)将整个径流序列划分为若干组,并对不同时段径流采用对应模块化神经网络进行模拟,采用基于径流分类的若干局部人工神经网络计算进一步提高径流预报精度,该模型能够有效地模拟水文系统的动力特性,反映流域复杂的非线性产汇流规律和动力过程,模拟精度较高。

3.1.3.4　其他方法

除元胞自动机、智能体、人工神经网络等主流方法以外,还有很多其他地理过程模拟方法,如系统动力学、基于方程的模型、统计分析模型等。

系统动力学(system dynamics,SD)是美国麻省理工学院的 Forrester 教授提出的系统动态复杂性科学。系统动力学以实际观察数据为基础,建立动态的计算机仿真模型以模拟预测系统行为,该模型的特点是基于参数计算的反馈,其中包括水平、速率、辅助等变量与常量的基本运算及方程式,但缺乏空间数据的表达(郑新奇,2012)。基于方程的模型是采用数学方程模拟土地利用状态或时空均衡问题,如土地利用规划中的线性规划模型等,这类方法通过分析建立数学方程模拟,较易实现定量分析,但不能表达对象的复杂性(裴彬和潘韬,2010)。系统模型方法则是通过系统或组件间的信息、物质、能量的流动结构与功能建立系统方程,适合定量分析人类与生态系统间的相互作用。统计分析模型(如回归分析、空间统计分析等)是早期使用比较多的过程模拟方法,容易实现定量化分析及表达空间异质性和空间相互作用的影响,对时间和空间尺度的差异性考虑不多。专家模型也是地理过程模拟经常使用的一种模型方法,它将专家的判读和概率分析方法相结合,如贝叶斯概率判别、人工智能、基于规则的知识系统等,能够充分考虑模拟的复杂性,但建模实现较困难(裴彬和潘韬,2010)。

3.2　地理过程模型的管理

地理过程模型是虚拟地理环境的核心和基础。众所周知,地理学家进行地理问题分析与建模求解的过程是复杂而艰难的,这一工作需要将来自不同研究方向、不同研究区域及不同开发风格的地理模型在合适的地理情景中进行融合。地理过程建模中的知识融合特点使得地理模型的共享与重用显得非常重要,同时也意味着重重的困难。围绕地理模型的重用和共享,本节主要讨论地理过程模型的管理,包括地理过程模型的特点、地理过程模型的封装、模型库的构建、模型的适应性、共享与重用及模型共享平台等。

3.2.1　从数据管理到模型管理

早期的地理信息系统以地理空间数据为核心,人们关注地理事物的特点及相互之间的拓扑关系,探讨如何完整合理地表达和管理地理空间数据,因而涌现出很多相关地理空间数据模型。地理事物之间的拓扑关系可以用关系数据模型来很好地表示,地理信息科学开始引入了计算机领域中的数据库技术,原始文件系统管理方式逐步被高效安全的数据库管理系统代替。由此催生了第一代地理信息系统,也就是以数据库为核心的地理信息系统。

依靠静态的数据模型可以很好地支持空间数据的管理、表达、分析和基本的三维可视化渲染,但由于缺乏对复杂地理模型的管理,尚难以满足复杂地理过程的分析、模拟和预测需求。动态地理时空过程的模拟与预测需要地理过程模型的管理和支持。

伴随地理信息系统的广泛应用和普及,地理问题的系统性、综合性和复杂性特征日益显现,由三大基本要素,即空间数据库、空间分析与空间信息可视化组成的早期地理信息系统框架已经不能完全满足复杂地学问题分析的需求。以空间数据管理为核心的地理信息系统迫切需要转变为地理过程模型管理为核心的地理信息系统。针对漫长时间尺度和广泛空间尺度的地理相关过程研究,往往需要在区域甚至全球系统框架下对多学科领域的数据、理论、模型与方法进行整合与集成,以便开展全球或区域地理环境时空过程的重演、模拟、预测及评估,达到深入了解地理环境的演化过程、时空特征、驱动机制及发展趋势的目的。与传统空间分析模型相比,地理过程模型具有地学机理规则与理论基础,同时涉及更加复杂的时空特征和学科背景,能够通过集成和建模等方式,有效支持区域乃至全球以及不同应用领域的决策分析,如气候、政治及经济等方面的应对决策,因而逐渐受到专家和学者的关注和推崇。与此同时,静态的空间数据分析融入了空间数据挖掘和动态模拟方法,三维可视化也转变为虚拟环境中的多维多感知的"沉浸式"可视化技术。伴随这些需求和技术的转变与革新,地理信息科学研究正式进入了以地理模型为核心的虚拟地理环境时代。虚拟地理环境最初定义为包括作为主体的化身人类社会以及围绕该主体存在的一切客观环境,包括计算机、网络、传感器等硬件环境、软件环境、数据环境、虚拟图形环境、虚拟经济环境以及虚拟社会、政治和文化环境。其中的化身人类表示现实世界中的人与虚拟世界中的化身相结合后的集合整体。虚拟地理环境是现实世界在数字世界中的映射,是区域自然和社会环境的虚拟模型,有较深"沉浸感",具有多维多感知可视化及受地学机理模型支撑的特点。地理模型驱动的虚拟地理环境不仅可以模拟现实环境,还能够支持反演过去以及预测未来情景。

地理过程模型是虚拟地理环境的核心,虚拟地理环境对地理时空过程的建模、模拟、预测和多维可视化本质上是地理过程模型的存储、管理、建立、运行和多维表达。因此,地理过程模型的管理是实现虚拟地理环境的基础和重要支撑。

3.2.2　地理过程模型的特点

地理过程模型是对地理时空过程和现象的模拟和预测,往往需要多学科知识协作参与问题建模,依据地理过程相关的演化机理或规律,采用一定的数学方法和模拟计算,实现对地理时空变化现象的历史重现和未来预测。

地理过程模型通常具备以下典型特点:

1)数据密集性

地理过程模型的主要用途是参与地理现象、时空模式及环境变化的模拟与预测,主要围绕自然或人文地理时空现象相关的机理或规律,如气候变化、城市扩展等时空过程。与传统地理分析模型的区别是,为保证模型模拟的准确性,地理过程模型对空间数据的时间分辨率、空间分辨率等提出了较高的要求,同时,地理时空过程模拟范围的广度和时间区域的长度也对参与的空间数据量提出了要求。这些都使得地理过程模型具有典型的数据密集特点。

2)计算密集性

一方面,地理过程模拟计算往往涉及海量的空间数据;另一方面,为了保证模拟和预测的精准度,地理过程模型往往以"天"甚至"小时"作为计算单元(如地球系统模型),并要求计算模拟的时间区间达到一定的长度。这两方面同时决定了地理过程模型具备密集计算的特点。

3)时空过程性

传统地理分析模型主要用于各种地理数据的常规分析计算,相对简单,较少推理过程,更加注重分析结果。而地理过程模型关注的是地理时空的演化过程,模型计算的过程是对时空演化过程的推理,模型计算的结果是对时空演化过程的描述。

4)机理驱动性

传统地理分析模型多基于地理学分析和处理算法,与演化机理无关。地理过程模型的形成依赖于自然或人文地理环境的演化机理,如气候变化、城市扩张、空气污染等。地理过程模型是地理时空过程的演化机理驱动的模型。

5)时间相关性

地理过程的模拟需要在一定的时间范围内进行,例如,模拟与预测人类活动对区域土地、人文、经济等的影响需要通过连续时间区间的相关数据参与演化过程的推导,模拟时间区间的长短直接影响模拟的精确度。

6) 空间相关性

地理过程模型解决的是具有一定空间范围的自然、生态、地理或人文过程与现象,不同科学问题的地理过程模型对应不同的空间范围。例如,全球气候变化与区域气候变化所需的地理过程模型的空间范围明显不同,全球变化的地理过程模型不一定能够模拟区域变化。

7) 学科融合性

地理过程模型解决的是复杂的地理时空过程相关问题,而地理时空现象的演化过程往往需要多学科专业知识的融合,如全球变化过程的模拟会涉及政策、经济、土地、大气、海洋等多个学科领域。学科融合性特征决定了地理过程模型的复杂性。

8) 不确定性

地理过程模型的不确定性包括模糊性、不可预知性和不明确性。这种不确定性来自模型内在的不稳定本质,以及问题机理过程的复杂性和多学科因素关联性。

3.2.3　地理过程模型的构建

地理过程模型模拟的是复杂的地理时空过程和现象,如何构建通用、灵活、易用的地理过程模型,辅助解决多种地学过程中的复杂问题是研究者的重点研究问题之一。

依据模型的粒度结构,可将地理过程模型分为两类:单一模型和复合模型。单一模型是基本的地理过程分析模型,通常是有针对性地解决单一领域的地学问题的过程模型,如土地利用变化模型、地球系统模式、水文模型等,该类模型为独立的不可再分的计算体系。由于单一模型针对的是单一领域内部产生的地学问题,不能用来解决多个领域现象相互关联或影响产生的复杂问题,比如人类活动与气候变化之间相互影响的模拟与预测。针对这类跨领域多学科的地学问题,可以联合多个单一模型协同完成,这就形成了复合模型。单一模型的构建主要依赖单一领域的知识和过程演化机理,而复合模型由于涉及多个领域的知识和演化机理,它的构建除了依赖多个领域的知识和过程演化机理,还需建立不同单一模型之间的关联关系,实现时空演化过程的无缝耦合。复合模型的构建基于一系列相互关联的单一模型,因此,复合模型的构建过程非常复杂。模型集成和模型管理是构建复合模型的重要方法和基础。

为了拓宽地理信息科学的应用领域,提高地学空间分析解决复杂地理问题的能力,模型集成或模型管理系统(model management system,MMS)集成是必然趋势(于海龙等,2006)。地理过程模型集成存在几大问题,其中一大问题为用户操作复杂,给地理信息科学的应用和推广带来了巨大的困难。传统 GIS 很难实现与应用型的高效一体化的系统集成,为推进 GIS 和模型集成技术的发展,任建武等(2003)提出了多层体系 GIS 的模型集成技术辅助不同数据层和表示层之间的沟通。唐锡晋(2001)认为模型集成不仅仅是单纯地建立模型的连接,它与系统建模过程紧密联系,其中总结了 10 种可能的集成类型,最高层次是不同领域不同问题的不同模型的实例结合。苏理宏和黄裕霞(2000)提出了一种基于知识的空间决策支持模型集成方法,提供了一种基于规则集成模型的手段,将规则融入对空间决策支持过程状态的控制中,使得集成空间模型的结构简洁。Argent(2004)提出了四种不同的模型集成的层次(图 3.2),列举了面向对象、基于组件的建模技术和建模框架,强调了现有的集成建模需要重点发展的语义、操作以及过程上的要求。

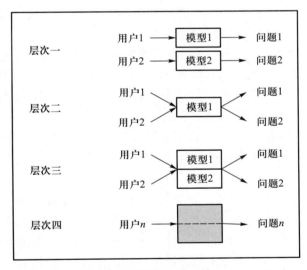

图 3.2　应用中模型集成的四个层次(Argent,2004)

在部分应用领域和范围内,已经有不少地理模型集成的成功案例。赵伟等(2003)探讨了 GIS 和大气环境质量模型在不同层次上的集成模式,提出了紧密集成系统的体系框架并实现了系统的软件设计,以后将进一步实现 GIS 与大气质量模型的完全集成。李新等(2010)设计了"数字黑河"模型集成系统,是地球系统模型在流域尺度上的具体体现,能综合反映流域水文-生态-经济相互作用,提供流域水资源决策支持。罗平等(2010)集成了空间 Logistic 模型和 Markov 模型,有效地模拟和预测深圳市土地利用演化过程,为研究其土地利用预警和年度土地供应计划编制提供辅助。

地理信息服务链是目前用于分布式环境下实现空间信息计算的主流方案,它将以地理信息服务形式封装的地理分析计算模型采用一定的描述规则关联链接起来,通过对地理信息服务进行组合建模,弥补单个地理服务功能上的孤立性,实现深层的集成和增值利用,现已成为 GIS 领域内的研究热点之一。地理信息服务链具有与复合地理过程模型相同的特点:面向任务和松散耦合。因此,地理信息服务链的方法和技术为复合地理过程模型的构建提供了一种新的思路。

随着 Web 技术和面向服务的架构(service-oriented architecture,SOA)的相关规范、技术及框架的成熟与发展,ISO/TC211 工作组联合开放地理信息系统协会(Open GIS Consortium,OGC)一起推出了 ISO19119 服务体系结构规范。该服务体系结构中明确定义了地理信息服务链:地理信息服务链是指为了完成特定地理分析计算功能所需的服务的执行顺序。该执行顺序要求相邻两个服务之间存在必要性,即第一个服务的执行结果是第二个服务执行开始的必要条件。GIS服务链具有分布式跨平台、面向任务和松散耦合等特点。通过组合 GIS 服务使得 GIS 服务链具有更完整而强大的空间分析和处理能力,这种能力可以通过GIS 服务链模型的共享而得到最大程度的传播。

OGC 和 ISO/TC211 提出了地理信息服务链的三种类型——透明链、不透明链和半透明链,给出了地理信息服务的分类体系,为地理信息服务链的研究奠定了基础。其中,透明链需要用户负责组织服务链及调用服务,实现简单,但要求用户具备一定专业知识;不透明服务链将若干服务集成为一个独立单一的服务,面向用户屏蔽内部细节,这种方式用户控制范围小,灵活性低;半透明链要求用户预先定义服务链,将服务链的流程定义交给工作流引擎,由工作流引擎负责执行,返回结果。

GIS 服务组合成链的方式分为两类:服务编制(web services orchestration)和服务编排(web services choreography)。服务编制方式强调服务链编制引擎的集中控制,每个原子服务只了解自身的输入和输出要求,并不知道其他原子服务的存在,由编制引擎负责协调原子服务间的协同工作,是一种松散耦合的服务链模式;服务编排方式要求每个原子服务必须了解它的前驱原子服务和后继原子服务,需要原子服务之间相互通信来共同完成服务链的任务,原子服务之间关系较为紧密。

针对服务组合的需求,工业界建立了一系列相关规范用来描述 Web 服务组合,包括 WS-BPEL(Web 服务业务流程执行语言)、WS-CDL(Web services Choreography Description Language)规范、IBM 公司的 WSFL、Microsoft 公司的

XLANG 等,为地理信息服务的组合提供了规范基础。其中,WS-CDL 是服务编排的描述规范,WSFL、XLANG 和 WS-BPEL 是服务编制的描述规范。在这些标准中,WS-BPEL 现已成为最流行的服务组合标准。WS-BPEL 是一种 XML 编程语言,可以在业务流程执行环境所执行的 XML 文档中对业务流程进行描述。它依赖于许多现有的标准和技术,如 WSDL、XML 模式、Xpath、Web 服务寻址等。目前,主流的支持服务组合的工作流引擎包括 Oracle BPEL Process Manager、WBI Server Foundation、BEA Integration、ActiveBPEL、JbossBPEL 等。

围绕地理信息服务链构建中遇到的问题,地理信息领域已经取得了不少研究成果。地理信息处理工作流通常运行时间较长,采用普通的同步消息机制往往会超时无效。Zhao 等(2012)提出采用异步消息机制,针对如何构建异步地理信息处理工作流的方法进行了研究,该方法有效地解决了异步处理工作流的构建问题,具有灵活性和可用性。对于传感网环境下的 e-Science 应用,如何将传感系统、观测以及处理过程集成为一个地理处理的 e-Science 工作流模型是难题。Chen 和 Hu(2012)提出了一种基于 SensorML 过程链的地理信息处理工作流模型,该方法在传感器观测处理模型中集成了传感网资源,同时将逻辑过程和物理过程链接到复合的地理信息处理过程中,有效地创建了面向数据流的地理信息处理工作流 e-Science 模型,该方法解决了复杂观测任务中传感网资源的实时协同问题。传统 WPS 服务链的调用存在接口不匹配以及运行效率低下的问题,张建博等(2012)提出了基于图形工作流的空间信息服务链聚合模型,解决了以往空间信息服务应用于工作流的接口瓶颈问题,并通过改进的数据流调度策略提高了 OWS 服务链的执行效率。

语义方法也是地理信息服务链构建的关键技术之一。为了提高服务匹配的准确性,Ke 和 Huang(2012)研究提出了一种基于语义的服务自适应匹配方法,该方法利用概念相似度和结构相似度的关系定义了一系列约束规则,通过约束规则自适应地重建本体树,该方法提高了匹配服务集合的精确性。当前,基于单个服务的匹配选择方法忽略了组合服务中各原子服务之间的相互协作关系,容易导致服务组合的无效。罗安等(2011)提出了一种顾及上下文的空间信息服务组合语义匹配方法,该方法根据空间信息服务组合的特点,考虑了空间信息组合服务对内部抽象原子服务匹配的约束,以及匹配过程中各抽象原子服务上下文之间的相互影响,提高了空间信息服务链的准确有效性。针对时域、空间、专题、分辨率等多种语义相互关联所导致的遥感信息处理服务组合的准确性难题,朱庆等(2010)提出了一种基于语义匹配的遥感信息处理服务组合方法,为遥感数据的高效处理提供了一种可行解决方案。如何以 WSDL 为接口描述语言实现高效可靠的地理信息 Web 服务动态组合是当前 GIS 服务需要解决的问题之一。邬群勇等(2011)根据接口匹配和语义本体的思想,提出了一种基于语义接口匹配的地理信息 Web 服务动态组合方法,该方法兼顾参数和语义两个层次对地理信息 Web 服务进行动态发现与组合,能够充分利用已有的服务资源,减少了用户交互操作和候选服务的数目,提高了服务选择和匹配的精确度和动态服务组合效率。李宏伟等(2008)提出了一种基于任务本体来解决 Web 服务组合问题的思路,能够满足用户在已有的 Web 服务中自动地找出能满足需要的所有服务组合方案,并通过服务组合执行匹配度的比较,求解出最佳服务组合方案,该思路对人机之间、机器和机器之间的语义理解具有一定的实用价值。

地理信息服务链方法已经在很多领域的建模问题中得到了应用。传统碳循环模型应用中存在数据处理量大、运算复杂、互操作性差、难以推广等问题。吴楠等(2012)采用 OGC WPS 标准以 SOA 设计了碳循环模型服务平台的整体架构,该平台的建立为我国碳循环模型研究的发展提供了技术支撑。为了促进北极圈的研究,Li 等(2011)结合知识方法、空间 Web 门户技术以及智能服务组合的推理机制,提出了一种北极圈 SDI(spatial data infrastructure)的实现方法,促进了地理信息服务技术在全球气候环境变化研究领域的应用。为了满足复杂的在线空间处理任务需求如在线遥感影像融合处理,谢斌等(2011)在 Web 服务技术、OGC 规范和工作流技术的基础上,提出了具备流程编排能力的地理空间处理服务链框架,该框架使客户应用程序能够基于 Web 服务定制和部署,实现了在线的地理空间处理能力。将传感网服务集成进地理信息处理工作流是传感网应用的瓶颈,Chen 等(2010)提出了一种基于传感网数据服务的通用地理信息处理工作流框架,该框架的原型系统应用于火灾燥点探测,该框架有效地提高了传感数据检索和处理服务的质量。

地理信息服务链方法和技术已经广泛地应用于大规模的复杂地学分析与计算任务,但极少在构建跨领域多学科的地理过程模型中予以研究和应用。伴随大数据时代的来临和云计算设施的普及,未来大部分的地理过程模型将是跨领域多学科的协同计算模型,地理信息服务链方法的研究与应用亟需广泛展开。

3.2.4　地理情景和模型适应性

随着 IPCC 系列报告的提出与全球变化逐渐被广泛关注,如何应对未来环境变化并制定相关缓解政策已经成为国内外学者研究的重点。情景分析作为一种对未来研究和演化的思维方法,是通过对未来一系列的假定,分析达到这一目标的可能性以及需要采取的措施。情景分析方法广泛应用于企业管理(Avin and Dembner,2000)中辅助企业管理战略的制定、交通规划、农业发展、能源需求以及气候变化领域(张学才和郭瑞雪,2005)。

情景的定义最早出现于 1967 年 Herman 和 Wiener 合著的 *The Year 2000* 一

书中（Kahn and Wiener, 1967），认为未来是多样的，几种潜在的结果都有可能在未来实现。通向不同未来结果的路径也不是唯一的，对可能出现的未来以及实现这种未来的推进的描述构成了一个情景。联合国环境计划署（UNEP）将情景定义为对到达不同的未来状况的途径的描述，反映了对现有趋势将如何展开，关键的不确定性将如何发生以及新的因素的影响将如何体现的不同假设（UNEP, 2002）。IPCC将情景解释为未来的映像，或者是既不是预测也非预报的可供选择的未来发展趋势（Nakicenovic et al., 1998）。通过对比和讨论一系列学者对情景定义的共性和特点，Alcamo（2008）将情景定义为对未来将如何发展的描述，这些描述是基于"if-then"命题，其中典型的情景是由对最初状态的描述和关键驱动因素及引起特殊的未来状态变化的描述组成。情景可用于分析不同的地理过程之间的相互影响，以辅助对可能发生的环境问题的预测，为决策制定者制定缓解政策和应对策略提供科学依据。将模型与情景分析相结合的建模过程分为三种不同的类型：

针对特定领域的某一问题，应用单一模型，探讨影响不同状态和条件下的驱动因素对该地理过程的影响。一般都是针对同一地理过程的特定的尺度和研究区域，所针对的用户是某一领域的开发者与研究者。

针对特定领域的多种问题，应用同一领域的不同尺度的模型，可研究同一领域中不同尺度的问题之间的相互影响。该类问题的潜在用户为解决行业应用的用户，相对第一种来说，这种情景的讨论更加全面和细致，加入了对该领域内多元的影响因素。

针对不同领域的地理过程相互影响和作用的过程，应用多个领域的多种模型，灵活地探讨不同的环境因素的交互下，预测对环境可能产生的影响。但是由于涉及的过程复杂，需要不同模型之间的连接与耦合，涉及的因素和参数复杂，涉及领域多，需要较多的学习成本，使用复杂。

在三种类型的建模过程中，第三种类型，即可满足多种潜在用户（包括多个领域中的专家和学者以及决策者）的情景分析要求的模型系统，是长远发展的要求。

面向多种情景的地理模型分析，现有地理建模过程存在几个问题：

（1）建模过程多基于固定的模型、对象以及尺度，建模过程固化，无法实现针对多目标的灵活建模过程，分析能力受到很大限制；

（2）面对较为复杂的地理过程，用户对不同复杂度模型的使用难度较高，建模效率会随着涉及模型的多样性增加而降低；

（3）针对多种情景的模拟，不同情景与模型之间的适应性和匹配性很少在建模过程中予以考虑，建模过程不能根据情景进行自动调整。

因此，针对多情景的地理建模过程，采用自适应思想，旨在通过建立情景与模型,以及建模过程之间的映射关系,建立一个适用于多种环境情景的灵活通用的地理建模方法,有助于高效便捷地实现地学过程的建模,支持较为全面的环境问题分析与决策制定。

当前,自适应的思想已经广泛地应用于自动化、计算机科学领域。自适应在通信信号处理中的定义是指处理和分析过程中,根据处理数据的数据特征自动调整处理方法、处理顺序、处理参数、边界条件或约束条件,使其与所处理数据的统计分布特征、结构特征相适应,以取得最佳的处理效果。自适应在管理上的应用定义为主体能够与环境以及其他主体进行交流,在这种交流的过程中"学习"或"积累经验",并且根据学到的经验改变自身的结构和行为方式,适应的目的是生存或发展(张涛和孙林岩,2005)。

为了实现针对多种情景的自适应地理过程建模方法,若干问题还有待进一步研究和深入:如何根据地理模型确定情景的适应范围,并提取和生成一套自适应的规则;如何实现基于情景和模型的地理建模过程的自适应,包括输入数据、模型参数以及外部驱动数据的选择和匹配等;如何根据不同情景要素进行多种模型之间的有效连接,保证地理建模的精度;如何定义建模过程的不确定性,并对建模过程进行有效的验证,等等。

3.2.5   地理过程模型的共享

地理过程模型是运用相关领域的知识机理模拟和预测地理时空过程的主要方法。由于需要专业知识的支撑和对过程机理的深入理解,地理过程模型的构建者必须是具备专业领域知识的研究人员。因而,地理过程模型的使用也需要有较高的专业门槛,不同研究领域的研究人员很难重用和共享现有的地理过程模型。建立地理过程模型的共享与互操作规范、机制和体系将是解决"时空大数据"时代地理"知识贫乏"的有效手段,即充分共享和重用现有的地理过程模型,实现知识的迁移和最大化利用。

Web 服务是一种分布式、模块化和自描述的网络组件,可以在异构网络环境下完成远程发布和调用,适应分布式地理处理功能共享的需要。通过遵循开放的网络服务规范,将地理模型封装成 Web 服务,对外发布并提供服务接口,可以实现地理过程模型的服务化和共享。Web 服务可以采用一系列基于 XML 的标准协议,如基于 HTTP 的 SOAP(Simple Object Access Protocol)协议,用于形式化的描述、定义服务接口的 WSDL(Web Services Description Language)以及用于服务注册和发现的 UDDI(Universal Description, Discovery, and Integration)协议。但是这些标准都是通用的,不能很好地解决地理空间信息领域的专业问题,其在传输协议中没有包含空间信息元数据信息以及对空间信息数据的标准化,使得

Web 服务在实现地理信息互操作方面存在不足。

针对地理信息的特点,继 WMS、WFS 以及 WCS 等地理数据服务共享与互操作的服务规范之后,开放地理信息系统联盟 OGC 于 2007 年发布了网络地理信息处理服务规范 WPS1.0.0。WPS 规范规定了一系列 GIS 操作的服务调用的接口,从而实现各种空间分析操作算法的网络共享。利用 WPS 可以把地学处理功能都发布成标准的 Web 服务,同时包含这些服务的输入输出参数以及触发方式。WPS 规范为地理计算向服务端迁移提供了可行途径;同时这种基于服务的架构易于大规模并行计算拓展,将逐步成为网络环境下地理计算的主流构架方式。

采用服务的形式设计封装已有的地理过程模型,有望实现地理过程模型的共享与重用,但仍有很大难度:现有大部分地理过程模型多来自不同的研究机构,未对外开源,难以封装;部分地理过程模型实现机理和内部结构复杂,较难实现服务共享;部分模型开发过程中缺乏详细的文档说明等。

3.2.6 地理过程模型管理平台

地理过程模型的共享是促进地学知识产生与重用的重要途径,建设地理过程模型共享与互操作的开放平台是未来地理信息领域发展的必然趋势。目前,部分研究机构已经开展了地理过程模型管理的相关研究。

全球气候变化一直是近年来各国科学家及研究机构重点关注的科学问题。由香港中文大学太空与地球信息科学研究所牵头,中国科学院地理科学与资源研究所、中国科学院大气物理研究所和南京师范大学共同参与的国家重点研发计划"人类活动与全球变化相互影响的模拟与评估"在 2015 年 1 月正式立项展开,其研究专家团队涉及虚拟地理环境、大气物理、地球系统、土地利用、政策经济学、人文活动及计算机科学等多个学科,是一项典型的跨学科知识融合的综合地理时空过程研究。该项目主要研究多种学科知识在协同模拟与评估地理过程及决策支持中的关键科学问题,包括地理模拟与时空分析方法与全球变化下人类社会活动及其环境响应模型;在提高现有气候系统模式水平分辨率基础上,耦合人类活动模型,形成考虑人类活动影响的地球系统模式;并基于虚拟地理环境的群体协同模式,在地球系统模式的支撑下,针对全球变化与人类社会及其环境(包括植被格局、农林牧业生产以及水资源时空变化等)的相互影响开展协同模拟与综合评估,从而为提出人类适应全球变化的综合策略提供科学可靠的依据。

全球变化与人类活动及其环境相互影响研究需要有效整合相关不同学科领域的地理过程模型,并与虚拟地理环境平台进行整合,以在现有的地球系统模式中充分考虑全球变化与人类社会活动的相互作用,实现自然生态系统模型与人类社会模型的双向动态耦合,完善地球系统模式的框架,最终在集成虚拟地理环境平台中实现各类地理过程模型的管理、耦合、互操作与共享。图 3.3 展示了全球变化与人类活动及其环境相互影响的模拟与评估平台的架构。

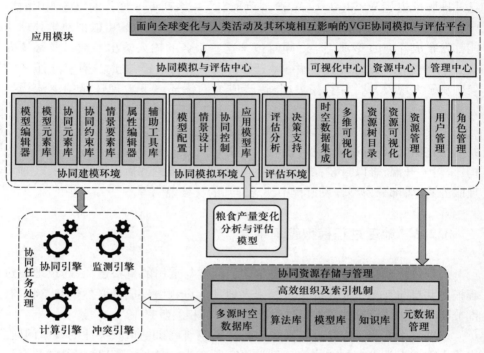

图 3.3   全球变化与人类活动及其环境相互影响的模拟与评估平台架构

目前,该平台已经取得了一系列显著进展和成果,主要包括:①分析研究了现有综合模型,初步构建了全球变化下基于政策制定-人类活动-环境响应的综合模拟模型框架。采用 GCAM(Global Change Assessment Model)作为人类活动模拟的基本框架,构建了 GCAM-China。②设计了面向既定政策情景的人类活动影响模拟方法(以 CO_2 排放为例)。③构建了面向 GCAM-China 的人口预测模型对比框架,基于人口预测模型的分类体系,从模型自身特性、考虑因素、数据需求、模型操作难易程度、预测内容、预测精度六个方面,通过对实例的验证,对比分析模型的优劣,进而选取最优的人口预测模型,明确模型的关键参数。④设计了全球变化情景下环境响应模拟方法,对三个情景下我国和全球土地利用变化进行分析比较,探讨在长时间尺度上的土地利用变化。⑤设计了集海量时空数据整合、地球系统模式集成和多维动态表达的虚拟地理环境框架,面向全球变化与人类活动及其环境相互影响的模拟与评估,研究集成海量时空数据、地球系统模式和多维动态表达,形成能够动态体现人类活动和气候变化间相互影响的虚拟地理环境框架。⑥面向全球变化与人类活动及其环境相互影响的模拟过程,建立了地理时空过程模型的表达和融合方法,建立了多角色群体协同的冲突检测与消解机制,提高了地学知识的协同效率,促进了地学知识的共享和演化。

3.3　地理过程模拟与尺度适宜性

3.3.1　尺度

3.3.1.1　尺度概念

尺度(scale)是"人类认知世界的窗口"。由于尺度的复杂性,长期以来,地理学、生态学、地图学和许多其他学科的科学家对尺度的定义还未形成统一的标准,对尺度定义的多样性和复杂性造成了对尺度概念理解的困难及混淆。

Montello(2001)指出,空间尺度有四种:地图比例尺、分析尺度、现象尺度和粒度。在测绘学、地图制图学和地理学中,尺度通常被表述为地图比例尺,即地图上的距离与其所表达的实际距离的比率。比例尺的具体含义因应用不同而略有差别。在 GIS 中,比例尺的概念多体现于对多空间比例尺的管理与表达。空间数据库可以包含很多种不同比例尺的地图,这时的比例尺应为地理比例尺或空间比例尺,它反映的是一种空间抽象(或详细)程度,同时隐含着传统意义上的距离比率的含义,即反映空间数据库的数据精度和质量(孙庆先等,2007)。此时,数字环境下的"比例尺"用"空间分辨率"来代替更为合理。在遥感科学技术中,尺度一般对应遥感影像的分辨率,又可细分为时间分辨率和空间分辨率。在生态学、环境学、气候学和土壤学等学科中,比例的含义多采用大尺度(large/macro scale)或是粗尺度(coarse scale)来指定大的空间范围或是长时间幅度,一般对应于地理学中的小比例尺或是低分辨率。而小尺度(small scale)或细尺度(fine scale)指定小的空间范围或是短的时间幅度,相应地对应地理学中的大比例尺、高分辨率。随着不同学科、不同领域研究内容的进一步融合,统一尺度概念、明确尺度相关词汇已经变得越来越重要。

通过对不同尺度的理解的综合,本章从维度、类别和组成因素三个方面给出尺度概念(图 3.4):

$$尺度 = S(维度,类别,组成因素) \tag{3.1}$$

式中,维度(dimension)指时间、空间、等级层次及语义维度;类别(kind)包括观察尺度、测量尺度、操作尺度、过程尺度四个方面;组成因素(component)包括分

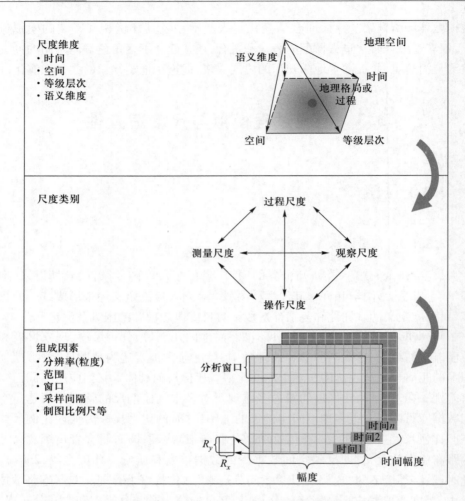

图 3.4   尺度定义:尺度维度、尺度类别和尺度组成因素(张春晓等,2014)

辨率(粒度)、范围、窗口、采样间隔、制图比例尺等(张春晓等,2014)。

上述三个参数共同定义了尺度的概念,其中维度是进行尺度研究时需要考虑的,包括有明确认识的时间维度和空间维度,即从时间和空间角度来定义尺度大小。除了时间和空间这两个维度,第三个是等级层次维度,指拥有不同过程速率并相互作用的地理实体的方向性排序而形成的不同层次。例如,从生态过程速率快慢建立自然等级的层次,如林窗、斑块到景观(图 3.5)。第四个是语义维度,即通过概念和属性蕴含的语义形成的有效组织,说明地理现象和实体是什么,具有什么样的性质特征。例如,从语义角度出发,依据土地资源特征和管理等需要,一块土地可以描述为耕地,或更为详细些的水田或旱地。

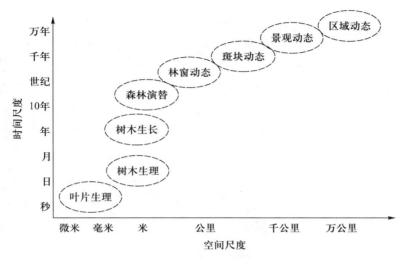

图 3.5　生态系统不同等级层次的组织

　　以上四个维度并不是独立存在的,而是相互关联的。一般小范围的空间尺度的空间分析对应于短时间的时间尺度的时间分析,反之亦然。图 3.6 以时空维为坐标示意性地介绍了不同时空尺度下的水文和气象过程,从中可以看出,空间尺度小的事件所对应的时间尺度也较小(如雷暴过程),时间尺度小的事件表现出更大的变化性(如雷暴过程有很强的局地性而且降水量变化也大)。同时,当时间维度和空间维度发生变化时,等级层次维度和语义维度也会相应地发生变化。等级层次尺度变大(即层次升高),其相应的空间尺度也大一些,时间幅度也长一些,即随时间变化慢一些。类似地,语义维度的尺度也与时空尺度紧密相关,随着语义维度尺度的变化,其时空尺度也会相应地变化。如图 3.6 所示,为了便于认识和研究水文气象过程,依据过程的时空特征定义了尺度不同的语义维度,如积云对流、雷暴、飑线、锋面过程等。

　　地理过程(及格局)中发生的自然现象中多体现为过程尺度,即指自然本质存在的,隐匿于自然现象、格局和过程中的真实尺度。它有其内在的固有性,不依赖于研究手段,且不随研究手段的改变而改变;它是个变量,不同的现象和过程表现出多种不同的尺度,不同的分类单元或自然格局也在不同的尺度上发生;过程尺度是相对的范围,而不是绝对的。事实上,要准确地定义过程尺度是非常困难的,原因在于本征尺度的叠加、耦合以及隐匿特性(李双成和蔡运龙,2005)。

　　非本征尺度是人为附加的,属于自然界中并不存在的尺度。非本征尺度包括观测尺度、测量尺度和操作尺度(李双成和蔡运龙,2005)。观测尺度和测量尺度主要包括从空间分析中所涉及的尺度类别,其范围不局限于研究的阶段,包

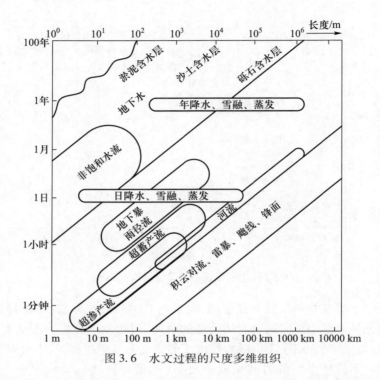

图 3.6   水文过程的尺度多维组织

括实验、建模和分析阶段,已有学者提出的实验尺度、建模和分析尺度等都可包含在此两种尺度中。对于观测尺度和测量尺度而言,它的选择常常受到研究目的、科学发展水平以及经济发展水平的制约。操作尺度指在政策制定和实施过程中应用空间分析结果进行人地关系处理的尺度,类似于政策尺度等,其往往表现为不同级别的行政管理单元,如农场、县、市等,近年来非行政单元作为操作尺度的情况逐渐增多,如大小不等的流域等。

在空间分析过程中,本征尺度指导非本征尺度的选择;同时,恰当的非本征尺度选择有助于完善对本征尺度的认知和识别,而不恰当的非本征尺度选择可能得出错误的结论。因此,尺度研究的根本目的在于通过适宜的非本征尺度来提示和把握本征尺度中的规律性。表 3.1 中列出了尺度类别的概念,便于进一步理解。

实际研究和应用中可操作的部分即是组成因素,主要包括研究范围和解析水平。范围是研究对象在空间或时间上的持续范围或长度。张娜(2006)将组成因素分为粒度(grain)、范围(extent)、间隔(lag 或 spacing)、分辨率(resolution)、比例尺(cartographic scale)和覆盖度(coverage)等。其中,空间粒度是景观中最小可辨识单元所代表的特征长度、面积或体积,例如,斑块大小、实地样方大小、栅格数据中的格网大小及遥感影像的像元或分辨率大小等。粒度是

表 3.1 尺度类别的概念

类型	术语	定义
本征尺度	过程尺度	地理过程(及格局)自然(内在)发生或控制的尺度,包括时空维度、范围、粒度等方面
非本征尺度	观测尺度	人们选择来收集数据,开展观察研究的范围尺度
	测量尺度	最小可观察的单位范围,如分辨率、粒度、步长等
	操作尺度	行政管理行为所在的尺度

某一现象或事件发生的(或取样的)频率,表现在时间上即为时间粒度,也可称为时间间隔,例如,野外测量生物量的取样时间间隔(如一个月或半个月取1次)、某一干扰事件发生的频率或模拟的时间间隔。另外,间隔是相邻单元之间的距离,可用单元中心点之间的距离或单元最邻近边界之间的距离表示。

上述概念中,尺度的维度、类别到组成因素越来越具体,可操作性越来越强。其中,尺度维度和类别是用来确定组成因素的指导,而组成因素是尺度的维度和类别在实践工作中得以操作的基础。

3.3.1.2 尺度概念的演变过程

高俊(2012)讨论了历史上地图的发展以及地图的语言功能;林珲等(2003)阐述了地理语言的演变与发展特征,即从传统地图发展为地理信息系统,最终走向虚拟地理环境,表明三者关系上后者包含前者,但又各有侧重。因此,在不同的地图发展过程中,伴随着尺度概念的演变。

对于传统的纸质地图,一旦完成制作,所包含的内容就被"固化"了,其所代表的只是地理过程的瞬时状态,很难进行动态分析和更新。因此在纸质地图中主要考虑的尺度是地图距离与地球表面实地距离的比值,即地图比例尺(Montello,2001)。从维度来讲,纸质地图的尺度只注重考虑空间维度,而时间维度或是语义维度基本没有体现。地理信息系统作为传统地图的延续,采用地理信息系统扩展地图学工作的内容和功能,同时提供了对地理数据综合分析的功能,包括数据获取、存储、管理、检索、分析(Walsh et al.,1998)。相对于传统地图,地理信息系统支持制图,所以包括制图比例尺因素,但是拥有更加强大的尺度表达功能。同时,地理信息系统的特点主要在于其空间分析能力,支持对不同分辨率、区域范围、分析窗口相关的动态分析,是传统地图所不能达到的。例如,Store 和 Jokimäki(2003)使用栅格地理信息系统生成多分辨率的地理数据来分析生态适宜性模型;考虑不同区域范围,Walsh 等(1998)研究了山体滑坡分布与灾害关系;亦有学者应用 Moran's I 尺度图和窗口方案来分析特征层次和尺度(Zhang and Zhang,2011)。同时,动态地理信息系统、语义地理信息系统的出现使得时间维、语义维都得以体现（Goodchild and Quattrochi，1997）。随着地理信息系统的广泛研究和应用，尺度定义中的不同类别，如观察尺度、测量尺度等都需要在地理信息系统中进行区分和再定义。然而，由于地理信息系统对动态地理过程模拟支持有限，所以尺度种类中的过程尺度很少涉及。

　　虚拟地理环境的发展源于地理信息系统和虚拟现实技术，是地理信息系统的进一步扩展。虚拟地理环境集成了数据库和模型库，加强了对动态地理过程的研究能力（Lin et al.，2002），使得尺度的定义也愈加广泛和丰富。Chen 等（2004）研发了一套虚拟地理环境的原型系统，通过多源数据融合和多尺度可视化表达来支持青藏高原研究；Xu 等（2011）研发了综合城市尺度的空气质量过程评估的虚拟地理环境平台，可支持对多种过程尺度、操作尺度的变化观测与分析。

　　根据上文对尺度概念的三个参数，维度、类别和组成因素的总结，尺度概念在整个地理学演变过程中的含义大致如表 3.2 所示。从表中可以发现，随着地理学语言的演变，尺度概念愈加全面、复杂，特别是面向多尺度、跨圈层的地学系统和分析。由于地理过程自身的尺度依赖性以及地理数据、模型等的尺度依赖性，如何实现在适宜的尺度下开展研究，以保证研究方法的准确性、数据与模型的合理性和结论的有效性成为虚拟地理环境理论和实践的重要方面。

表 3.2　尺度概念随地理学演变的演变

	尺度维度				尺度类别						组成因素		
	空间	时间	层次	语义	过程尺度	观察尺度	测量尺度	操作尺度	分辨率	范围	窗口大小	采样间隔	比例尺
传统纸质地图	√					√	√	√		√			√
地理信息系统	√	√		√		√	√	√	√	√	√		√
虚拟地理环境	√	√	√	√	√	√	√	√	√	√	√	√	√

3.3.2　尺度适宜性

3.3.2.1　尺度适宜性分析的必要性

　　尺度是地理学研究中存在的一个重要问题，对于地理空间数据分析而言，进行尺度适宜性分析的主要原因包括如下三个方面：

　　一是自然尺度存在的客观性。尺度的存在根源于地球表层环境的等级组织和复杂性。已有大量研究证实，地理学研究对象中格局的产生、过程的发生、时空分布、相互耦合等特性都是尺度依存的（scale-dependent），也就是说这些对象表现出来的特质是具有时间和空间的固定特征,即固有尺度。例如,一天当中气温的变化,在晴天时候,9点以后温度上升较快;如果是多云或者阴天,则气温上升较慢。但一般都在13点左右达到最高,然后缓慢下降,到凌晨日出前达到最低,然后开始缓慢上升,这就是一日内的温度变化规律,即自然天是气温变化过程的固有时间尺度之一。因此,基于观测到的地理数据,对其进行多尺度特征分析,提取隐含于地理时空数据中的长期趋势、周期或准周期波动、不规则变动以及不同范围的地理空间格局和过程的规律性特征等。

二是研究尺度的可变性。由于地表现象和过程的极端复杂性,人们无法观察大千世界的所有细节,因而地理空间信息对世界的描述总是近似的。近似的程度反映了人们对地理现象及其过程的抽象尺度,因此尺度是所有地理信息的重要特性之一,只有经过合理的尺度抽象的空间信息才更具利用价值。分形理论的创始人 Mandelbrot(1967)在《科学》杂志上撰文指出,英国的海岸线的长度是不确定的,它依赖于测量时所用的尺度。如图3.7所示的多空间分辨率的遥感影像,从中可以看出空间分辨率对信息表达的重要影响。因此,对地理数据开展尺度效应分析,研究当观测、试验、分析或模拟的时空尺度发生变化时系统特征随之发生的变化,对于科学认识地理格局和过程,减少由于尺度主观性造成的错误或不确定性具有重要意义。

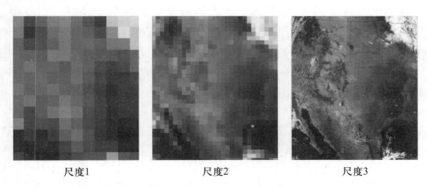

尺度1　　　　　　　尺度2　　　　　　　尺度3

图3.7　不同空间分辨率的遥感影像(参见书末彩插)

三是尺度间的关联性。不同尺度的现象和过程之间相互作用、相互影响,表现出复杂性特征。大尺度上发现的许多全球和区域性生物多样性变化、污染物行为、温室效应等,都根源于小尺度上的环境问题;同样,大尺度上的改变(如全球气候变化和大洋环流异常)也会反过来影响小尺度上的现象和过程(吕一河和傅伯杰,2001)。不同尺度间的相互作用机制正是地理学研究的重要课题。然而,在特定的时段内,由于科学认知水平、时间和精力等方面的限制,将所有尺度上的地理现象和过程研究清楚,几乎是不可能的,所以很多研究只能在离散或单一的尺度上进行。因此,地理空间分析不仅需要多种详细程度的空间数据支持,而且需要把这些多尺度表示的信息动态地联结起来,建立不同尺度之间的相关和互动机制,开展尺度转换分析,将数据或信息从一个尺度转换到另一个尺度以进行有效的综合分析和空间决策支持(孙庆先等,2007)。

因此,可以说没有一个尺度会适合所有地理格局或过程的研究,这几乎是一个不争的事实。所以研究中,只有综合地理格局和过程的多尺度特性以及不同的研究和应用目的,选择合适的观察尺度、测量尺度等,才能实现适用于不同目标和科学研究的尺度匹配,得出合理的科学结论。尺度适宜性也可称作尺度匹配性,是指在地理研究中,研究(应用)目的与地理格局或过程以及研究过程中各部分间的尺度合适程度。例如,有研究者发现数据的适宜尺度与研究区范围、研究对象的特征、数据使用者对结果精度的要求等因素有关。

地理格局和过程与其他类别尺度间的匹配尤为重要,因为地理格局和过程的规律在不同尺度上表现不尽相同。如图 3.8 所示,对于时间维度来说,当测量尺度(分辨率)比过程尺度粗糙时,地理过程(格局)的变化就会被低估,出现假频现象;同时,当观察尺度(幅度)小于过程尺度时,地理过程(格局)的变化也会被低估,出现假性趋势。类似的如图 3.9 所示,对于空间维度而言,当观测尺度(幅度)小于过程尺度时,不能准确认识过程(格局)的特征;而当观测尺度足够大,但是测量尺度(分辨率)不够精细,采样点过于稀少,则也不能准确获得地理过程(格局)的特征。当然,也并不是观察或测量尺度越精细越好。以气象风场过程为例,对于珠三角区域,既受到大尺度上气象场的控制作用,也会有小尺度的海陆风及地形风的影响,这些不同尺度的过程共同造成了珠三角地区三维空间的风场分布及变化,所以针对不同目的,必须选择适宜的尺度,才能获得合理的结果,以分析不同尺度气象过程的作用(张春晓等,2014)。

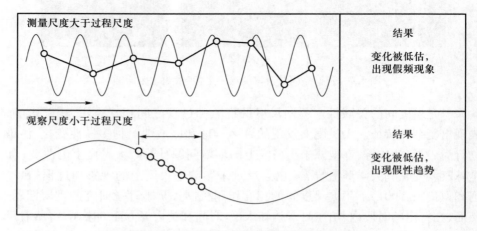

图 3.8   时间维尺度类别间的不匹配现象

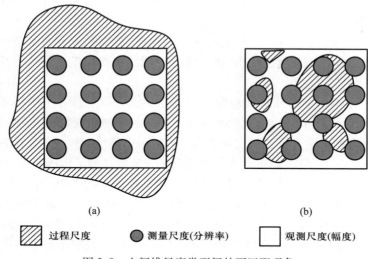

图 3.9　空间维尺度类型间的不匹配现象

3.3.2.2　地理过程模拟中的尺度适宜性

　　首先,地理环境的形成过程源于无数地理过程的发展变化,地理过程的表现产生于各大圈层之间的过程以及过程之间的相互作用,即不同地理过程间的"叠加"效应(Yuan and Hornsby,2007;Peterson and Parker,1998);同时,不同尺度之间的地理过程也会相互作用,如高层次过程对低层次过程的制约作用,以及低层次系统为高层次系统提供机制和解释(柴立和,2005)。其次,地理格局和过程在不同尺度上的表现也不尽相同,这导致了数据组织、模型构建以及决策管理等方面都需要考虑尺度依赖性的问题。例如,吴大千等(2009)研究了黄河三角洲植被指数与一系列地形要素间的尺度依赖关系;李军和庄大方(2002)围绕地理数据讨论了研究区范围、研究范围特征等的尺度对结果精度的影响,最后给出对特定研究的适宜尺度的总结;Goodchild(2011)讨论了实验数据与模型的匹配问题,指出实验数据与模型的不匹配可能给模拟结果带来各种偏差,而偏差的来源并非只跟模型模拟能力有关;Cash 和 Moser(2000)讨论了环境变化监测过程与决策管理的实现之间的尺度匹配性问题,如政府管理以及相关的社会活动,并非与生态系统或地形等尺度完全一致,如果这些不匹配问题没有得到有效处理,那么对决策管理的效果将会产生很大的影响,导致管理达不到预期的效果。最后,虚拟地理环境框架中的子环境模块,包括数据环境、模型环境、表达环境和协同环境,都涉及多尺度问题(Young,2002),如多尺度地理空间数据(全球、区域等)、多圈层模型、多模式表达与感知等(龚建华等,2010)。所以,考虑到地理过程的固有尺度及虚拟地理环境结构的尺度依赖性,如何选择适宜的尺度,采用尺度适宜的数据、模型、表达方式开展研究和应用,成为虚拟地理环境构建及运行的关键问题。

为了探讨基于虚拟地理环境的地理过程模拟,我们首先简要分析面向地理过程模拟的虚拟地理环境的结构,再基于此分析结构的尺度适宜性分析及尺度适宜性的评估。

虚拟地理环境主要针对地理学意义上的地理环境,采用虚拟环境的方式表现现实地理环境,其内容涉及地理空间中静态的地物和现象,又包括动态的地理过程与复杂的人类行为及其之间关系。虚拟地理环境的构建将对地理过程的认知理解分为三个层次:静态地物与地理现象等基础地理结构的表现;动态地理过程的模拟表达;以及与相关地理环境交互的人类行为的模拟(林珲等,2010)。而结合地理环境多维格局与过程的数据管理与建模特点,构建虚拟地理环境将具体涉及数据环境、模型环境、表达环境、协同环境四个方面(Young,2002)。上述三个层次和四个环境,分别构成了虚拟地理环境的纵向结构和横向结构(图3.10)。

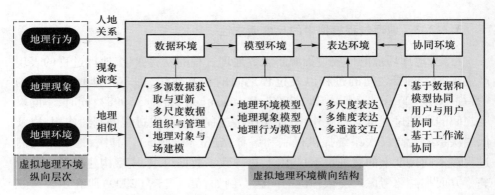

图 3.10   虚拟地理环境的层次与结构(张春晓等,2014)

3.3.2.3   虚拟地理环境中的尺度适宜性

为了使虚拟地理环境达到最佳的效果,对尺度适宜性(也称作尺度匹配性)的考虑至关重要。尺度适宜性在虚拟地理环境中的含义主要是指在地理环境研究中,研究(应用)目的与虚拟地理环境,以及虚拟地理环境各个层次间的尺度匹配程度。依据对尺度概念的综合分析,虚拟地理环境的理论、结构和方法中尺度适宜性问题可以从以下几个方面进行讨论分析(图3.11)。

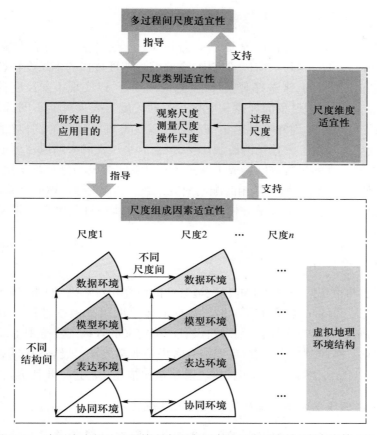

图 3.11　多尺度虚拟地理环境研究和应用中的尺度适宜性(张春晓等,2014)

1) 同一维度下组成因素的适宜性

分辨率、研究范围、采样间隔等都是尺度概念中包含的组成因素。对于这些组成因素需要对可操作的部分,即组成因素之间在多尺度下的匹配得到保证,才能支持不同尺度类别及不同维度的尺度匹配。除了不同尺度下组成因素的匹配,对于虚拟地理环境的"子环境"也需要进行组成因素的匹配,如数据环境分辨率与模型环境分辨率的适宜性。虽然在虚拟地理环境中经常谈到多尺度数据组织、模型与表达等,但涉及跨"子环境"的尺度适宜性还有很多未解决的问题,包括数据的尺度效应会对地理过程的模拟分析结果带来的不确定性,不同尺度的模型又会对地理过程的模拟认知带来何种误差等。例如,空间分辨率的降低对景观、模拟的格局(物种组成)以及干扰过程的影响(Syphard and Franklin, 2004)等。

2）同一维度下尺度类别的适宜性

没有一个尺度会适合所有地理过程的研究,这几乎是一个不争的事实（Chave and Levin,2003）。所以研究中,需要综合地理过程的多尺度特性以及不同的研究和应用目的,来选择观察尺度、测量尺度等,以实现不同尺度类别间的尺度匹配。不同地理过程的规律和变化在不同尺度上表现可能不同,因此对于观察以及测量尺度来说并不是越精细越好。以气象风场过程为例,对于珠三角区域,既受到大尺度上气象场的控制作用,也会有小尺度的海陆风及地形风的影响,这些不同尺度的过程共同造成了珠三角三维空间的风场分布及变化,所以针对不同的研究对象,必须选择相匹配的研究尺度,才能获得合理的结果和分析。例如,用较大尺度模拟结果来分析局地小尺度上的地理过程也会带来尺度不匹配的问题。

3）不同维度间的尺度适宜性

对于前两种在同一维度上的尺度适宜性的研究相对常见,例如,对于地理数据的语义维度,Stoter 等（2011）对地形数据的多尺度语义模型进行了研究。同时,现有的研究对于时间维、空间维及没有严格定义的等级维度范围下的尺度研究较为常见。然而,对于不同维度的综合考虑还非常欠缺,虽然偶有时空维的研究（Young,2002）,但综合考虑多种维度及定量化描述还需进一步研究。

4）不同领域下地球各圈层过程间的尺度适宜性

不仅同一时空的格局之间,过程之间是相互影响的,多个格局与过程之间亦有"叠加"作用（Peterson and Parker,1998）。由于不同过程间的相互作用是在一定尺度范围内才能体现出来,而与不同尺度范围的地理过程之间的作用相比更加复杂、多样,因此,这就对集成多尺度过程模拟中尺度匹配和适应性的研究提出了要求。例如,研究表明,植被归一化指数与地形要素相关,但在不同尺度上表现不同（吴大千等,2009）;考虑到水文过程与气象过程的相互影响,Yarnal等（2000）通过耦合水文和大气模型,分析水文过程对降水过程在多时间尺度上的影响和响应。此外,对于短时间、小范围的空气质量研究,可以忽略水体对这一过程的加强或减弱作用;但对于长时期、大区域的空气质量问题,水体的作用就不容忽视,这也是现有学者研究重点放在对水-气耦合系统来研究珠三角地区环境污染问题的意义所在。而虚拟地理环境的研究对象为人类生存与发展的地球表层,其内涵包括自然地理环境和人文地理环境（经济环境和社会文化环境）及其相互关联和作用的系统整体（龚建华等,2010）。基于虚拟地理环境的研究涉及不同领域和层次的地理过程,所以加强对不同领域下地理过程的尺度适宜性探讨对虚拟地理环境亦是至关重要的一环。

上述四组尺度适宜性并不是单独存在的,其相互之间有十分紧密的关系。在尺度概念中维度是最抽象的,组成因素是最可操作的,而尺度类别介于两者之间。组成因素层次的尺度适宜性是尺度适宜性研究的基础,因为不同地理过程综合研究和应用时的尺度适宜性大多建立在单一地理过程尺度适宜性的基础上,所以这是最高层次的尺度适宜性。进一步,在单一地理过程研究和应用中,尺度类别和尺度维度的尺度适宜是依赖于对组成因素的适宜性而存在的,属于相对高级的中层次尺度适宜性。在尺度适宜性的实现过程中,下层尺度适宜性是上层尺度适宜性的基础;同时,上层尺度适宜性对下层的实现提供指导。此外,评价尺度适宜性的依据一般会考虑模拟和分析的准确性、效率以及可行性等方面。在具有极高复杂性特征的地学问题的范畴中,需要在具体研究和应用中探讨对于确定尺度适应性的有效的评价指标,如地形数据用于水文模拟的准确性等。

3.3.3　地形数据与气象过程模拟的尺度适宜性

海陆风、地形风等气象环境的形成很大程度上源于地形的变换,同时会对空气质量有重要影响(Miao et al.,2003;Aalto et al.,2006)。因此,在模拟中考虑地形数据与气象模型模拟的尺度适宜性,对提高气象过程模拟的正确性十分必要。本节中将香港作为一个典型的研究区域,探讨多尺度地形数据与气象过程的尺度适宜性问题,即在空间维测量尺度类别中组成因素(分辨率)层次的尺度适宜性问题。

在本案例中,为了展示不同尺度的地形数据与模型模拟之间的关系,以 90m 的 SRTM 数据(http://srtm.csi.cgiar.org/index.asp)为基础,通过重采样的方式得到四组空间分辨率($3''$,$30''$,$2'$ 和 $10'$)的 DEM 数据。其中,气候模拟采用的其他静态数据如土地利用数据则采用中国科学院地理科学与资源研究所提供的 1 km 分辨率的土地利用数据;其他地理数据采用 $30''$ 分辨率的 USGS 数据。本案例中采用较为普遍使用的 WRF 模型,整个模拟采用四层嵌套模式,空间分辨率依次为 1 km、3 km、9 km、27 km,WRF 模型支持依地形垂直分层的非静力场模拟。实验采用模拟时间为 2006 年 1 月和 7 月,所采用参数参考了 Jiang 等(2012)文献中使用的物理参数设置。

实验对比了多尺度地形数据和模拟中对温度和相对湿度的模拟能力,以香港天文台的观测数据作为真实值进行对比。平均绝对误差(mean absolute error,MAE)用来评价多尺度模拟结果与观测值的吻合程度(图 3.12)。我们发现,第一,模型的模拟能力受到多尺度 DEM 数据和多尺度模型的共同影响,并非单一因子的作用,而且随着模型分辨率越精细,DEM 数据分辨率的变化对模拟结果的影响越明显。从图 3.12 中看出,对于 1 km 分辨率的模型,随着 DEM 数据分辨率的提高,平均绝对误差在快速下降,但对于粗分辨率的模型,这一趋势就不明显了。第二,通过比较得出 1 km 分辨率的模拟结果和 3″分辨率的 DEM 数据可以给出与观测值最吻合的模拟结果。而由于数据与模型的尺度不适宜的原因所造成的误差可以占到模拟的平均绝对误差的 38%(图 3.12)。

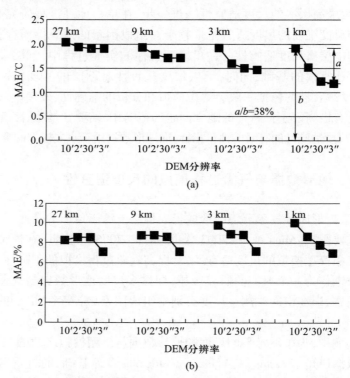

(a)

(b)

图 3.12   模拟与观察的温度(a)和相对湿度(b)比较(张春晓等,2014)

通过本案例的实验分析,不仅可以为具体的气象模拟提供参考,同时对数据环境与模型环境的尺度适宜性进行了验证。对应第 3.3.2 节讨论的不同层次的尺度适宜性,该实验在组成因素(即分辨率)层次,阐释了空间维上测量尺度的尺度适宜性。

3.4　后　　语

地理过程是地理特征关联的事物随时间变化而产生的空间变化过程。它包括自然地理过程(如地质运动过程、生态演化分布过程等)和人文地理过程(如城市扩张、人口迁移过程等）。由于地理过程蕴含着丰富的内容、规律和知识，现代地理信息科学围绕地理过程展开了广泛而深入的探究，从最初关于地理分布形态的简单数学分析与表达（如数字地形模型）、空间信息三维可视化到虚拟地理环境下地理过程建模与模拟，地理过程的研究促进了大量地理知识的产生，为深入了解地球系统的时空模式奠定了理论与方法基础。

　　随着计算机科学和地理信息技术的飞速发展，通过虚拟地理环境展开地理过程的研究可以充分表达和分析地理过程的时空演化规律和现象，大大提高科学研究和决策支持的效率，因而成为近年来地理信息科学领域的研究热点之一。地理过程建模与模拟主要处理地理环境中地理时空过程模型的表达与计算，其中的地理过程模型是虚拟地理环境的核心和理论支撑，也是虚拟地理环境进行场景应用、知识创新及系统自身演化的主要驱动元素。地理过程模型是对地理现象、机理与过程的抽象与表达。对地理过程进行建模有利于人类进一步理解和深入研究地球系统机理，准确预测演化趋势和未来状态，有利于提前决策以应对地理过程演化带来的影响。实时大规模时空数据的获取促进了地理时空过程建模的需求，地理过程建模与模拟比以往任何时候更关注与虚拟地理环境的紧密耦合，特别是在高精度模拟与计算模型方面，现有研究主要采用元胞自动机、智能体、方程式建模、动力学机理等方法对复杂地球空间系统中的地理对象及动态场景进行模拟和建模。

　　伴随地理信息系统的广泛应用和普及，地理问题的系统性、综合性和复杂性特征日益显现，由三大基本要素，即空间数据库、空间分析和空间信息可视化组成的早期地理信息系统框架已经不能完全满足复杂地学问题分析的需求。以空间数据管理为核心的地理信息系统迫切需要转变为地理过程模型管理为核心的虚拟地理环境系统。地理模型驱动的虚拟地理环境不仅可以模拟现实环境，还能够支持反演过去以及预测未来情景。地理过程模型是虚拟地理环境的核心，虚拟地理环境对地理时空过程的建模、模拟、预测和多维可视化本质上是地理过程模型的存储、管理、建立、运行和多维表达。因此，地理过程模型的管理是实现虚拟地理环境的基础和重要支撑。

　　伴随传感网和大数据时代的降临，"空间数据爆炸而知识贫乏"的现象日趋严重，地理信息行业和研究机构纷纷投入地理大数据的研究，以期发现和挖掘更多的地学知识。作为新一代的地理信息科学方法和技术框架，虚拟地理环境对于增强人类的空间认知与解决复杂地学问题有着独特而显著的优势，它改变了科研人员的知识获取方法和思维模式。利用虚拟地理环境实现地理知识快速获取和融合是缓解当前"数据丰富但知识贫乏"现象的可行方法之一，以知识工程为导向的虚拟地理环境是下一代地理信息技术发展的必然。

　　知识工程源于人工智能领域，围绕知识的表达、管理、演化及应用计算机学科已展开了大量的研究，积累了丰富的研究成果。如何深入探究不同层次地学知识的表达、建模与应用，如何在虚拟地理环境中充分利用多学科知识解释或回答地学现象或问题，以地学知识为核心的虚拟地理环境研究变得日益重要。虚拟地理环境地学知识工程是以地学知识为研究对象，以实现智能化虚拟地理环境为目标，以共同研究的相关问题为核心，形成的整套地理信息技术方法、理论和技术体系。知识工程导向的虚拟地理环境主要解决不同领域不同形态地学知识的融合、演化与创新，充分利用云计算、人工智能、混合现实等新兴计算机技术，以便实现完全符合人类认知特点和探索过程的智能化的地理过程建模与模拟环境，具有全方位深度感知、情景自适应、智能化推理、虚实融合可视化、实时决策支持、海量知识库管理及高度知识共享等典型特点。未来虚拟地理环境的发展方向必然以知识工程为导向，充分围绕虚拟地学知识的表达、建模、可视化、评价及共享等方面展开，将极大地促进地球系统科学知识的产生与融合，为应对地理时空大数据挑战提供行之有效的方法手段。

参 考 文 献

曹银贵，姚林君，陶金，华蓉. 2008. 基于 GIS 与 BP 神经网络的中国耕地变化与模拟研究. 干旱区地理，31(5)：765-771.

柴立和. 2005. 多尺度科学的研究进展. 化学进展，17(2)：186-191

陈述彭，鲁学军，周成虎. 2000. 地理信息系统导论. 北京：科学出版社.

方创琳，周成虎，顾朝林，陈利顶，李双成. 2016. 特大城市群地区城镇化与生态环境交互耦合效应解析的理论框架及技术路径. 地理学报，71(4)：531-550.

付玲，胡业翠，郑新奇. 2016. 基于 BP 神经网络的城市增长边界预测——以北京市为例. 中国土地科学，30(2)：22-30.

高俊. 2012. 地图学寻迹：高俊院士文集. 北京：测绘出版社.

郭欢欢，李波，侯鹰，孙特生. 2011. 元胞自动机和多主体模型在土地利用变化模拟中的应用. 地理科学进展，30(11)：1336-1344.

龚建华，周洁萍，张利辉. 2010. 虚拟地理环境研究进展与理论框架. 地球科学进展，25(9)：915-926.

井长青，张永福，杨晓东. 2010. 耦合神经网络与元胞自动机的城市土地利用动态演化模型. 干旱区研究，27(6)：854-860.

李宏伟，袁永华，孟婵媛. 2008. 基于任务本体的地理信息 Web 服务组合研究. 计算机应用与软件，25(7)：165-167.

李军，庄大方. 2002. 地理空间数据的适宜尺度分析. 地理学报，57(7S)：52-59.

李少英，黎夏，刘小平，吴志峰，马世发，王芳. 2015. 基于劳动力市场均衡的人口多智能体模拟——快速工业化地区研究. 武汉大学学报(信息科学版)，40(10)：1306-1311.

李双成, 蔡运龙. 2005. 地理尺度转换若干问题的初步探讨. 地理研究, 24(1): 11-18.

李双成, 郑度. 2003. 人工神经网络模型在地学研究中的应用进展. 地球科学进展, 18(1): 68-76.

李爽, 姚静. 2005. 虚拟地理环境的多维数据模型与地理过程表达. 地理与地理信息科学, 21(4): 1-5.

李卫红, 陈业滨, 闻磊. 2015. 基于 GA-BP 神经网络模型的登革热时空扩散模拟. 中国图象图形学报, 20(7): 981-991.

李新, 程国栋, 康尔泗, 徐中民, 南卓铜, 周剑, 韩旭军, 王书功. 2010. 数字黑河的思考与实践 3: 模型集成. 地球科学进展, 25(8): 851-865.

黎夏, 叶嘉安. 2002. 基于神经网络的单元自动机 CA 及真实和优化的城市模拟. 地理学报, 57(2): 159-166.

黎夏, 叶嘉安. 2005. 基于神经网络的元胞自动机及模拟复杂土地利用系统. 地理研究, 24(1): 19-27.

林珲, 龚建华. 2002. 论虚拟地理环境. 测绘学报, 31(1): 1-6.

林珲, 龚建华, 施晶晶. 2003. 从地图到地理信息系统与虚拟地理环境: 试论地理学语言的演变. 地理与地理信息科学, 19(4): 18-23.

林珲, 黄凤茹, 闾国年. 2009. 虚拟地理环境研究的兴起与实验地理学新方向. 地理学报, 64(1): 7-20.

林珲, 黄凤茹, 鲁学军, 胡明远, 徐丙立, 武磊. 2010. 虚拟地理环境认知与表达研究初步. 遥感学报, 14(4): 822-838.

林珲, 游兰. 2015. 虚拟地理环境知识工程初探. 地球信息科学学报, 17(12): 1423-1430.

刘涛, 黎夏, 刘小平. 2009. 基于小世界网络的多智能体及传染病时空传播模拟. 科学通报, 54(24): 3834-3843.

刘小平, 黎夏, 陈逸敏, 刘涛, 李少英. 2010. 基于多智能体的居住区位空间选择模型. 地理学报, 65(6): 695-707.

刘小平, 黎夏, 叶嘉安. 2006. 基于多智能体系统的空间决策行为及土地利用格局演变的模拟. 中国科学 D 辑, 36(11): 1027-1036.

刘小平, 黎夏, 叶嘉安, 何晋强, 陶嘉. 2007. 利用蚁群智能挖掘地理元胞自动机的转换规则. 中国科学 D 辑, 37(6): 824-834.

刘毅, 杨晟, 陈吉宁, 曾思育. 2013. 基于元胞自动机模型的城市土地利用变化模拟. 清华大学学报(自然科学版), 53(1): 72-77.

柳春光, 王碧君, 潘建伟. 2010. 基于元胞自动机的城市地震次生火灾蔓延模型. 自然灾害学报, 19(1): 152-157.

龙瀛, 毛其智, 杨东峰, 王静文. 2011. 城市形态, 交通能耗和环境影响集成的多智能体模型. 地理学报, 66(8): 1033-1044.

吕一河, 傅伯杰. 2001. 生态学中的尺度及尺度转换方法. 生态学报, 21(12): 2096-2105.

罗安, 王艳东, 龚健雅. 2011. 顾及上下文的空间信息服务组合语义匹配方法. 武汉大学学报(信息科学版), 36(3): 368-372.

罗平, 耿继进, 李满春, 李森. 2005. 元胞自动机的地理过程模拟机制及扩展. 地理科学, 25

（6）：724–730.

罗平，姜仁荣，李红旮，章欣欣，黄波，向前. 2010. 基于空间 Logistic 和 Markov 模型集成的区域土地利用演化方法研究. 中国土地科学，24（1）：31–36.

孟晓静，杨立中，李健. 2008. 基于元胞自动机的城市区域火蔓延概率模型探讨. 中国安全科学学报，18（2）：28–33.

裴彬，潘韬. 2010. 土地利用系统动态变化模拟研究进展. 地理科学进展，29（9）：1060–1066.

乔纪纲，邹春洋. 2012. 基于神经网络的元胞自动机与土地利用演化模拟——以广州市白云区为例. 测绘与空间地理信息，35（7）：17–20.

邱炳文，陈崇成. 2008. 基于多目标决策和 CA 模型的土地利用变化预测模型及其应用. 地理学报，63（2）：165–174.

任建武，间国年，王桥. 2003. 多层体系 GIS 与模型集成研究. 测绘学报，32（2）：178–182.

邵月红，林柄章，刘永和. 2016. 基于径流分类的流域降雨—径流过程动态神经网络建模. 地理科学，32（1）：74–80.

宋卫国，于彦飞，范维澄，张和平. 2005. 一种考虑摩擦与排斥的人员疏散元胞自动机模型. 中国科学 E 辑，35（7）：725–736.

苏理宏，黄裕霞. 2000. 基于知识的空间决策支持模型集成. 遥感学报，4（2）：151–156.

孙庆先，李茂堂，路京选，郭达志，方涛. 2007. 地理空间数据的尺度问题及其研究进展. 地理与地理信息科学，23（4）：53–56.

孙少鹏，赵德鹏，李源惠. 2004. 基于多智能体与元胞自动机的微观交通模拟方法. 大连海事大学学报：自然科学版，30（4）：38–42.

孙战利. 2012. 空间复杂性与地理元胞自动机模拟研究. 地球信息科学学报，1（2）：32–37.

唐锡晋. 2001. 模型集成. 系统工程学报，16（5）：322–329.

陶海燕，黎夏，陈晓翔，刘小平. 2007. 基于多智能体的地理空间分异现象模拟 ——以城市居住空间演变为例. 地理学报，62（6）：579–588.

万洪涛，周成虎，万庆，刘舒. 2001. 地理信息系统与水文模型集成研究述评. 水科学进展，12（4）：560–568.

王飞，尹占娥，温家洪. 2009. 基于多智能体的自然灾害动态风险评估模型. 地理与地理信息科学，25（2）：85–88.

邬群勇，许贤彬，王钦敏. 2011. 一种语义接口匹配的地理信息 Web 服务动态组合方法. 福州大学学报（自然科学版），39（5）：699–706.

吴大千，刘建，王炜，丁文娟，王仁卿. 2009. 黄河三角洲植被指数与地形要素的多尺度分析. 植物生态学报，33（2）：237–245.

吴楠，何洪林，张黎，任小丽，周园春，于贵瑞，王晓峰. 2012. 基于 OGC WPS 的碳循环模型服务平台的设计与实现. 地球信息科学学报，14（3）：320–326.

肖洪，田怀玉，朱佩娟，于桓凯. 2010. 基于多智能体的城市人口分布动态模拟与预测. 地理科学进展，29（3）：347–354.

谢斌，俞乐，张登荣. 2011. 基于 GIS 服务链的遥感影像分布式融合处理. 国土资源遥感，23（1）：138–142.

徐昔保，杨桂山，张建明. 2008. 基于神经网络 CA 的兰州城市土地利用变化情景模拟. 地理与地理信息科学，24（6）：80-83.

薛郁，董力耘，戴世强. 2001. 一种改进的一维元胞自动机交通流模型及减速概率的影响. 物理学报，50（3）：445-449.

杨国清，刘耀林，吴志峰. 2007. 基于 CA-Markov 模型的土地利用格局变化研究. 武汉大学学报（信息科学版），32（5）：414-418.

杨青生，黎夏. 2007. 多智能体与元胞自动机结合及城市用地扩张模拟. 地理科学，27（4）：542-548.

于海龙，邬伦，刘瑜，李大军，刘丽萍. 2006. 基于 Web Services 的 GIS 与应用模型集成研究. 测绘学报，35（2）：153-159.

袁满，刘耀林. 2014. 基于多智能体遗传算法的土地利用优化配置. 农业工程学报，30（1）：191-199.

湛玉剑，张帅，张磊，刘学军. 2013. 林火蔓延地理元胞自动机仿真模拟. 地理与地理信息科学，29（2）：121-124.

张春晓，林珲，陈旻. 2014. 虚拟地理环境中尺度适宜性问题的探讨. 地理学报，69（1）：100-109.

张鸿辉，曾永年，金晓斌，尹长林，邹滨. 2008. 多智能体城市土地扩张模型及其应用. 地理学报，63（8）：869-881.

张鸿辉，曾永年，谭荣，刘慧敏. 2011. 多智能体区域土地利用优化配置模型及其应用. 地理学报，66（7）：972-984.

张娜. 2006. 生态学中的尺度问题：内涵与分析方法. 生态学报，26（7）：2340-2355.

张涛，孙林岩. 2005. 供应链不确定性管理：技术与策略. 北京：清华大学出版社.

张晓瑞，程龙，王振波. 2015. 城市脆弱性动态演变的模拟预测研究. 中国人口资源与环境，25（10）：95-102.

张学才，郭瑞雪. 2005. 情景分析方法综述. 理论月刊，2005（8）：125-126.

赵晶. 2006. 基于 CA 的城市土地利用演变人工神经网络模拟. 兰州大学学报（自然科学版），42（5）：27-31.

赵晶，陈华根，许惠平. 2007. 元胞自动机与神经网络相结合的土地演变模拟. 同济大学学报（自然科学版），35（8）：1128-1132.

赵莉，杨俊，李闯，葛雨婷，韩增林. 2016. 地理元胞自动机模型研究进展. 地理科学，36（8）：1190-1196.

赵龙文，侯义斌. 2001. 智能软件：由面向对象到面向 Agent. 计算机工程与应用，37（5）：41-43.

赵伟，林报嘉，邬伦. 2003. GIS 与大气环境模型集成研究与实践. 环境科学与技术，26（5）：27-29.

郑新奇. 2012. 论地理系统模拟基本模型. 自然杂志，34（3）：143-149.

郑泽梅，夏斌，张俊岭. 2005. GIS 与水质模型集成研究与实践. 环境科学与技术，28（5）：10-11.

周成虎. 1999. 地理元胞自动机研究. 北京：科学出版社.

朱福喜，朱三元，伍春香. 2006. 人工智能基础教程. 北京：清华大学出版社.

朱庆,杨晓霞,李海峰.2010.基于语义匹配的遥感信息处理服务组合方法.武汉大学学报(信息科学版),35(4):384-387.

卓莉,黄信锐,陶海燕,王芳,谢育航. 2014. 基于多智能体模型与建筑物信息的高空间分辨率人口分布模拟. 地理研究, 33(3):520-531.

Aalto, T., Hatakka, J., Karstens, U., Aurela, M., Thum, T., Lohila, A. 2006. Modeling atmospheric CO_2 concentration profiles and fluxes above sloping terrain at a boreal site. *Atmospheric Chemistry and Physics*, 6(2):303-314.

Argent, R. M. 2004. An overview of model integration for environmental applications—Components, frameworks and semantics. *Environmental Modelling & Software*, 19(3): 219-234.

Avin, U. P., Dembner, J. L. 2000. Using scenarios to improve plan-making. The Annual Conference of Association of Collegiate Schools of Planning. Atlanta, Georgia, USA.

Alcamo. 2008. *Environmental Futures: The Practice of Environmental Scenario Analysis*. Amsterdam: Elsevier:67-103.

Batty, M., Couclelis, H., Eichen., M. 1997. Urban systems as cellular automata. *Environment and Planning B*, 24(2):159-164.

Batty, M., Xie, Y., Sun. Z. 1999. Modeling urban dynamics through GIS-based cellular automata. *Computers, Environment and Urban Systems*, 23(3):205-233.

Bian, L. 2000. Object-oriented representation for modelling mobile objects in an aquatic environment. *International Journal of Geographical Information Science*, 14(7):603-623.

Biham, O., Middleton, A. A., Levine. D. 1992. Self-organization and a dynamical transition in traffic-flow models. *Physical Review A*, 46(10):6124-6127.

Cash, D. W., Moser, S. C. 2000. Linking global and local scales: designing dynamic assessment and management processes. *Global Environmental Change*, 10(2): 109-120.

Chapin, F. S., Weiss, S. F. 1968. A probabilistic model for residential growth. *Transportation Research*, 2(4): 375-390.

Chen, N., Di, L., Yu, G., Gong, J. 2010. Geo-processing workflow driven wildfire hot pixel detection under sensor web environment. *Computers & Geosciences*, 36(3):362-372.

Chave, J., Levin, S. 2003. Scale and scaling in ecological and economic systems. *Environmental and Resource Economics*, 26(4): 527-557.

Chen, N., Hu. C. 2012. A Sharable and interoperable meta-model for atmospheric satellite sensors and observations. *IEEE Journal of Selected Topics in Applied Earth Observations and Remote Sensing*, 5(5): 1519-1530.

Chen, S. 2004. A prototype of Virtual Geographical Environment (VGE) for the Tibet Plateau and its applications. 2004 IEEE International Geoscience & Remote Sensing Symposium. Anchorage, AK, USA.

Claramunt, C., Parent, C., Thériault., M. 1998. Design patterns for spatio-temporal processes. In: Spaccapietra, S., Maryanski, F. (Eds.). *Data Mining and Reverse Engineering*. Boston, MA: Springer: 455-475.

Claramunt, C., Thériault, M. 1996. Toward semantics for modelling spatio-temporal processes within GIS. Proceedings of the 7th International Symposium on Spatial Data Handling. Delft, the Netherlands.

Couclelis., H. 1985. Cellular worlds: A framework for modeling micro – macro dynamics. *Environment and Planning A*, 17(5): 585–596.

Forbus, K. D. 1984. Qualitative process theory. *Artificial Intelligence*, 24(1): 85–168.

Frank, A. U. 2001. Socio–economic units: Their life and motion. In: Frank, A., Raper, J., Cheylan, J. P. (Eds.). *Life and Motion of Socio–economic Units*. London: CRC Press: 21–34.

Galton, A. 2000. *Qualitative Spatial Change*. Oxford: Oxford University Press.

Goodchild, M. F. 2011. Scale in GIS: An overview. *Geomorphology*, 130(1): 5–9.

Goodchild, M. F., Quattrochi, D. A. 1997. Scale, multiscaling, remote sensing, and GIS. In: Quattrochi, D. A., Goodchild, M. F. (Eds.). *Scale in Remote Sensing and GIS*. London: CRC Press: 1–11.

Groot, R., McLaughlin, J. D. 2000. *Geospatial Data Infrastructure: Concepts, Cases, and Good Practice*. Oxford: Oxford University Press.

Hägerstrand, T. 1965. A Monte Carlo approach to diffusion. *European Journal of Sociology*, 6(1): 43–67.

Hornsby, K., Egenhofer, M. J. 2000. Identity – based change: A foundation for spatio – temporal knowledge representation. *International Journal of Geographical Information Science*, 14(3): 207–224.

Jiang, F., Liu, Q., Huang, X., Wang, T., Zhuang, B., Xie, M. 2012. Regional modeling of secondary organic aerosol over China using WRF/Chem. *Journal of Aerosol Science*, 43(1): 57–73.

Kahn, H., Wiener, A. J. 1967. *The Year* 2000: *A Framework for Speculation on the Next Thirty-Three Years*. London, UK: MacMillan Publishing Company.

Ke, C., Huang, Z. 2012. Self–adaptive semantic web service matching method. Knowledge–Based Systems, 35:41–48.

Li, W., Yang, C., Nebert, D., Raskin, R., Wu, H. 2011. Semantic–based service chaining for building a virtual Arctic spatial data infrastructure. *Computers & Geosciences*, 37(11): 1752–1762.

Lin, H., Gong, J., Tsou, J. 2002. VGE: A new communication platform for general public. Proceedings of the Third International Conference on Web Information Systems Engineering (Workshops) – (WISEw'02). Singapore, Singapore.

Mandelbrot, B. 1967. How long is the coast of Britain? Statistical self–similarity and fractional dimension. *Science*, 156(3775):636–638.

Maurer, H. 1999. The heart of the problem: Knowledge management and knowledge transfer. Proceedings of ENABLE99: Enabling Network–Based Learning. Espoo, Finland.

Mertens, B., Lambin, E. F. 2000. Land–cover–change trajectories in southern Cameroon. *Annals of the association of American Geographers*, 90(3): 467–494.

Miao, J. F., Kroon, L. J. M., de Arellano, J. V. G., Holtslag, A. A. M. 2003. Impacts of topography and land degradation on the sea breeze over eastern Spain. *Meteorology and Atmospheric Phys-*

ics, 84(3-4): 157-170.

Miller, H. J. 2005. What about people in geographic information science? *Computers*, *Environment and Urban Systems*, 27(4): 447-453.

Montello, D. R. 2001. Scale in geography. *International Encyclopedia of the Social & Behavioral Sciences*, 4(2): 13501-13504.

Nakicenovic, N., Victor, N., Morita, T. 1998. Emissions scenarios database and review of scenarios. *Mitigation and Adaptation Strategies for Global Change*, 3(2-4):95-120.

Nilsson, N. 1999. *Artificial Intelligence*. Beijing: China Machine Press.

O'Neill, B. C., Kriegler E., Riahi K., Ebi,K. L., Hallegatte,S., Carter, T. R., Mathur, R., van Vuuren, D. P. 2014. A new scenario framework for climate change research: The concept of shared socioeconomic pathways. *Climatic Change*, 122(3): 387-400.

O'Sullivan, D., Haklay, M. 2000. Agent-based models and individualism: Is the world agent-based? *Environment and Planning A*, 32(8): 1409-1425.

Peterson, D. L., Parker, V. T. 1998 Ecological scale: Theory and applications. *Waterbirds*, 28 (4):154-155.

Renolen, A. 2000. Modelling the real world: Conceptual modelling in spatiotemporal information system design. *Transactions in GIS*, 4(1): 23-42.

Stefanakis, E. 2003. Modelling the history of semi-structured geographical entities. *International Journal of Geographical Information Science*, 17(6): 517-546.

Store, R.,Jokimäki, J. 2003. A GIS-based multi-scale approach to habitat suitability modeling. *Ecological Modelling*, 169(1): 1-15.

Stoter, J., Visser, T., Oosterom, P., Wilko, Q., Nico, B. 2011. A semantic-rich multi-scale information model for topography. *International Journal of Geographical Information Science*, 25 (5): 739-763.

Syphard, A. D., Franklin, J. 2004. Spatial aggregation effects on the simulation of landscape pattern and ecological processes in southern California plant communities. *Ecological Modelling*, 180(1): 21-40.

Thériault, M., Claramunt, C., Villeneuve, P. Y. 1999. *A Spatio-Temporal Taxonomy for the Representation of Spatial Set Behaviours*. Berlin: Springer-Verlag.

Tignor, K., Allen, M., Boschung, S. K., Nauels, J., Xia, A., Bex, Y., Midgley, V., Change, I. C. 2013. *Climate Change* 2013: *The Physical Science Basis*. London, UK: Cambridge University Press.

Torrens, P. M. 2009. Process models and next-generation geographic information technology. *GIS Best Practices*: *Essays on Geography and GIS*, 2:63-75.

UNEP. 2002. Global environmental outlook 3: Past, present, and future perspectives. *Environmental Management and Health*, 13(5):560-561.

Walsh, S. J., Butler, D. R.,Malanson, G. P. 1998. An overview of scale, pattern, process relationships in geomorphology: A remote sensing and GIS perspective. *Geomorphology*, 21(3): 183-205.

Wang, L., Wang, B. H., Hu, B. 2001. Cellular automaton traffic flow model between the Fukui-Ishibashi and Nagel-Schreckenberg models. *Physical Review E*, 63(5): 056117.

White, R., Engelen, G. 1997. Cellular automata as the basis of integrated dynamic regional modelling. *Environment and Planning B (Planning and Design)*, 24(2): 235-246.

Worboys, M. F. 2001. Modelling changes and events in dynamic spatial systems with reference to socio-economic units. In: Frank, A., Raper, J., Cheylan, J. P. (Eds.). *Life and Motion of Socio-economic Units*. London: CRC Press: 1-12.

Xu, B., Lin, H., Chiu, L., Hu, Y., Zhu, J., Hu, M., Cui, W. 2011. Collaborative virtual geographic environments: A case study of air pollution simulation. *Information Sciences*, 181(11): 2231-2246.

Yarnal, B., Lakhtakia, M. N., Yu, Z., White, R. A., Pollard, D., Miller, D. A., Lapenta, W. M. 2000. A linked meteorological and hydrological model system: the Susquehanna River Basin Experiment (SRBEX). *Global and Planetary Change*, 25(1): 149-161.

Young, O. R. 2002. *The Institutional Dimensions of Environmental Change: Fit, Interplay, and Scale*. London: The MIT Press.

Yuan, M. 2001. Representing complex geographic phenomena in GIS. *Cartography and Geographic Information Science*, 28(2): 83-96.

Yuan, M., Hornsby, K. S. 2007. *Computation and Visualization for Understanding Dynamics in Geographic Domains*: A research agenda. Boca Raton, Boca Raton, Florida: CRC Press.

Zhao, P., Di, L., Yu, G. 2012. Building asynchronous geospatial processing workflows with web services. *Computers & Geosciences*, 39:34-41.

Zhang, N., Zhang, H. 2011. Scale variance analysis coupled with Moran's *I* scalogram to identify hierarchy and characteristic scale. *International Journal of Geographical Information Science*, 25(9):1525-1543.

第 4 章

地理场景虚实交互

4.1 地理场景虚实交互的概念缘由

地理场景的虚实交互概念借鉴自虚拟地理环境的交互组件。虚拟地理环境的交互组件可定义为用户与虚拟地理环境交互通道,需要借助传统的计算机技术以及新兴的 VR、AR 等技术实现不同交互工具多通道感知与操作,从而在不同层次上支撑用户对于地理场景的认知与反馈功效。

作为虚拟地理环境的研究对象,地理场景(闾国年等,2018)可以看作"人和自然因素、社会因素以及其相互关系和相互作用的特定的区域综合,在综合地理时空数据分布特征、地理现象动态生成以及地理规律和规则表达方面具备明显突出于传统地图更偏重空间位置和属性特征的单一表达的特点。"

闾国年等(2018)指出,地图学的发展是逐步朝向场景学发展的过程。从地图学的角度看,地图本身是可视化的产品,并在发展过程中形成了一系列的理论与方法,传统地图学强调从现实世界中获取信息来构建地图模型,以此为媒介传播空间认知信息;而聚焦当代的地理场景研究,一个明显的特征需求和变化正日趋明显:更强调面向以"人"为认知主体参与到反演地理过程、预测现象变化以及学习地理规律和知识的过程中。

从地图学的角度看,虚拟地理环境可以看作数字地图支持下的一种新的地理场景认知工具。一方面,虚拟地理环境强调构建以"人"和"自然"为"双中心"的虚拟环境(龚建华等,2010);公众能够以"化身人"的方式参与虚拟实验,并贡献相应的地理知识和虚拟行为,从而为地理场景引入人为认知主体并参与地理分析过程提供便捷条件。此外,为实现认知主体对地理场景的真实感知与反馈,借助眼、耳、鼻、舌、口等多方面的交互感知通道,在虚拟环境和现实用户之间搭起一个交互反馈的"虚实融合"信息回路。另一方面,对于研究者而言,除了沉浸式感知外,交互通道还需要提供多种类型的虚拟地理环境操作与分析工具,方便研究者以不同的方式,更加自然地面向虚拟地理环境实现地理操作,实现场景驱动的地理分析与探索。

4.2 多模态时空数据的空间可视化分析方法

地理时空数据的多维可视化是地理场景能够实现交互的首要特征。然而,随着社交网络、传感网、物联网及其多层耦合数据收集与记录技术的发展,使得获取人类社交世界、计算机世界和物质世界(人机物三元世界)的时空数据具有多模态特征(周成虎,2015;朱庆等,2017)。这些多模态时空数据刻画了人机物三元空间中"大到宇宙,小到尘埃"的多粒度时空对象从诞生到消亡全生命周期中的位置、几何、行为以及语义关系等全息特征信息(王家耀等,2017;华一新,2016)。多模态时空数据一般包括真实感的精细几何、纹理与材质,视频、实景照片等;非真实感的计算与模拟结果数据、抽象表达的符号等(Valencia et al.,2015),这些非结构化且稀疏的数据为存储、计算以及绘制带来了巨大挑战(Wang et al.,2013;Yang et al.,2013),如何协同调度计算机存储、计算与绘制(存算绘)资源对多模态时空数据进行高效可视化,支持描述、诊断、预测与处方等多层次可视分析,成为当前 GIS 研究的国际前沿难题。

多模态时空数据的海量、高维、动态等特征决定了其可视化应用的特点和需求:①可视化内容与场景动态变化(Peters et al.,2017)。首先,为避免信息过载与信息过度抽象问题,多模态时空数据可视化过程中需要动态构建符合人类认知规律的可视化场景(Martin,2000);同时,多粒度时空对象全生命周期变化过程决定了可视化内容的高度动态性(Chen et al.,2016)。②多样化可视化任务交织且高并发(Yang et al.,2011)。大规模用户可以使用多样化可视化交互设备(如 PC、手机、HoloLens 等)高并发地接入可视化服务,这些用户拥有不同的专业背景,具有不同重量级的分析与展示任务,对多模态时空数据的兴趣程度、抽象程度和细节层次千差万别,大规模高并发的多样化可视化任务成为新一代时空数据可视化所面临的难题(Moser et al.,2010)。③严重依赖存储、计算与可视化资源(Wong et al.,2012)。多模态时空数据多样化高并发可视化应用需要依赖高效率数据组织与管理解决多模态数据的 I/O 问题、高性能数据计算服务进行模型分析以及高交互性人机交互环境满足应用可视化与交互分析的需求

（Krämer et al.，2015）。

　　然而传统的时空数据可视化及调度机制存在以下问题：①固定化的场景可视化表征与时空探索分析中未知的分析结果的灵活呈现需求脱离（Bai et al.，2013）；②传统单一任务的高性能可视化主要面向高并发 I/O 与高性能绘制，难以满足高并发多样化可视化与分析任务需求（Hähnle et al.，2015）；③时空数据可视化分析探索中，高性能服务端环境和多样化用户端环境中使用的数据形式、分布以及系统资源配置差异巨大，从数据计算分析到信息可视化呈现过程中，高性能计算环境和多样化客户是环境缺乏有效的协同（Yang et al.，2013）。现有的时空信息可视化主要以数据为中心，难以满足可视化任务多样化且高并发的需求，因此需要面向多模态时空数据多样化可视化任务，发展能动态构建符合人类感知规律的可视化场景且能高效协同计算机存储、计算以及绘制资源的自适应可视化机制，突破面向多层次多样化可视化任务的多模态时空数据自适应调度关键技术。

　　针对多模态时空数据多层次多样化可视分析的核心技术问题，从可视化任务模型、可视化数据调度、可视化场景构建三个方面进行国内外现状综述。

　　1）可视化任务模型

　　可视化任务模型分类与构建是信息/科学计算可视化的基础（任磊等，2014）。现有研究中根据对可视化任务分解情况与任务间关联关系，可以将时空数据可视化任务模型按照低层级、高层级和多层级三类进行划分（Amar et al.，2005，Tory et al.，2004，Brehmer et al.，2013）。

　　低层级可视化任务模型中，按照对可视化任务的关注点不同主要分为两类：第一类主要关注可视化分析方法，典型的内容有分类、聚类、排序、对比、关联等（Amar et al.，2005），这类任务划分主要面向突出数据个体特征或者群体行为的可视化应用；第二类则主要关注可视化与分析应用过程中数据处理方式，典型的内容有浏览、识别、编码、抽象/具象、过滤等（Pike et al.，2009，Ward et al.，2010），这类任务划分便于设计和优化可视化与分析过程。

　　高层级可视化任务模型描述主要关注可视化分析阶段的差异，典型内容包括数据汇集、数据浏览、数据分析等（Nazemi，2016）。这类可视化任务分类方法可以更好地标志可视化实施过程中不同阶段的数据需求以及分析操作差异，但是其属于框架性描述，过于抽象，没有明确各个实施阶段的子任务构成。

　　多层级可视化任务模型的出发点就是对任务间的耦合关系进行统一的描述，典型内容包括可视化目标、可视化方法、可视化内容、可视化时间、可视化空间、可视化用户等（Andrienko et al.，2003；Brehmer et al.，2013）。这类可视化任务模型对可视化任务的输入、输出、目标以及实施方式进行了清晰的描述,各个任务间具有良好的层次关系,为目前主流的可视化任务建模方式,但其主要针对常规的信息/科学计算可视化应用,缺乏针对多模态时空数据特征的可视化任务描述。

多模态时空数据可视化包含了一系列数据操作、模型计算以及交互探索任务,场景数据操作任务需要高效率数据组织与管理,时空关联分析与过程模拟等模型演算任务需要依赖有效的分析模型和高性能计算,地理知识归纳与检验等可视化探索任务需要高交互性人机交互环境,而现有的可视化任务模型主要以数据为中心,难以满足可视化任务多样化且高并发的需求,面向多模态时空数据多样化可视化应用的自适应可视化,发展协同存储、计算以及绘制资源的多层次可视化任务模型将十分必要。

2)可视化数据调度

高效的可视化数据调度方法是实现高性能多模态时空数据可视化的关键,国内外已有一系列深入的研究。针对大范围海量地形渲染,主要通过构建地形金字塔,动态调度不同分辨率的地形瓦片来实现高效率、高保真地形调度与可视化(Kang et al., 2010, Strugar et al., 2010);同时,针对空间分布不均匀的城市三维模型可视化,则主要通过构建多细节层次模型,通过四叉树、R 树和八叉树等多种索引组合构建多层次混合多细节模型场景,并通过核外渲染(out-of-core rendering)技术进行调度与可视化,从而保证城市级三维场景的有效组织与高效调度(Varadhan et al., 2002;Mason et al., 2001;Yu et al., 2014, Li et al., 2011)。这些时空场景可视化与调度方法主要依赖建立空间索引、数据动态调度和数据简化等优化手段(Chen et al., 2015;Maglo et al., 2015;Petring et al., 2013),发展成熟且应用广泛,但其主要以图形学算法为中心,缺乏对可视化系统资源的协同调度。

随着计算机软硬件技术的不断发展,如何充分利用并协同调度可视化系统资源,最大限度优化可视化调度机制成为时空数据可视化调度的一个重要研究点。国内外研究者主要利用现代计算平台特点,采用多核多线程技术以及多级缓存技术,同时高效协同 CPU 与 GPU,完成时空场景的高效调度与可视化(翟巍,2003;Li et al., 2013;Beyer et al., 2015;Li et al., 2015)。考虑到网络环境下时空场景可视化调度过程中网络带宽不稳定与场景数据传输量巨大的冲突,不少研究者提出适应网络状况的时空数据调度优化方法,这类研究主要包括场景数据压缩、顾及网络状况的场景数据筛选和渐进式传输方式等(Evans et al., 2014, Liu et al., 2016;贾金原等,2014;Chen et al., 2016)。

随着移动智能设备、虚拟现实以及增强现实可视化设备等多样化可视化设备的广泛使用,能够适应多样化可视化设备的调度机制也成为研究者考虑的范畴,但是目前的主流方法是通过服务端根据发起数据请求的设备类型调度不同细节层次的场景数据来实现,设备适应能力十分有限(Liu et al., 2017;Kim et al., 2012;Resch et al.,2014)。

由此可见,现有的时空数据可视化调度方案,主要以图形学算法优化为主,能一定程度地顾及多样化网络环境和可视化设备差异,但其场景组织方式决定了需要将时空场景数据按照特定的组织形式进行加工处理,场景表征固定化,同时在面对多样化的计算平台与接入终端时,这种单纯靠图形学优化的调度方法已经不能满足多样化可视化需求,发展能协同调度系统存储、计算与绘制资源的调度机制显得十分必要(Evans et al., 2014;Evangelidis et al., 2014;Hähnle et al., 2015)。

3) 可视化场景构建

2011 年 2 月, *Science* 杂志刊登的 *Changing the Equation on Scientific Data Visualization* 一文中明确指出科学合理的可视化表达能够有效帮助不同层次用户深入探索数据中包含的信息与知识 (Fox et al., 2011)。多模态时空数据可视化场景既需要进行宏观格局呈现,也需要微观结构表达,为了避免信息过载与信息过度抽象,需要动态构建符合人类认知规律的可视化场景;同时多模态时空数据可视化既需要基础场景可视化,还需实时/近实时的时空关联分析、时空过程模拟等场景分析与增强(周成虎, 2015;Wong et al., 2012;任磊等, 2014;Liu et al.,2017)。为了更好地满足不同可视化应用需求,动态构建高适宜性可视化内容成为时空数据可视化的一个重要的研究点,主要的方法有两种:场景内容的调整和场景表征的优化(Wang et al., 2001;Yu et al., 2010;Jobst et al., 2008;Döllner, 2007)。

时空数据可视化场景内容调整典型的方法是面向用户偏好动态地进行数据的过滤并构建符合用户需求的场景(Coors, 2002)。该类方法能根据用户偏好动态构建不同应用主题的场景,场景内容具有一定灵活性,但是在数据过滤的过程中难以统一考虑场景时空语义的完整性,不能兼顾宏观场景概览与局部细节展示,导致生成的场景难以满足用户认知需求。

时空数据可视化场景表征优化主要面向场景宏观概览与微观精细结构统一表达,是以增强展示场景兴趣特征为目标的时空场景优化与调度方法,通过在保持场景轮廓的前提下抽象表达场景中非兴趣特征,同时突出场景展示重点,构建聚焦的增强型场景,典型方法如 Focus+Context、场景变形等(Wang et al.,2008;

Trapp et al., 2008；Li et al., 2015）。这类时空可视化场景生成与调度方法能较好地突出场景中的兴趣特征，但抽象与变形处理后的场景，难以保证场景空间特征的准确性，更重要的是其以非真实感场景构建为主，场景的视觉感知度差，缺乏真实感与非真实感有效协同。

综上所述，复杂时空对象多具备多维度、多尺度、多时态、多形态交叠的多模态特点，多维动态可视化分析技术，作为复杂地理过程表征、特征及内在模式的描述与呈现手段，一直是国内外研究的热点。传统单模态的时空数据静态可视分析方法的局限日益突出。传统时空数据可视化面向单一的展示性任务，以高性能绘制和 I/O 为主，场景可视化表征固态化，难以满足多样化可视化应用对时空场景可视化效率和效果并重的需求。因而，缺乏面向不同可视化驱动力、层次化的可视化任务。需要高效协同调度计算机存储、计算与绘制资源，动态构建符合人类认知规律的多模态时空数据可视化场景的自适应调度机制。

参考朱庆等（2017）的多模态时空数据可视化分析体系，针对复杂地理过程的多粒度、多模态和时空复杂关联的特点，为满足探索时空大数据潜在关联关系、综合感知时空数据反映的态势并进行科学合理的推理预测与决策需求，本研究提出了时空大数据多层次可视分析体系，如图 4.1 所示。人类左脑侧重逻辑技术性思维，右脑侧重空间形象性思维，相互协同、不可分割。分析和可视化被定义为全空间信息系统的核心功能，其中，描述、诊断、预测、处方四个层次为分析功能，展示、分析、探索三个层次为可视化功能。分析与可视化相互融合与协同，构成从描述性可视分析到解释性可视分析和探索性可视分析的多层次可视分析体系，为快速、有效地从多模态时空大数据中发现价值、诊断问题、检验预测和探索未知规律提供以空间思维为中枢的"超级大脑"。全空间信息多源、异质、复杂关联和多维的高度复杂性对可视化分析的精度、功能和效率带来了巨大挑战。基于上述多模态时空数据可视化分析体系，在具体的分析过程中，亟需提升对多模态时空数据进行结构优化，将高维时空数据进行易感知呈现；需要充分顾及符合人类认知规律的语义级多细节层次视觉变量约束，突破符号化与沉浸式可视化过程中的视觉超载与视觉混乱瓶颈，力求实现示意性与真实感协同的全空间现实可视分析。后续章节将重点面向可视化引擎设计、高效数据组织管理、场景增强现实、实时可视化等关键问题进行论述，详见第 4.2.1~4.2.4 节，为有效支撑复杂地理场景的多模态时空数据可视化分析提供方法性指引。

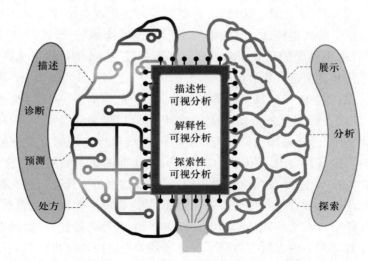

图 4.1   多层次可视分析体系(朱庆等,2017)(参见书末彩插)

4.2.1   任务感知的自适应可视化与分析引擎

面向传统轻量化与高性能可视化应用,以及新型全空间增强现实应用对系统资源消耗以及场景数据的多样化需求,任务感知的自适应可视化引擎旨在将云环境下不同应用的可视化需求与多层次任务模型进行映射,并通过三维可视化工作流,对服务端不同存储、计算、绘制资源环境下的服务进行动态优化组合,达到服务器端以及应用端的存储、计算与绘制资源的协同调度,以满足数据高效I/O、模型高性能计算以及场景实时绘制的需求。同时,针对不同的可视化场景需求,可视化引擎还会对数据进行自动优化与适配,一方面适配不同硬件资源的可视化能力,另一方面保证场景语义的一致性表达。数据的适配与资源的动态调度过程中,针对展示性可视化任务,主要是依赖高性能数据I/O方案如并行文件系统和并行混合索引对多模态数据进行操作,同时必要的情况下需要服务端绘制资源与应用端绘制资源的协同场景绘制,另外针对分析性与探索性可视化任务则需要数据管理资源(I/O)、绘制资源与计算资源的协同处理。通过存算绘三元协同调度与多模态数据适配优化的数据,最终以不同的内容形式反馈给不同层级的任务:展示性可视化任务得到可视化绘制元素的反馈;分析性可视化任务得到全空间增强现实的场景数据反馈;探索性可视化任务得到演化预测与调优方案的数据反馈。通过任务驱动的自适应可视化引擎对资源协同调度与数据优化适配,最终满足多模态时空数据自适应可视化需要。

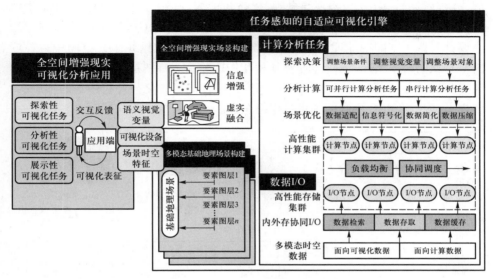

图 4.2 多模态时空数据可视化与分析引擎

多模态时空数据可视化分析引擎中主要包括三部分内容（图 4.2）：数据 I/O、计算分析任务和场景构建与优化。数据 I/O 主要是要满足应用可视化与分析对数据的高吞吐量要求，采用的内外存协同的 I/O 形式，将数据检索、存取以及缓存一体化处理，并通过横向高扩展的高性能存储集群来实现；计算分析任务主要体现在以满足探索决策为目的场景调整、视觉变量更新以及场景对象更新，充分利用算法的可并行性，以数据适配、信息符号化、数据编码等场景优化手段表现，最后依托高性能计算集群实现多计算节点计算任务的高性能并行处理；场景构建与优化主要是多模态基础地理场景构建以及以信息增强与虚实融合的全空间增强现实场景构建。该引擎直接对接来自多样化用户终端的可视化与分析应用需求，提供实时的高性能数据、分析以及可视化服务。

4.2.2 多模态时空索引混合的场景数据高效组织管理

面向多层次分析及可视化任务，为了克服任务并行、数据并行、计算并行以及绘制并行交织的复杂难题，对任务所需的场景数据进行高效组织管理。根据多模态时空数据存储管理的特点，将场景数据分为基础框架数据（符号数据、二三维数据、文本、图片、视频）、动态过程数据（实时接入的人流、水流、气流、物流原始数据、边缘计算和智能设备终端实时处理的结果数据）和关联关系数据（社会空间、信息空间和物理空间深度融合和挖掘产生的关系数据）三大类。这些场景数据具有多元（人、机、物三元世界及其相互作用关系）、多维（三维空间、时间、高维属性）、多尺度（宏观与微观、概略与精细、户外与室内）的特征和全生命周期管理（建模、存储、挖掘、变化和消亡）等特征。已有 GIS 数据组织管理方法主要针对单一空间中地理要素的图形与属性，难以有效组织多元空间中多粒度时空对象的时空格局、演化过程及其相互作用关系。特别是，难以满足多样化的时空分析任务与可视化任务。为此，研究提出面向可视化与分析任务的多层次、多模态、内外存混合协同的场景数据组织方法。总体技术路线如图 4.3 所示。

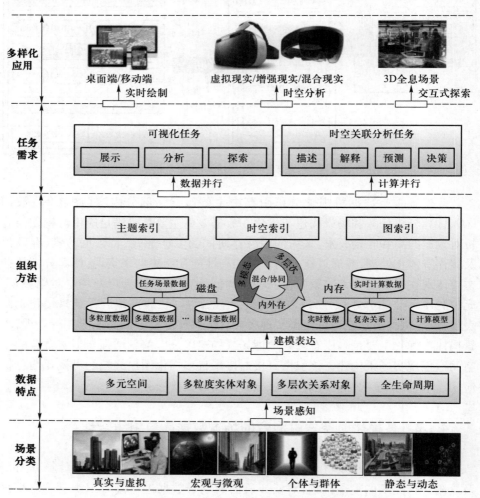

图 4.3   多模态时空索引混合的场景数据高效组织管理方法技术路线

现有基于磁盘的树形结构的混合时空索引具有 I/O 延迟高、查询模式固定、对关联关系数据支持弱等缺点，尤其是不支持交互式探索分析中的多维条件查询、触发式查询和模糊查询。因此提出了一种内存环境下的基于图模型来表达实体以及实体之间的时间、空间、拓扑、语义等多粒度时空关系的索引方法。该方法不仅具有高效的时空数据检索性能,并且支持多种关联关系约束的复杂分析查询。索引结构分为三部分:时间子图、空间子图、时空对象和关系子图,其中,时间子图由 B+树索引进行维护,空间子图节点由不同长度的"geohash"字符表示,索引的查询和检索通过多维时空关联关系约束下的子图模式匹配快速从全局时空关系图中检索出目标子图。索引结构如图 4.4 所示。

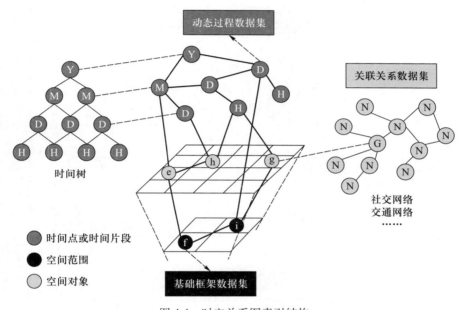

图 4.4　时空关系图索引结构

4.2.3　基于语义级视觉变量的虚拟地理场景移动增强现实

视觉变量决定了空间信息可视化中与视觉认知相关的可控变量,是符号化设计、"聚焦+上下文"的可视化的基础,为场景对象提供了参数化的视觉描述。在场景设计中,除了关注基础框架数据的真实化与非真实化表达,也通过符号化将动态数据与关系数据以视觉元素的形式叠加在场景中,即将信息和知识以视觉形式动态地、自适应地在场景中展示,帮助用户理解数据的深层次内涵。传统视觉变量主要针对场景的二三维几何与外观,难以有效表达动态特征和关系特征;传统三维真实感表达的视觉信息过载,重点不突出,难以支持复杂场景的探索性分析。面向多粒度时空对象分析与可视化需求,提出基于语义级视觉变量的增强现实表达方法,通过真实感、非真实感与符号化的协同表达,支持多粒度时空对象多尺度可视分析与场景对象的聚焦可视化增强表达,其技术流程如图 4.5 所示。

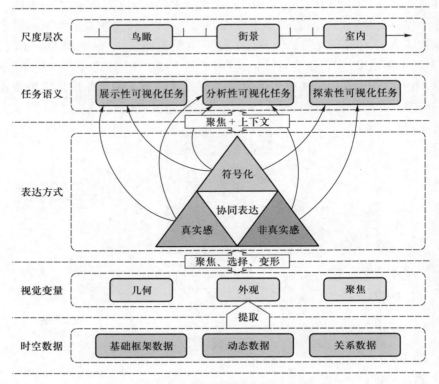

图 4.5 虚拟地理场景增强现实技术流程图

针对可视化任务语义的展示性场景、分析性场景和探索性场景三个层次,多层次视觉变量语义模型以几何(维度、位置、形状、尺寸、朝向)、外观(颜色、材质、纹理)、动态(时刻、持续时长、频率、次序)、聚焦(变形、高亮、感兴趣程度等)四个维度的基本视觉变量为基础,其主要影响因素包括空间类型、空间尺度、生命周期、任务、对象特征下多维视觉变量的选择与组合,如图 4.6 所示为语义级视觉变量体系,在此基础上即可发展基于语义级视觉变量下的场景聚焦、变形、选择(聚焦+上下文)等可视化方法。根据人类的认知特点,场景聚焦所关注的主要对象由邻近对象、地标对象和上下文相关对象组成。将上下文分为用户交互上下文与计算上下文:前者是用户与系统交互操作的上下文,如选取对象、查询、切换视点等;后者是与当前计算分析任务相关的上下文,如时空模拟、构建多层关联网络、特征聚类等。在场景中聚焦的对象通常是由感兴趣程度值(DOI)决定的,DOI 的计算综合了视点位置、场景对象的重要性程度和上下文。聚焦的目的是强化、突出重要信息,展示更多的细节,同时弱化甚至隐藏不重要信息,通过视觉变量的有效组合来控制场景对象的视觉敏感性来达到聚焦和增强的目的。

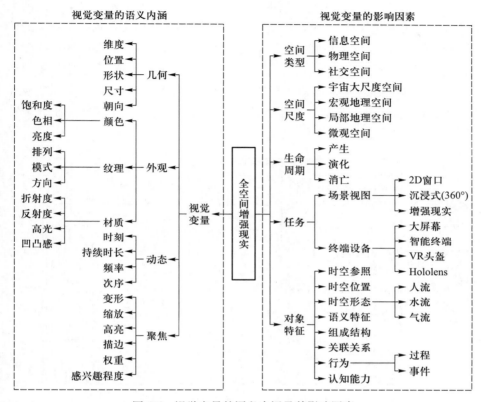

图 4.6　视觉变量的语义内涵及其影响因素

4.2.4　复杂动态三维场景的实时可视化

海量的多模态时空数据可视化首先要求用户能对其进行实时高效的可视化观察,在此基础上才能有效地帮助人们对相关海量信息做出理解、探索和决策。但大规模动态时空数据的实时可视化由于其海量、动态多变的特性,目前仍是一个非常困难的技术问题。为此,通过对大规模时空数据进行实时高效局部多细节层次装载及自适应多级缓存,并对所装载的局部复杂场景数据综合采取包括场景简化优化、快速可见性计算、多线程计算、基于图形处理器(graphic processing unit,GPU)的视域裁剪/遮挡剔除/LOD 选择/细节生成、实例化和限时计算等综合可视化优化处理技术,实时动态可视化三角面片超过 1000 万量级,GB 级多粒度时空对象数据可视化速度优于秒级,能实现大范围景物的实时阴影、矢量和几何实时叠加显示、动态水面逼真绘制、实时动态光照及环境映照、实时星空绘制等一系列高效率高性能的可视化特效。

　　面向全球范围不同尺度空间中陆海空天、室内室外、水上水下时空对象的无缝集成实时可视化需求,针对地球坐标数据数值大,大数值会导致浮点计算的精度下降,若将传统面向大场景的视域参数放置在地球上,往往因深度计算精度不足而引发深度冲突(Z-fighting)走样问题或因几何计算精度不足而带来抖动"jittering"走样问题。地球形状并不是准确的球形而是近似椭球,对坐标变换提出了更高的要求,进一步加剧了处理难度。对地球坐标构架下复杂三维环境实时可视化,采取了如图 4.7 总体框架。

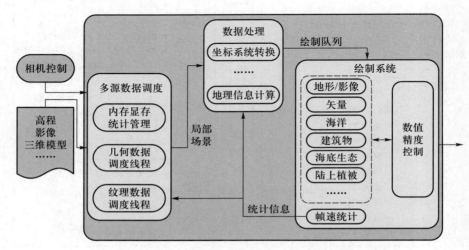

图 4.7　地球坐标构架下复杂三维环境实时可视化总体框架

　　将该流水线划分为多源数据调度、数据处理和绘制系统三个模块。多源数据调度模块基于多线程的任务队列,并协同共享环境的 GPU 进行优化传输,负责高效加载多源数据;数据处理模块包含坐标转换、地理信息计算等功能,负责处理数据的精准坐标转换;绘制系统模块则根据数据多样性被设计为多个子绘制系统,分别采用多种算法和优化手段进行绘制,并通过统一的数值精度控制方法消除走样,最终生成场景画面。流水线的工作流程表现为,由用户交互产生视点变化,绘制模块内子系统根据数据的特性和算法适用性向调度模块发送调度请求,调度模块接收请求后异步完成数据调度,其结果经过数据处理模块转换,传输至绘制模块内所属子系统进行绘制。三模块之间耦合度低,通过轻量级的通信接口完成协作。运行过程中,资源监控模块实时观察系统的各项指标,包括显存、内存利用率,并自适应调节调度模块和绘制子系统的功能参数,以保持系统的平稳运行。

　　随着场景数据的日益精细化表达,复杂三维城市模型数据常常会有相当庞大的几何数据量,不仅会影响实时绘制时调度的速度,而且还会占据大量的系统资源,增加系统的负担,影响可视化过程的实时性和流畅感。将整个城市场景切分成若干个子区域,对每个子区域的三维模型建立多分辨率模型链(LODs chain)和区域简化代理模型(Proxy),如图 4.8 所示。多分辨率模型链可大幅度降低子区域模型的 I/O 量与绘制计算量。其中子区域模型也可以进行进一步的面向现代 GPU 构架的模型优化。区域简化代理模型是将整体子区域模型高度简化,并将原始材质(顶点颜色或者纹理贴图)按三角网面积展开,合并在一张图片里形成纹理,同时将顶点法向信息记录到法向贴图。相比原始数据,代理模型的数据量极小,绘制时适用于替换远距离的模型。采用潜在可见性集合(potentially visible set, PVS)的方法,来对已经分割区域完毕的场景进行预处理优化。为了能够在流畅和平稳的基础上尽量挖掘硬件的潜力,提升内存、显存及 GPU 的绘制性能,将更高质量的模型呈现出来,并能自适应调节硬件性能的差异以及网络环境的不同,建立一个面向通用硬件性能的评估预算系统。在系统运行的任一时刻,预算模块规划出几何、纹理以及绘制批次的上限,严格对内存和显存内持有的对象进行监督。这些上限值由初始化阶段进行评定,并在运行过程中不断修正。为了避免 I/O 卡顿绘制,将外存 I/O 敏感和 CPU 密集的任务尽量从绘制线程中移除,基于多线程的模式对数据进行异步加载。

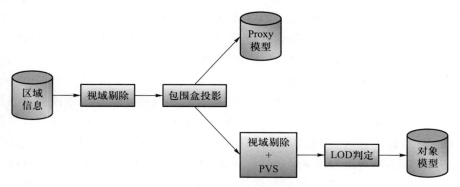

图 4.8　多级 LOD+Proxy 的模型调度流程

对于大规模的地形绘制,几何构建必须采用层次细节(level of detail, LOD)策略,已实现并拟采纳"Geometry Clipmapping 算法"在地球球面上的改进算法。该算法将地形定义为由不同层次的均匀网格组成的金字塔模型。最精细层的网格构成中心区域,而其他层次网格以环形包围状分布。相对于其他地形 LOD 算法,该方法拥有更好的 GPU 友好性、更稳定的显存占用、能高速产生密集的几何面片,因而具有更高的性能和几何精度。

4.3   虚拟地理环境与多通道感知交互

4.3.1   相关概念

有关人机交互(human-computer interaction，HCI)的研究可追溯到1975年，它是一个关注人和机器之间交互模式的多学科研究领域，有时也指更普世的术语人机界面(human-machine interface，HMI)用于制造或过程控制系统(Montuschi et al.，2014)。简单来讲，人机交互更多是指研究人与计算机之间信息交换的技术(孟祥旭等，2016)。

人类从发明计算机的第一天起，就在考虑如何将自己的意思传达给计算机，如何寻求与计算机之间进行更自然的交互。人机交互方式大概经历了三个阶段：命令行界面的交互阶段；图形用户界面的交互阶段；自然的交互阶段。

命令行界面的交互阶段也是编程语言的不断"进化"的阶段，从最初的机器语言到汇编语言再到高级语言，在最初的机器语言阶段，通过纸带或者读卡机输入，打印机输出结果，多数的操作都是通过人手工输入。受制于时代和技术限制，那时的交互方式很耗时也易错，并且只有专业的计算机管理员能够掌握。出现了高级语言以后，受过训练的程序员可以在命令行界面(command line interface)通过文本"问答"的方式，比较高效地进行数据处理和信息交换，对于操作人员的要求是熟记常用命令。

图形用户界面(graphical user interface，GUI)交互的出现极大地改变了人和计算机交互的局面，由于这种"所见即所得"的直观反馈，计算机不再只是少数程序员的计算工具，也逐步走向寻常百姓家，个人计算机在这个时代得到快速普及。两个伟大的科技公司苹果和微软在这个阶段的科技进程中起到了关键的作用，他们生产的个人计算机设备和软件在竞争中不断革新，逐步发展成为今天大家桌面上的电脑和界面。在输入设备上，鼠标的发明无疑是一个关键事件，因为直到今天，这种设备还是时代的主流[①]。

进入第三个阶段，自然的交互阶段，开始逐渐试图摆脱传统的鼠标键盘的简单输入和显示屏幕音响设备的简单输出，开始追逐一些更加自然的交互方式，例如，直接去用手触摸，用自己平日的语言去跟计算机直接对话，以及像在纸张上书写一样在计算机上写字。尤其近年来消费电子技术的进步更是打开了令人兴

---

① 鼠标是1963年由美国科学家 Doug Engelbart 发明的，并且在日后的几十年中不断改进成今天的模样。

奋的新局面：在设计经济实惠的自然用户界面（natural user interface，NUI）过程中，手势、身体姿态、言语等更多出现在自然互动模式中，更多的感知通道已经潜移默化地在人机交互中得以体现。

多通道感知，其实是人机交互领域的一个分支。首先，"感知"指的是人和机器间的互相感知，既然是互相感知，那么就会分为人对机器（或者机器和人为创造的环境）的感知，还有机器对人的感知；其次，"多通道"是指通过多渠道的互相感知，人们可以利用的途径（即"通道"）有鼠标键盘（三维鼠标）、操纵杆、数据手套、跟踪器（曾芬芳等，2000；张睿和张锡恩，2005）、数据服装、触控笔、头显设备等物理设备，或是用身体的姿态动作，以及人的多重感官参与（如视觉、听觉、触觉和内部心理感觉等）。多通道感知的一个重点也是难点是多通道信息融合，计算机从多渠道获取了各类信息，如何做到信息之间的交叉融合，最大效率地综合利用来明白用户的意思显得尤为重要。2018 年 4 月 3 日，清华大学与阿里巴巴集团共同成立自然交互体验联合实验室，朝着打通人工智能"最后一公里"迈出了重要的一步。双方共建自然交互体验实验室，目的是通过构建心理模型和情感模型等，让机器能识别和理解人的情感。借助多通道感知技术，帮助机器构建"五感"（视觉、语音、嗅觉、触觉、内心和大脑活动）。

4.3.2　多通道感知与人机交互

4.3.2.1　体感交互技术

继鼠标的发明使人机交互方式从早期的命令行界面转变为图形用户界面，当前人机交互开始向自然用户界面转变。体感交互技术的发展，标志着"人机交互"时代的真正到来。体感交互技术也称动作感应控制技术，通过精准的动作捕捉技术，包括手势识别、肢体识别以及眼动跟踪等与系统进行交互，实现"机器认知你的一举一动"。体感交互技术的出现在于，人们可以直接使用肢体动作与周边的装置或环境互动，而无须使用任何复杂的控制设备。

体感技术的发展最早是从军工技术开始的，随着体感技术的不断成熟，它的应用范围越来越广泛，几乎应用到了所有领域。实际应用中最具代表性的体感游戏，可以看作是很早被研发出来的一种体感操控设备，它不仅赋予了游戏新的玩法，更能让人们在娱乐的同时不知不觉达到了健身的目的。此外，与体感游戏有异曲同工之妙的体感运动也备受瞩目，其核心就是采用 3D 全身识别技术，将捕捉到的人体骨骼图像记录到体感设备中，实现人体动作和虚拟动作的实时互动，从而达到娱乐健身的目的。随着体感技术的功能不断扩展，如今人们还赋予了体感运动一定的教学作用，人们做的动作是否准确，系统能够快速做出判断，以此来指导、校正动作,提高准确性。

目前,常见的体感交互设备有 Kinect(Microsoft)、Leap motion(Leap)、Wii(Nintendo)、iSec(联想)、CyWee(CyWee)等。这些体感交互设备经历了从利用特殊控制器(如 Wii,2006 年首次发售)至完全由人作为"控制器"(如 Kinect 等)的发展历程。不同于早期的输入形式,体感交互的设备输入大多是手势、姿势和身体动作,这对数据采集和分析技术提出了新的要求。早期的体感交互设备都因计算成本过高或鲁棒性(robustness)过低而相对缺乏实用价值。Freedman 等(2007)基于结构光技术研发的深度摄像机使价格低廉且高效的体感交互设备概念成为现实,极大地推动了体感设备发展,并成为 Kinect 的核心技术。

随着实时深度摄像机技术的日渐成熟,用于体感交互的人体动作识别算法也在不断进步,其已由最初只能做到在二维层面对一个点或极少数点进行跟踪,发展到现在的 3D 全身识别,可以对人体全身的关节点进行跟踪。例如,近期正快速发展的虚拟试衣镜,能够尝试无论是在商场的试衣间,还是在网上随意试穿自己喜欢的衣服。整个试衣过程不用将真的衣服穿在身上,同样也能达到真人试衣的效果,同时虚拟试衣镜对不同的衣服会出现相应的分数,分数越高说明这身衣服就越适合自己。虚拟试衣镜运用了体感技术,通过体感设备和视频捕捉,检测到人体的关节信息,以及用三维坐标的方式检测到人体的转身角度,然后系统快速处理服装角度与人体角度等。虚拟试衣镜的出现并非偶然,它是伴随人机交互技术的不断发展应运而生的一种全新的试衣体验。

目前,体感技术还更多集中在对挥动能力较强的动作进行识别。随着科学家的不断研究探索,相信未来将会实现对手指细微动作的捕捉。在体感交互的时代,体感技术将会应用到更广泛的领域中,除了虚拟试衣镜、体感运动外,还将在 3D 虚拟现实、运动监测以及抢险救灾等方面有更广阔的应用前景。

4.3.2.2 "五感"多通道感知技术

人类在扩大自己感知能力的同时,一直在不断地试图再现自己的各种感觉,并发展了许多再现技术,制造了许多具有再现人的感觉、感知能力的设备与装置。在这个追求自然交互的过程中,诞生了很多研究分支,其中多通道感知就是其中重要的分支,近年来得到了迅速发展。通道涵盖了用户表达意图,执行动作(人的输出)或者感知反馈信息(人的输入)的各种通信方法,这些通信方法包括言语、手势、表情、肢体语言,也包括唇动、眼动、触觉、嗅觉、味觉等。与之沟通渠道相对应的多通道交互技术就包括语音识别技术、手势识别技术、面部识别技术、视线跟踪技术、触觉力反馈技术、气味或味道模拟技术以及生物特征识别技术等(孟祥旭等,2016)。本节尝试介绍"五感"(视觉、语音、嗅觉、触觉、内心和大脑活动等)的多通道感知技术的现状与发展,以求探索人和机器的交流如何更像是人与人的交流。

就视觉感知而言,有关研究表明,人类从周围世界获取的信息有超过80%来自视觉信息。研究视觉,需要从人眼的结构、人眼获取可见光成像的过程以及光是怎么反射成电信号在大脑里最终成为对世界的感知;在人的视觉感官里,物体的大小、深度和相对距离对视觉的影响是首要需要考虑的,因为只有充分了解人眼获取视觉信号的客观规律,才能知道该如何去模拟视觉信息和景象,提供怎样的视觉信息会造成怎样的视觉冲击。视觉中还有物体亮度和色彩相关的知识需要掌握,例如,物体分为发光体和非发光体,非发光体的亮度由入射到表面光的数量和物体反射的光的量决定。虽然视觉的模拟与感知技术是个复杂的过程,计算机视觉研究相关的理论和技术的快速发展,为视觉的模拟与感知提供了比较成熟的解决方案,例如,基于 OpenCV 建立的各种视觉感知技术框架,使得理解、模拟与构建目标视觉变得相对容易。

就听觉而言,这是人类仅次于视觉的获取信息途径,它和视觉以及其他感官一样,可以把接收到的刺激转化为神经兴奋,然后经过加工传递给大脑。通过研究人耳的结构,知道如何设计音频设备能给人带来良好的听觉效果,包括立体声、环绕效果以及如何避免损伤用户听力;此外,还需要研究声音的屏蔽和叠加,如何控制不同频率的声音的合成,以求最好的混音效果;听觉定位也是重要的考虑方面,早期的研究表明,人识别声源的位置和方向时通过声音传达到两只耳朵的时间不同、响度不同,从而对声音的来源有一个判断。听觉感知与交互技术中,声纹识别与语音交互技术的研究正方兴未艾。

声纹识别技术:相信几乎大多数读者都使用过在全球范围内拥有数亿用户的社交软件微信,微信的登录就倡导使用声纹识别来代替传统的密码输入。声纹识别的原理在于:由于每个人的声音器官,诸如声带、口腔、鼻腔、舌、齿、唇、肺等,在发音时呈现千姿百态,抑或有着哪怕是微小的差异,以及年龄、性格、语言习惯等多种原因,再加上发音容量的大小不一,发音频率不尽相同,因而导致这些器官发出的声音必然有着各自的特点,形成每个人独具一格的声纹(voiceprint),可用语谱图观察出来。同指纹识别一样,声纹识别可以代替登录密码用于银行金融系统验证,代替图案密码用于解锁手机等用途。目前,国内做声纹识别比较出色的公司有科大讯飞、厦门天聪、北京得意、电虹软件、中科利信等。国外的知名公司有 Nuance(苹果语音助手 Siri 和三星 S-Voice 的技术提供商)、VoiceVault、Voice Biometrics、PhoneFactor 等。

语音交互技术:语音输入是一种很自然的输入方式,它能将不同种类的输入技术(即多通道交互)结合起来形成一种更有连贯性和自然性的界面。语音有许多理想的特点:它解放了用户的手,采用一个未被利用的输入通道,允许高效、精确地输入大量文本,是完全自然和熟悉的方式。语音交互的关键是语音识别引擎，一些现有的语音识别软件包括国外的 Speech API、IBM ViaVoice、Nuance 和国内的科大讯飞等，它们都达到了很好的性能。如今，随着语音识别技术的逐步开放和开源，语音技术门槛逐渐降低。主要的语音开源交互平台有 CMU-Sphinx、HTK-Cambridge、Julius 和 RWTH ASR 等。近年来，Google 眼镜、穿戴式设备、智能家居和车载设备的兴起，将语音识别技术推到应用的前台。自苹果 iPhone 4S 内置 Siri 以来，几乎所有的手机都开始内置语音助手类的应用。

就触觉和力觉而言，触觉同样是某些特定的交互设计中不可或缺的环节。例如，针对盲人的交互系统设计，触觉就是最主要的交互方式，如基于力反馈装置的虚拟雕刻系统、模拟粗糙表面的虚拟攀岩系统。不光是针对手的触觉反馈，针对皮肤的触觉系统也是许多场景的重要感知"器官"。尤其是在一些精细的大型虚拟现实设备中或者类似于全身式可穿戴设备中，皮肤触觉系统包含三种感受器：温度感受器、伤害感受器和机械刺激感受器。温度感受器负责感受接触皮肤物体的温度信息，研究皮肤温度感受机理，有助于在全身式穿戴设备中模拟一些环境温度变化的场景（例如，太阳出现或者靠近火山等场景）；伤害感受器负责感受疼痛；机械刺激感受器负责感受压力，皮肤受到的压力会被感知，研究这类感受器同样也适用于全身式"深度模拟"，如虚拟潜水模拟、虚拟太空舱模拟等。上述的典型应用逐渐体现了触摸感和力反馈的互为融合过程。力反馈是力觉感知的核心基础和重要内容。力觉感知一般指的是皮肤深层的肌肉、肌腱和关节运动感受到的力量感和方向感，研究这方面的感知体系可以帮助参与者获取人对力学的感知，例如，参与者带上具有力反馈和触觉的手套之后，可以"扭动门的把手"，可以"开启和关闭设备开关"。借助力触觉人机交互设备，力触觉再现技术能够提供使用者与虚拟环境之间的力触觉交互，使用者能够主动地触摸、感知和操纵虚拟物体，从而有效增强了虚拟现实等系统的真实感和沉浸感（陆熊等，2017）。当然，现存的虚拟现实系统在触觉和力觉的接口暂时处于发展阶段，未来兼具"沉浸感""触碰感""力反馈"的虚拟现实应用，更需要一方面去研究人类的基本感知体系，一方面制造出更优秀的硬件设备。

4.3.2.3　基于虚拟现实/增强现实/混合现实的虚实融合交互

虚拟现实（virtual reality，VR）技术作为人机交互领域的新技术，为人机交互的研究和应用商业化开辟了新的领域。虚拟现实技术起源于 20 世纪末，它以生动的三维表现形式，自然的人机交互方式改变了人与计算机交互中获取信息的交互现状（娄岩，2016）。虚拟现实是一种可以创建和体验虚拟世界的计算机系统，借助于多模态的感知交互设备，通过视觉、听觉、触觉、嗅觉等作用于用户，力求为用户提供身临其境的感觉的交互式视景仿真（汪成为等，1996）。虚拟现实技术诞生于计算机实验室，却不仅仅服务于计算机领域，由于出色的"3I"

特征:沉浸感(immersion)、交互性(interaction)和构想性(imagination),虚拟现实技术已经在各个领域产生了深远的影响,包括但不限于游戏领域、医疗领域、设计领域,甚至房地产等商业领域。人机交互是虚拟现实为用户提供体验、走向应用的核心环节。在交互设备支持下能以简捷、自然的方式与计算机所生成的"虚拟"世界对象进行交互作用,通过用户与虚拟环境之间的双向感知建立起一个更为自然、和谐的人机环境。

进入 20 世纪末,随着个人计算机设备的普及和计算机运算性能的提高,虚拟现实技术进入高速发展时代,逐渐出现了很多专注于虚拟现实技术的科技公司;进入 21 世纪,借助于互联网的发展机遇,虚拟现实技术更是分别于 2009 年左右和 2015 年左右迎来了两轮发展高峰。同时,基于网络的全景直播技术已经走进我们的身边,使用全景直播代替传统电视转播的情境应用比比皆是。

增强现实(augmented reality,AR),是一种实时地计算摄影机影像的位置和角度并加上相应图像的技术,这种技术的核心是将虚拟技术合成到真实世界中并产生互动(娄岩,2016),简言之,就是把虚拟世界的东西叠加到现实世界中。2016 年,日本任天堂公司推出的 Pokemon Go(中文名为"精灵宝可梦 Go")手游就是运用 AR 技术,使玩家可以通过手机屏幕在现实环境里发现精灵,在最疯狂的时候,即使是深夜,大街小巷到处是出来"抓精灵"的人。这款游戏的核心技术,正是应用了基于位置的服务(location based service,LBS)的 AR 技术。

目前对于增强现实有两种通用的定义。一种是美国北卡罗来纳大学 Ronald Azuma 在 1997 年提出的,他给出的是描述性的定义,他认为增强现实有如下三个特点:三维、即时互动、将虚拟物体与现实结合。另外一种定义是 Paul Milgram 和 Fumio Kishino 在 1994 年提出的一套系统——虚拟连续系统(Milgram's Reality-Virtuality Continuum)中定义的:把虚拟环境和真实环境分别作为连续系统的两端,它们的中间地带成为"混合现实"(mixed reality),其中靠近虚拟环境的是虚拟现实(virtual reality),靠近真实环境的是增强现实(augmented reality)。

混合现实,是虚拟现实技术的进一步发展,在现实世界、虚拟世界和用户之间搭起一个交互反馈的信息回路,是合并现实和虚拟世界而产生的新的可视化环境。这种技术实际上是把真实世界和虚拟世界进行融合,把虚拟信息叠加到现实世界上产生虚实结合的效果。

增强现实与混合现实一个共同的重要特征就是虚实融合,以增强现实的应用为例进一步详细阐述基于增强现实的三个特征:虚实结合、实时交互、三维注册。

虚实结合:用户既能看到真实存在的场景,又能同时看到计算机生成的虚拟世界,两种场景通过精密的计算叠加在一起,融合为一体,给人带来所看到的世界被"增强"了的效果。其中很关键的一点是这种视觉冲击需要真实到让用户相信所看到的虚拟场景和真实场景存在于同一时空当中。需要说明的是,所谓

"看到"真实场景,可以用肉眼直接看到,也可以先用摄影设备将用户本应看到的场景采集,待合成了虚拟场景以后,再一起呈现给用户,由于去掉了虚拟场景以后的结果和肉眼看到的将是一致的,所以这也称"看到"真实世界。

实时交互:如果仅仅做到场景的叠加,那么增强现实所带来的科技感和真实感将大大降低,因为最终的目的是让用户相信所看到的虚拟场景和他所处的真实环境出于同一个三维空间,既然真实空间的物体除了能被看到,还能被触摸,物体能被移动,气味能被闻到,声音能被听到,那么来自计算机生成的(如视图里的)场景,应该能用某种方式和用户产生互动。例如,在一个虚拟家居系统中,除了能在手机屏幕中看到真实的房间,还能看到你还未添置的虚拟家具家电,能看到这些家居设置的摆法是否和环境相适应,还能用手在屏幕上去"触碰"这些家居,通过触摸交互的方式改变它的位置,这样的交互能增强虚拟物体的存在感,并且使得虚拟场景不但是能看到的"摆设",也能像真实物体一样被"拿起""触碰"。

三维注册:这个名词不同的学者会对它有不同的称呼,但是其核心特点是精准地将虚拟场景叠加在真实场景中,例如,在一个虚拟手术系统中,随着手的移动,真实世界中不存在的"虚拟手术刀",就应实时"跟随"你的双手,实时地出现在你的手拿刀的部位,那么这其中涉及的关键技术就是追踪(tracking)技术或者用户姿态获取技术,一个增强现实系统,只有当实时、精确地获取了用户的姿态,该追踪点的位置,才能知道应该将待添加的虚拟场景放在哪,进而通过场景合成手段,进行虚实融合。

4.3.3　虚拟地理环境与虚实交互

在虚拟地理环境(VGE)的发展过程中,自然高效的人机交互一直是其研究的核心内容之一(袁帅等,2018),这为虚拟地理环境的"虚"拟场景与地理现"实"的虚实交互创造了更高层次的体验与尝试。就理论研究层面而言,林珲和朱庆(2005)从地理学语言演变的角度出发,诠释了面向用户的自然有效交流方式与表达形式是VGE区别于其他语言形式的最重要特征。基于系统论的角度,贾奋励等(2015)指出,VGE的"感觉相似"是产生沉浸感的重要因素,也是VGE区别于其他空间认识工具的关键。进一步,面向虚拟地理实验的视角,林珲和陈旻(2014)强调VGE互动环境构建是虚实融合地理实验的内在基础与重要前提。此外,众多学者一方面遵循研究者所倡导的"既强调身临其境之感,又追求超越现实的理解",另一方面从更具体的细节层次上补充和完善VGE的虚实交互理论:如面向VGE地理设计的吸引度评价因子研究(林天鹏等,2014),军事指挥人员空间认知规律的VGE交互设计方法(胡香等,2017),城市VGE模型中的代理人与周围环境的交互方式和虚拟地理环境中基于语义的三维交互技术与方法(魏勇,2012)。

就实际应用层面,虚拟地理环境已经在场景漫游、虚拟城市、作战模拟、灾害模拟、应急反应等领域得到较为广泛的应用(胡碧松等 2009;唐丽玉等,2012)。面向交互式系统设计,周洁萍等(2005)以陕西绥德韭园沟小流域淤地坝坝系规划为例建立原型系统,基于现实中人与人以及人与环境之间的互动方式,对协同 VGE 中多用户的交流交互方式进行了初步实验。郑炼功(2017)研究了协同虚拟战场研讨环境并开发出了原型系统,该系统能支持多用户"浸入"虚拟战场环境中,在很大程度上解决了真实作战训练中的许多实际问题。面向珠江三角洲的空气污染模拟,Xu 等(2011)建立多用户交互虚拟模拟平台,支持处于不同地理位置的用户同时进入 VGE 中开展大气污染扩散的协同仿真与操作。龚建华(2013)与江辉仙(2014)分别以洪水演进自然地理过程、人群活动人文地理过程和福建海坛岛半洋石帆海蚀地貌发育实验为案例,初步尝试了实验者建立与化身的动态联系,并利用化身以观测者或者参与者身份操纵虚拟场景与实验。袁帅等(2018)基于多通道感知设备,设计并实践了沉浸式多人协同交互系统,为研发与实现城市建设规划、虚拟地质教学和战场态势感知等诸多领域中的沉浸式多人 VGE 应用提供了新的有效方法。

4.4　面向虚拟蓝洞实验室的虚实交互探索

4.4.1　蓝洞研究背景

本节拟结合笔者实际参与的科研考察项目,通过实际案例"虚拟蓝洞实验室"来探讨虚拟地理环境的虚实交互特征。蓝洞或海洋蓝洞被定义为一种水下沉洞,其入口出现在海洋中的碳酸盐岩表面,蓝洞是一种十分罕见的自然地理现象,常被形容为"留给人类保留宇宙秘密的最后遗产"。2016 年 7 月,来自我国的研究人员宣布,在我国南海西沙永乐岛水域新发现了世界上已知最深的海洋蓝洞,并命名为"龙洞"。根据 2016 年 7 月 5 日三沙市政府生态环境保护专家委员会评审意见,三沙永乐龙洞深度为"世界海洋蓝洞之最""是具有极高价值的独特海洋地貌单元""在维护国家主权和海洋权益、开展海洋科学研究、传播海洋文化、支撑海洋工程建设等方面意义重大"。为了更多地了解这个特殊的自然地理单元,笔者参与的科研团队一起参与设计并实施了一系列基础信息调查工作。在调研中,使用了美国 VideoRay 公司生产的水下遥控潜水器(ROV)从蓝洞内部收集了包括影像资料、生物化学标本、声呐反馈等多种形式的数据。在调研过程之初,确定了首要任务是基于水下声呐信息建立 3D 模型,通过对蓝洞的三维重建,更好地理解其内部地形。进一步,为实现辅助其他学科科研工作者的目的,结合虚拟地理环境的理论,笔者提出了虚拟蓝洞实验室(virtual bluehole laboratory,VBL)的概念,并给出了该系统的具体设计。集成多通道感知和虚拟现实技术的 VBL 能够服务和支持蓝洞的其他相关研究,有助于理解蓝洞,以便更好地保护蓝洞。VBL 不仅是一种新的数据可视化方式,也是一种新型的地理协作和仿真平台,同时它也是一个类似数字博物馆的蓝洞知识库。

4.4.2 虚拟蓝洞多维表达

所谓多维表达,即静态的场景表达和随时间与外部条件变化而变化的动态表达之可视化(分析)方法。朱庆等(2017)将可视化分析分为描述型可视化分析、解释型可视化分析和探索型可视化分析三种。基于当前亟待解决的问题,笔者对虚拟蓝洞多维表达的第一步就是利用已收集的声呐数据对蓝洞内部结构进行三维建模重建工作,并将其分为以下几个步骤:

1)根据 ROV 声呐数据源,基于专业软件生成扫描声呐图像

ROV 搭载的声呐扫描系统(图 4.9)会在声呐运转的过程中实时记录扫描结果,并保存为文件名后缀为".V4LOG"的日志文件,该文件中记录了一个时间段内声呐扫描的所有信息。通过该声呐系统指定的解码软件 Tritech Seanet Pro,实时的扫描轮廓图能够再现(图 4.10),这些扫描轮廓图包含了建模所需的最重要信息,即某一固定深度的横截面轮廓。笔者通过以一定的深度间隔收集扫描轮廓图来达到收集整个蓝洞三维特征的目的。

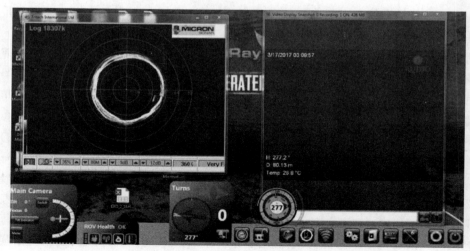

图 4.9 声呐扫描系统界面

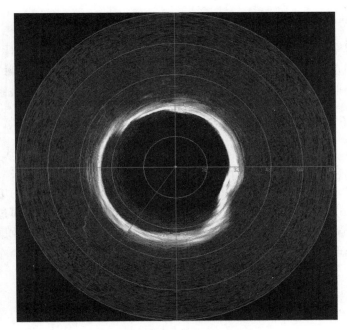

图 4.10　扫描轮廓示意图（参见书末彩插）

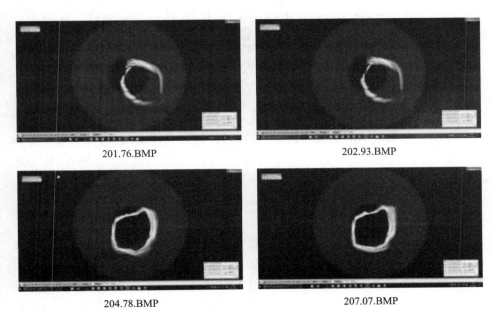

201.76.BMP　　　　　　　　　　　　　　202.93.BMP

204.78.BMP　　　　　　　　　　　　　　207.07.BMP

图 4.11　不同深度的扫描轮廓（参见书末彩插）

2）处理扫描声呐图像，获取特定深度的扫描轮廓平面坐标

在收集了一系列的扫描轮廓后（图 4.10 和图 4.11），为实现坐标提取，建立扫描轮廓图在计算机显示系统的坐标和扫描目标点（蓝洞内壁轮廓）在二维平面之间的映射关系，进而结合深度信息，建立起与空间位置的映射关系。

3）将不同层的平面坐标收集为点云文件

通过人工选取图片轮廓和编程实现映射关系以及组织数据形式，得到基于真实空间坐标系的点云文件，欲以该数据建立三维模型。首先需要对数据进行整理和过滤，采用约束泊松碟采样（constrained poisson-disk sampling）方法来避免人为局部采集过密或过稀疏的问题。从点云文件到三维模型的建模过程采用的是滚球法（ball pivoting）算法（Bernardini et al.，1999），从二维声呐数据到三维模型的数据处理流程如图 4.12 所示。

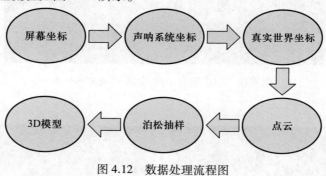

图 4.12　数据处理流程图

4）利用点云文件生成三维表面

在经过一系列繁杂的处理以后，得到初步的静态建模结果，其中包括蓝洞"虚拟内表面"的建模结果（图 4.13）蓝洞洞口的三维可视化结果（图 4.14）和蓝洞洞口的坡度坡向分析（图 4.15）。需要指出的是，这些结果不同于 Ball Pivoting 算法直接生成的结果，需要经过诸如法向量反向的多余碎片以及平滑处理过程，实现表面的优化处理（图 4.14）。

此外，地理空间上由于蓝洞被珊瑚礁所包围，将蓝洞的虚拟内（外）表面定义为蓝洞中的水和珊瑚礁相遇的边界表面，这是所有内"墙"的集合。同时为虚拟内表面生成了 3D 模型，并在 Meshlab 软件中对其进行可视化，如图 4.16 所示。在该三维静态表示中，X 轴以红色表示，其正方向指向正东方向，Y 轴用绿色表示，其正方向指向正北方向，Z 轴用蓝色表示，其正方向指向垂直于并远离地面的方向。

与传统的三维表示有稍许不同的是，这种查看方式不仅可以用静态的三维

不规则表面

图 4.13　三维建模结果优化示例(参见书末彩插)

图 4.14　蓝洞洞口三维可视化结果(参见书末彩插)

感官对整体蓝洞形态产生空间认知,还可以通过放大、缩小和旋转来查看蓝洞局部细节。除此之外,还可以通过自定义平面和三维模型的空间关系来"切割"蓝洞模型,从而了解内部细节,认知倾斜方向等(图 4.17)。需要说明的是,这个初步结果依赖于 3D 可视化"Meshlab"的开源框架工作,并基于强大的"vcglib"和"OpenGL"图形库基础。

在虚拟蓝洞多维表达中,除了"描述型"可视化表现,还有"解释型"可视化。如图 4.18~图 4.20 所示,可通过对某些水下重要指标的三维展示来增强使用者对这些动态变量的空间认知。在以下可视化结果中,从红色到蓝色表示从高值到低值的过度。从中很容易地找出关键指标,如 pH、浊度、叶绿素浓度、蓝绿藻均呈现规律分布。存在生命的一个关键因素是溶解氧含量,有氧和厌氧环境之间存在稳定和清晰的边界,必然导致需氧和厌氧动物和植物,形成独特的水下环境层级。从研究收集的生物样本中发现,在好氧-厌氧边界下面存在厌氧微生物,那么如何将物种的多样性信息融合在一个科研平台里面,进而为相关领域的专业人士提供参与更多研究计划的机会,这是 VBL 平台设计中需要考量的重要变量。

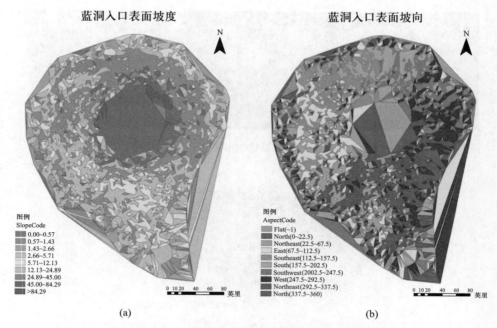

图 4.15   蓝洞洞口的坡度、坡向分析(参见书末彩插)

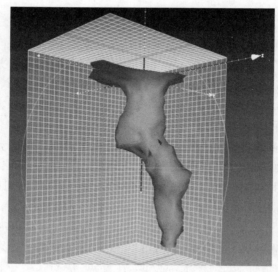

图 4.16   蓝洞的三维模型(参见书末彩插)

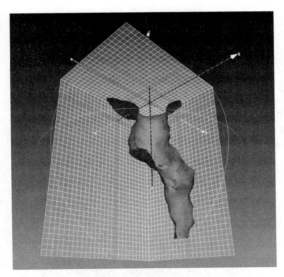

图 4.17　蓝洞内部剖面图三维展现(参见书末彩插)

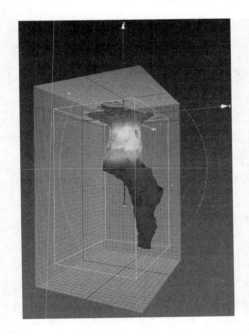

图 4.18　蓝洞内部水体 pH 的可视化效果
(参见书末彩插)

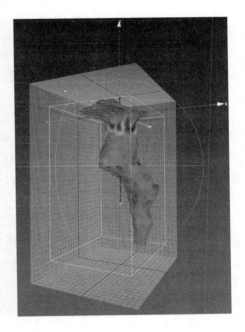

图 4.19　叶绿素浓度的可视化效果
(参见书末彩插)

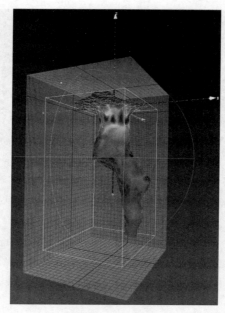

图 4.20   蓝洞内部蓝绿藻的可视化结果（参见书末彩插）

4.4.3   基于多通道感知的虚实交互实验平台

虚实交互实验平台（以下简称"平台"）定位于如下几点功能：①集成并维护现有已知蓝洞研究结果；②面向大众、科研工作者、政府官员政策制定者三类潜在用户提供逼近真实的虚拟现场漫游体验；③为科研工作者提供数据分析和可视化工具；④为科研工作者提供模拟以及跨学科的协同平台。下面将逐一详细介绍。

平台由硬件部分和软件部分组成，硬件部分包括 HTC Vive 虚拟现实眼镜套装一套，使用 Windows 10 操作系统的电脑，其硬件配置如下：CPU：i7 8700K；内存：16G DDR4；硬盘：Samsung 840 SSD 120G；显卡：技嘉 GTX 1080T，显示设备包含一台常规显示器以及一套三星无界显示墙设备（主要用于面向公众和政府部门的参观以及协同工作平台的远程会议功能）。主要软件部分包括 Windows 10 操作系统、Unity 3D、HTC Vive 设备驱动程序和运行环境等。

在前面的章节中已介绍多通道感知技术，并介绍了一些实现多通道感知所需的软硬件设备，作为一个虚拟实验平台，虚实交互的操作体验必不可少，为了实现此目的，工作步骤如下：

第一步是搭建一个初步的交互式虚拟环境。交互式 3D 虚拟环境是地理多维表现的另一种重要表现形式,它允许用户从第一人称视角参与和体验系统,如同身临其境,从而建立更快、更深刻的认知体验。实现第一视角的方式是在系统中建立虚拟化身人(Avatar),可以由用户通过计算机输入命令操纵,控制化身人前进、后退、游泳、潜水,甚至开动停在岸边的小艇(图4.21)。

图4.21 在虚拟环境中,蓝洞的入口的场景

在这个基于 Unity 3D 的第一人称交互式虚拟环境中,将已经完成的蓝洞三维模型集成进来,引入了化身人这种类游戏化的交互方式,使用者可以自行在虚拟场景中漫游,甚至可以"潜入蓝洞",去探究水下的海洋世界。

在基本的虚拟常见搭建完成以后,第二步就是基于这个虚拟场景,结合一些虚拟现实或者体感交互设备,搭建一个沉浸式交互虚拟环境。基于 Unity 平台和 HTC Vive 虚拟现实设备,将用户以第一视角放入该虚拟环境中,在虚拟现实设备的帮助下,用带有空间定位功能的手柄操作代替敲击键盘,通过调整头部的方向即可直接切换环境内部视角方向,通过手柄发出射线精准地指向虚拟场景中的物体可以查看详细的物体(如岩石、鱼类)介绍。基于 HTC Vive 设备内置传感器提供的多通道感知模块,上述交互方式在体验上和效率上相较于传统的虚拟场景都得以提升。这些用户与系统之间的感知过程包括:通过 VR 头盔镜头实现的视觉感知,通过 VR 头盔的耳机实现的听觉感知,以及通过传感器手柄实现的触觉感知(图4.22)。

为了给科研工作者提供数据分析和可视化工具,虚拟蓝洞实验室拟搭建 Web 端的数据管理平台,拟采用如图4.23~图4.24所示的界面设计。

设计的实验平台其核心功能定位于服务科学实验和科学研究。由于蓝洞内部仍有大量未解之谜,研究的第一步是维护有关蓝洞的已知发现,平台使用流程概括如图4.25所示。

平台采取版本管理系统,同时维护多个基于已知发现的场景版本。用户使用该平台之前需要使用账号登录系统,如果是大众用户自行注册,只能查看科研

图 4.22　沉浸式虚实交互平台

图 4.23　虚拟蓝洞实验室 Web 端界面设计之一

人员对外公开的版本;如果是受邀的研究人员,则需要对该研究人员的权限进行分类。对于管理员级别的研究人员,可以针对已经验证的探明新发现,有权限对现有对外公开版本进行添加、更新、删除场景等操作;对于普通的研究人员,则仅能够基于当前公开版本创建的一个副本,进行模拟研究。在该副本系统中,研究人员可以对场景进行任意的添加、更新和删除操作。

　　除了以场景为主的数据管理平台,蓝洞内部重要物理化学指标的可视化和分析工具也是重要的功能模块。在可视化模块里,平台提供折线图、柱状图、3D

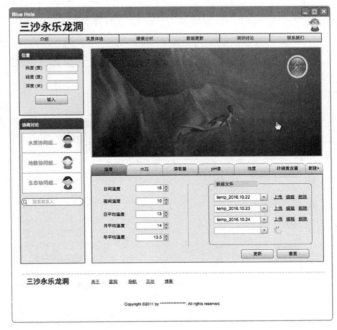

图 4.24　虚拟蓝洞实验室 Web 端界面设计之二

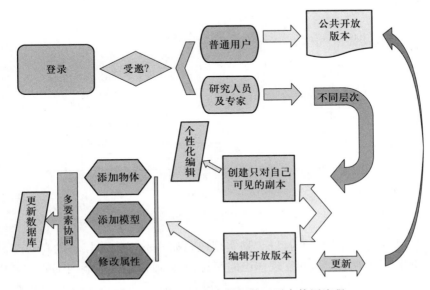

图 4.25　虚拟蓝洞实验室数据管理平台使用流程

渲染可视化等多种可视化方案（图 4.26 和图 4.27）。在数据分析模块里，平台提供数理统计、回归分析或基于深度学习的分类和预测工具。

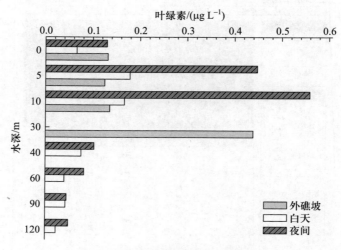

图 4.26　关键指标柱状图可视化举例

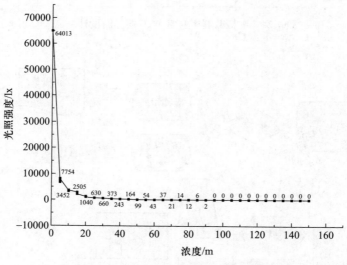

图 4.27　关键指标折线图可视化举例

对于模拟和协同平台的目标，是实现以科研实验平台为核心的科研工具系统，帮助平台从展示知识到发现知识的跨越，实验可以包括蓝洞内部的物理化学反应模拟，生物多样性模拟，或者是一些外部干扰下蓝洞内部变化的模拟。例如，针对拟调来大型设备在蓝洞附近水域进行科考辅助，这样的大型设备运输和部署是否会引起蓝洞周围水域或者珊瑚礁的破坏，是否会引起蓝洞内部水体的剧烈扰动和水体交换；又例如，蓝洞内部发生滑坡的速率如果加快，是否会引起堵塞和塌方现象。这些都是模拟模块拟解决的问题。平台不仅着眼于解决单个问题，更力求建立一个专家知识库，例如，蓝洞能承受多大重量、多大发动机功率的水下机器人而不受影响，诸如此类的信息可以通过专家知识系统的方式，获得快速查询和模拟分析等，进而为政策和研究计划制定提供参考依据。

4.4.4　面向虚拟蓝洞实验室的研究展望

笔者在此回顾一下虚拟蓝洞实验室的研究过程，相关研究工作的目标如下：首要目标是生成蓝洞的三维模型，力求尽可能真实地三维重建蓝洞场景。为实现这一点，将收集的原始声呐数据源数字化，这部分的工作其实相当烦琐，通过人工采样特征和计算机编码的形式完成。次要目标是建立虚拟蓝洞实验室。它具有如下四方面特征：①生动地显示和可视化整个三维模型框架，并将真实媒体资料融入虚拟场景中。②集成多学科工作成果的科研平台，用于维护和可视化蓝洞内的各种物理、化学和生物信息。③为参与永乐蓝洞（龙洞）相关研究工作的所有研究人员提供模拟和协作平台，基于该平台可以展开协同科研工作。④面向公众认知的虚拟蓝洞认知平台，基于时空序列的数字蓝洞博物馆，可以帮助大众深入了解蓝洞，并希望揭示更多关于物种起源和进化的未知奥秘，提高使用者保护蓝洞和地球生态环境的意识。

本实验工作的主要贡献和创新可归纳如下：

（1）关于蓝洞地形的认知。研究人员可通过三维建模结果认知整个蓝洞的基本形状，进一步可以确认在蓝洞 150 m 深度左右存在一个急剧的弯折，这是蓝洞内部最脆弱和需要保护的部分。为保障基础调研工作不对蓝洞内部的环境和结构造成影响，研究人员设计了一个环境友好的调查方案，随着调查工作的完成能够尽最大可能保证蓝洞恢复原状。

（2）为了更多地了解蓝洞内部的变化，对测量到的关键化学和物理指标进行可视化，拟进行跨学科分析，揭示各个指标层次化的结构。

（3）虚拟蓝洞实验室的最终目的是提供服务和支持其他研究者的科研工作，通过建立沉浸式虚实交互体验、可视化和协作平台，乃至类似博物馆的数字实验室，来完成其服务科研工作者和普通大众的多层次需求。

海洋蓝洞常常被描述为一个天然海洋博物馆，笔者的设计是对蓝洞内部的局部地理发现建立一个可维护的数字化单元，并像博物馆存储和展示珍贵文物一样保存并组织它们。永乐蓝洞（龙洞）对于我国乃至整个人类来说都是独一无二的，在了解它的过程中，平台的使用者将学习如何保护它，甚至揭示某些物种的起源和演变以及更多的奥秘，探索人类和我们星球的过去。这些可以概括为一系列步骤:"收集""存储""展览""理解""保护"。基于虚拟蓝洞实验室的概念,它以一个完整的 VGE 系统为基石,拟做到支持数据可视化和协同仿真和建模,从而整合不同研究人员的成果并协助科研工作者协同工作。此外,本团队研究蓝洞的整体过程将成为一个很好的案例并力求提供给相关单位借鉴,为其他深海洞穴调查,三维建模和展示形成一套相对成熟和完整的解决方案。该案例中的研究成果是我国学者在世界范围内的蓝洞考察和调研的重要探索性实践。

4.5 后　　语

作为虚拟地理环境的研究对象,地理场景(闾国年等,2018)可以看作"人和自然因素、社会因素以及其相互关系和相互作用的特定的区域综合,在综合地理时空数据分布特征、地理现象动态生成以及地理规律和规则表达方面具备明显突出于传统地图更偏重空间位置和属性特征的单一表达的特点。"

地理场景的虚实交互概念借鉴自虚拟地理环境的交互组件。地理场景的多维表达能够通过视觉帮助人类建立直观的感知、认知及理解环境的窗口。而人类感知信息、认知信息的渠道,除了依靠眼睛的视觉之外,还包括触觉、嗅觉、听觉等多种感知通道。虚拟地理环境的交互组件正不断尝试建立这种多感知通道融合的感知认知环境。虚拟现实增强现实混合现实的快速发展,推动了面向多种感知通道表达技术的发展,但是面向地理场景的特殊性,也就是动态性、综合性、感知有限性(地理环境中有一些信息不可被感知,但确实存在,特定场合下需要被表达与感知,如磁场、电场等),相关技术还有待完善(林珲等,2018)。进一步,更强调面向以"人"为认知主体参与到地理场景认知过程中的虚拟地理环境,能够为实现更加自然交互的地理场景驱动的地理分析与探索提供便捷条件。

参 考 文 献

龚建华. 2013. 论虚拟地理实验思想与方法. 测绘科学技术学报,30(4):399-408.

龚建华,周洁萍,张利辉. 2010. 虚拟地理环境研究进展与理论框架. 地球科学进展,25(9): 915-926.

胡碧松,龚建华,曹务春,方立群. 2009. 协同疾病监测与处置系统的设计与实现. 计算机工程,35(22):10-12,16.

胡香,巩保胜,胡建磊,王永安. 2017. 面向军事指挥人员空间认知规律的虚拟地理环境设计研究. 测绘与空间地理信息,40(10):129-131,134.

华一新. 2016. 全空间信息系统的核心问题和关键技术. 测绘科学技术学报, 33(4):331–335.

贾奋励, 张威巍, 游雄. 2015. 虚拟地理环境的认知研究框架初探. 遥感学报, 19(2):179–187.

贾金原, 王伟, 王明飞, 范辰, 张晨曦, 俞阳. 2014. 基于多层增量式可扩展扇形兴趣区域的大规模 DVE 场景对等渐进式传输机制. 计算机学报, 37(6):1324–1334.

江辉仙. 2014. 地理环境虚拟实验系统. 实验室研究与探索, 33(11):62–66,76.

林珲, 朱庆, 陈旻. 2018. 有无相生 虚实互济——虚拟地理环境研究 20 周年综述. 测绘学报, 47(8):1027–1030.

林珲, 陈旻. 2014. 利用虚拟地理环境的实验地理学方法. 武汉大学学报(信息科学版), 39(6):689–694,700.

林珲, 朱庆. 2005. 虚拟地理环境的地理学语言特征. 遥感学报, 9(2):158–165.

林天鹏, 林珲, 胡明远, 施家城. 2014. 基于虚拟地理环境平台的地理设计研究. 中国园林, 30(10):18–21.

娄岩. 2016. 虚拟现实与增强现实技术概论. 北京: 清华大学出版社.

陆熊, 陈晓丽, 孙浩浩, 赵丽萍. 2017. 面向自然人机交互的力触觉再现方法综述. 仪器仪表学报, 38(10):2391–2399.

闾国年, 俞肇元, 袁林旺, 罗文, 周良辰, 吴明光, 盛业华. 2018. 地图学的未来是场景学吗? 地球信息科学学报, 20(1):1–6.

孟祥旭, 李学庆, 杨承磊, 王璐. 2016. 人机交互基础教程. 北京: 清华大学出版社.

任磊, 杜一, 马帅, 张小龙, 戴国忠. 2014. 大数据可视分析综述. 软件学报, 25(9):1909–1936.

唐丽玉, 林定, 黄洪宇, 邹杰, 陈崇成, 杜云虎. 2012. 基于虚拟植物的幼龄杉木生长模拟. 地球信息科学学报, 14(5):569–575.

汪成为, 高文, 王行仁. 1996. 灵境(虚拟现实)技术的理论、实现及应用. 北京: 清华大学出版社.

王家耀, 武芳, 郭建忠, 成毅, 陈科. 2017. 时空大数据面临的挑战与机遇. 测绘科学, 42(7):1–7.

魏勇. 2012. 虚拟地理环境中基于语义的三维交互技术研究. 解放军信息工程大学硕士研究生学位论文.

袁帅, 陈斌, 易超, 徐丙立. 2018. 虚拟地理环境中沉浸式多人协同交互技术研究及实现. 地球信息科学学报, 20(8):1055–1063.

曾芬芳, 梁柏林, 刘镇, 王建华. 2000. 基于数据手套的人机交互环境设计. 中国图象图形学报, (2):67–71.

翟巍. 2003. 三维 GIS 中大规模场景数据获取、组织及调度方法的研究与实现. 大连理工大学博士研究生学位论文.

张睿, 张锡恩. 2005. 虚拟场景中基于数据手套的交互方法. 计算机工程, 12:223–225.

郑炼功. 2007. 协同虚拟战场研讨环境构建理论及技术研究. 解放军信息工程大学硕士研究生学位论文.

周成虎. 2015. 全空间地理信息系统展望. 地理科学进展, 34(2):129–131.

周洁萍, 龚建华, 陈铮, 杜蔚. 2005. 协同虚拟地理环境中多用户交流交互模式及实现. 地理与地理信息科学, 21(5):33–37.

朱庆, 付萧. 2017. 多模态时空大数据可视分析方法综述. 测绘学报, 46(10):1672–1677.

Amar, R., Eagan, J.,Stasko, J. 2005. Low-level components of analytic activity in information vi-sualization.IEEE Symposium on Information Visualization. Minneapolis, MN, USA.

Andrienko, N., Andrienko, G., Gatalsky, P. 2003. Exploratory spatio-temporal visualization: An analytical review. *Journal of Visual Languages & Computing*, 14(6): 503-541.

Bai, X., White, D.,Sundaram, D. 2013. Context adaptive visualization for effective business intel-ligence.15th IEEE International Conference on Communication Technology. Guilin,China.

Bernardini, F., Mittleman, J., Rushmeier, H., Silva, C.,Taubin, G. 1999. The ball-pivoting al-gorithm for surface reconstruction. *IEEE Transactions on Visualization and Computer Graphics*, 5(4): 349-359.

Beyer, J.,Hadwiger, M.,Pfister, H. 2015. State of the art in GPU-based large-scale volume visual-ization. *Computer Graphics Forum*, 34(8):13-37.

Brehmer, M., Munzner, T. 2013. A multi-level typology of abstract visualization tasks. *IEEE Transactions on Visualization and Computer Graphics*, 19(12): 2376-2385.

Chen, J., Li, M.,Li, J. 2015. An improved texture-related vertex clustering algorithm for model simplification. *Computers & Geosciences*,83:37-45.

Chen,J., Li,J., Li, M. 2016. Progressive visualization of complex 3D models over the internet. *Transactions in GIS*, 20(6):887-902.

Coors,V. 2002. Resource-adaptive interactive 3d maps. Proceedings of the 2nd international sympo-sium on smart graphics. New York, USA.

Döllner, J. 2007. Non-photorealistic 3D geovisualization. In: Cartwright, W., Peterson, M. P., Gartner, G. (Eds.). *Multimedia Cartography*. Berlin, Heidelberg: Springer: 229-240.

Evangelidis, K., Ntouros, K., Makridis, S.,Papatheodorou, C. 2014. Geospatial services in the Cloud. *Computers & Geosciences*, 63:116-122.

Evans, A., Romeo, M., Bahrehmand, A., Agenjo, J.,Blat, J. 2014. 3D graphics on the Web: A survey. *Computers & Graphics*, 41(1):43-61.

Fox, P., Hendler, J. 2011. Changing the equation on scientific data visualization. *Science*, 331(6018):705-708.

Freedman, B., Shpunt, A., Machline, M., Arieli, Y. 2013. Depth mapping using projected pat-terns. https://patents.google.com/patent/US8150142B2/en. [2019-07-02]

Hähnle, R.,Johnsen, E. B. 2015. Designing resource-aware cloud applications. *Computer*, 48(6): 72-75.

Jobst, M., Kyprianidis, J. E.,Döllner, J. 2008. Mechanisms on graphical core variables in the de-sign of cartographic 3D city presentations. In: Moore, A., Drecki, I.(Eds.). *Geospatial Vision*. Berlin, Heidelberg: Springer: 45-59.

Kang, L., Xu, J., Yang, C., Yang, B.,Wu, L. 2010. An efficient simplification and real-time rendering algorithm for large-scale terrain. *International Journal of Computer Applications in Tech-nology*, 38(1-3): 106-112.

Kim, K. S.,Lee, K. W. 2012. Visualization of 3D terrain information on smartphone using HTML5 WebGL. *Korean Journal of Remote Sensing*, 28(2): 245-253.

Krämer, M., Gutbell, R. 2015. A case study on 3D geospatial applications in the web using state-of-the-art WebGL frameworks. The 20th International Conference on 3D Web Technology. New York, USA.

Li, J., Jiang, Y., Yang, C., Huang, Q., Rice, M. 2013. Visualizing 3D/4D environmental data using many-core graphics processing units (GPUs) and multi-core central processing units (CPUs). *Computers & Geosciences*, 59:78-89.

Li, J., Wu, H., Yang, C., Wong, D.W., Xie, J. 2011. Visualizing dynamic geosciences phenomena using an octree-based view-dependent LOD strategy within virtual globes. *Computers & Geosciences*, 37(9):1295-1302.

Li, X., Lv, Z., Hu., J, Zhang, B., Shi, L., Feng, S. 2015. XEarth: A 3D GIS platform for managing massive city information. 2015 IEEE International Conference on Computational Intelligence and Virtual Environments for Measurement Systems and Applications (CIVEMSA). Shenzhen, China.

Li, Z., Ti, P. 2015. Adaptive generation of variable-scale network maps for small displays based on line density distribution. *GeoInformatica*, 19(2):277-295.

Liu, M., Zhu, J., Zhu, Q., Qi, H., Yin, L., Zhang, X., Feng, B., He, H., Yang, W., Chen, L. 2017. Optimization of simulation and visualization analysis of dam-failure flood disaster for diverse computing systems. *International Journal of Geographical Information Science*, 31(9): 1891-1906.

Liu, X., Xie, N., Tang, K., Jia, J. 2016. Lightweighting for Web3D visualization of large-scale BIM scenes in real-time. *Graphical Models*, 88:40-56.

Maglo, A., Lavoué, G., Dupont, F., Hudelot, C. 2015. 3d mesh compression: Survey, comparisons, and emerging trends. *ACM Computing Surveys*, 47(3):1-41.

Martin, I. M. 2000. Adaptive rendering of 3D models over networks using multiple modalities. http://citeseerx.ist.psu.edu/viewdoc/download? doi = 10.1.1.203.2569&rep = rep1&type = pdf. [2019-04-07]

Mason, A. E. W., Blake, E. H. 2001. A graphical representation of the state spaces of hierarchical level-of-detail scene descriptions. *IEEE Transactions on Visualization and Computer Graphics*, 7(1):70-75.

Montuschi, P., Sanna, A., Lamberti, F., Paravati, G. 2014. Human-Computer interaction: Present and future trends. https://www.computer.org/publications/tech-news/computing-now/human-computer-interaction-present-and-future-trends. [2019-06-12]

Moser, J., Albrecht, F., Kosar, B. 2010. Beyond visualisation-3D GIS analyses for virtual city models. *Photogrammetry, Remote Sensing and Spatial Information Sciences*, 38(4):143-146.

Nazemi, K. 2016. *Adaptive Semantics Visualization*. Cham, Switzerland: Springer.

Peters, S., Jahnke, M., Murphy, C. E., Meng, L., Abdul-Rahman, A. 2017. Cartographic enrichment of 3D city models—State of the art and research perspectives.In: Abdul-Rahman, A. (Ed.).*Advances in 3D Geoinformation*. Cham, Switzerland: Springer: 207-230.

Petring, R., Eikel, B., Jähn, C., Fische, M., Heide, F.M. 2013. Real-time 3D rendering of heterogeneous scenes. In: Bebis, G., Boyle, R., Parvin, B., Koracin, D., Li, B., Porikli, F., Zordan, V., Klosowski, J., Coquillart, S., Luo, X., Chen, M., Gotz, D. (Eds.). *Advances in Visual Computing*. Berlin, Heidelberg: Springer: 448-458.

Pike, W. A., Stasko, J., Chang, R., O´connell, T. A. 2009. The science of interaction. *Information Visualization*, 8(4): 263-274.

Resch, B., Wohlfahrt, R., Wosniok, C. 2014. Web-based 4D visualization of marine geo-data using WebGL. *Cartography and Geographic Information Science*, 41(3): 235-247.

Strugar, F. 2009. Continuous distance-dependent level of detail for rendering heightmaps. *Journal of Graphics*, *GPU*, *and Game Tools*, 14(4): 57-74.

Tory, M., Moller, T. 2004. Rethinking visualization: A high-level taxonomy. IEEE Symposium on Information Visualization. Austin, TX, USA.

Trapp, M., Glander, T., Buchholz, H., Döllner, J. 2008. 3D generalization lenses for interactive focus + context visualization of virtual city models. 2008 12th International Conference Information Visualisation. London, UK.

Valencia, J., Muñoz, N.A., Rodriguez, G.P. 2015. Virtual modeling for cities of the future. State-of-the art and virtual modeling for cities of the future. *Photogrammetry*, *Remote Sensing and Spatial Information Sciences*, 40(5): 179.

Varadhan, G, Manocha, D. 2002. Out-of-core rendering of massive geometric environments. IEEE Visualization. Boston, MA, USA.

Wang, S., Anselin, L., Bhaduri, B., Crosby, C., Goodchild, M. F., Liu, Y., Nyerges, T.L. 2013. CyberGIS software: A synthetic review and integration roadmap. *International Journal of Geographical Information Science*, 27(11): 2122-2145.

Wang, Y. J., Liu, Y., Chen, X. G., Chen, Y. F., Meng, L. Q. 2001. Adaptive geovisualization: An approach towards the design of intelligent geovisualization systems. *Journal of Geographical Sciences*, 11(1): 1-8.

Wang, Y-S., Lee, T-Y., Tai, C-L. 2008. Focus+context visualization with distortion minimization. *IEEE Transactions on Visualization and Computer Graphics*, 14(6): 1731-1738.

Ward, M., Grinstein, G., Keim, D. 2010. Interactive Data Visualization: Foundations, Techniques, and Applications. Natick, Massachusetts: AK Peters, Ltd.

Wong, P. C., Shen, H.W., Johnson, C.R., Chen, C., Ross, R.B. 2012. The top 10 challenges in extreme-scale visual analytics. *IEEE Computer Graphics and Applications*, 32(4): 63-67.

Xu, B., Lin, H., Chiu, L., Hu, Y., Zhu, J., Hu, M., Cui, W. 2011. Collaborative virtual geographic environments: A case study of air pollution simulation. *Information Sciences*, 181(11): 2231-2246.

Yang, C., Goodchild, M. F., Huang, Q., Nebert, D., Raskin, R., Xu, Y., Bambacus, M., Fay, D. 2011. Spatial cloud computing: how can the geospatial sciences use and help shape cloud computing? *International Journal of Digital Earth*, 4(4): 305-329.

Yang, C., Xu, Y., Nebert, D. 2013. Redefining the possibility of digital Earth and geosciences with spatial cloud computing. *International Journal of Digital Earth*, 6(4): 297-312.

Yu, X., Zhang, X., Liu, L., Hwang, J. N., Wan, W. 2014. Dynamic scheduling and real-time rendering for large-scale 3D scenes. *Journal of Signal Processing Systems*, 75(1):15−21.

Yu, Z., Wang, Y., Fang, L. 2010. Study on the intelligent map service for adaptive geo-visualization. 2010 18th International Conference on Geoinformatics. Beijing, China.

第 5 章

地理协同分析

5.1 地 理 协 同

5.1.1 地理协同概念

协同一词来源于希腊文,意为共同工作。所谓协同,就是指协调两个或者两个以上的不同资源或者个体,共同一致地完成某一目标的过程或能力。协同学是研究协同系统从无序到有序的演化规律的新兴综合性学科。协同系统是指由许多子系统组成,能以自组织方式形成宏观的空间、时间或功能有序结构的开放系统(黎夏, 2013)。

计算机支持的协同工作(computer supported cooperative work, CSCW)是协同系统的典型代表,自于 1984 年由麻省理工学院的 Irene Greif 和 Digital Equipment Corporation 公司的 Paul M. Cashman 提出后受到广泛关注,应用于电子商务、群体决策、远程教育、建筑设计、工业制造等领域。CSCW 通过群件技术实现以计算机网络为媒介的群组交流与协作,群件的最初含义是帮助群组协同工作的软件。随着互联网(Internet)/内联网(Intranet)的兴起与发展,群件被赋予了新的内涵与更加旺盛的生命力——以计算机网络技术为基础,以交流、协调、合作及信息共享为目标,支持群体工作需要的应用软件。它允许个人和小组成员间进行有效的协同工作而不受限于他们的地理位置。群件的上述特征,笔者称为"3CIS"。广义上,具有 3CIS 特征的诸如电子邮件、电子布告栏、视频会议、工作流管理之类的软件都可以视为群件。

以群件为主体的 CSCW 给协同工作带来了不可小觑的效益与便利,与时俱进的地理研究学者也嗅到了它的芬芳。地理系统的综合性、区域性、时空多尺度性等特征使得地理问题复杂而多变,因此研究地学问题不能单一依靠地学,往往需要其他学科的协助,如数学、物理、化学、天文、生物、历史、计算机科学等。一个人、一个组织乃至一个国家往往很难完成对于某个地理问题的研究,而需要多学科知识、多部门资源、多领域人员的共同参与。

为了解决以上问题,地理协同应运而生,它研究如何设计和调配空间信息和通信技术,以支持使用地理参考数据及信息的群体交互(MacEachren and Brewer, 2004)。在早期的地理信息科学知识领域分类中,地理协同被解释为群体空间决策系统的具体实现,构成了地理信息科学与社会学研究的一部分(Balram and Dragicevic, 2006)。值得说明的是,此处的地理协同范畴不同于地理协同论。地理协同论是由德国物理学家 Haken(1977)提出的协同学衍生而来的,它指的是地球系统通过能量转化、物质循环和信息传递,既相互协作,又相互干涉,导致系统结构产生质变行为,从而在宏观尺度上从混沌转变为空间、时间和功能上的有序。而本书研究的地理协同则面向空间数据访问和探索、地学问题解决、计划和决策等任务,通过群体协同、知识协同、人机协同等方式实现。

虚拟地理环境下的协同(collaborative virtual geographic environment, CVGE),是指本地或异地人员在同一时间或不同时间内,通过具有地理参考的基于网络的三维虚拟环境,对地理空间现象、地理变化过程和地理演进规律进行协作探索、设计、模拟、认知与决策等(Gong and Lin, 2006)。CVGE 打破了时间与空间的限制,不同领域的专家、不同行业的领跑者、不同政府部门的管理者以及不同岗位的公众,来自世界各地,却可以足不出户,通过 CVGE 来探讨和研究他们共同关心的地理学相关问题。目前,CVGE 已经应用到地理信息共享与可视化、虚拟地理实验与专家协作、虚拟战场环境仿真、网上地理教学、公众参与决策等多个领域(冯亮, 2005)。

在 CSCW 的概念引导与技术支持下,CVGE 具备以下基本功能:①共享视图,即共享系统内所有地理信息、地学知识以及模型操作的可视化;②共享操作,即同步或异步的操控共享对象,包括空间数据的处理与分析、地理模型的设置与运行、二维或三维地图的特征标记与注释等;③协商讨论,即通过文字、图像、文件、语音、在线视频等多媒体方式对地学问题进行研讨;④协同感知,用户能够感知到同一协同组中其他成员的个人信息、在线状态、任务完成度以及他们在系统中的行为等;⑤工作流的创建与管理;⑥冲突的检测与消除。

与群件相似,从时间的同步性和用户的空间分布,可以将 CVGE 分为四类(图5.1),第一类为"同时—同地",第二类为"同时—异地",第三类为"异时—同地",第四类则为"异时—异地"。大多数的协同工作会覆盖其中的一类或两类,笔者在 CVGE 中研究的主要情况为"同时—异地"。

图 5.1   基于时间与空间分布的地理协同分类（Armstrong，1993）

5.1.2   地理协同研究进展

地理协同的根源可以追溯到 1996 年国家地理信息与分析中心（The National Centre for Geographic Information and Analysis，NCGIA）关于协同空间决策的倡议,该倡议的目标是扩大空间决策支持系统（spatial decision support system，SDSS）的概念框架,特别强调将 SDSS 集成到 CSCW 环境中,从而向群体用户提供一系列通用工具以完成空间决策任务。接下来十年中,先驱科学家对地理协同的研究主要集中于概念的形成与证明,以及 GIS 与 CSCW 的简单集成。

美国艾奥瓦大学的 Marc P. Armstrong 是早期研究地理协同的科学家之一。鉴于 GIS 在群体工作上的局限性,他建议将群体工作集成到 GIS 中以支持空间决策,发展 WYSIWIS（What You See Is What I See）图像共享应用模式（Armstrong，1993）。他探讨了群组环境中类似传统白板的地图或共享图形,并且解决了可能误用地理协同工具的问题。这些概念促进了地理协同的早期发展。

两位同名为 Churcher 的研究者相继在 1996 年、1997 年和 1999 年借助 GroupKit 工具包开发了 GroupARC,它是一个允许参与者同时浏览和注解地图的协同 GIS 浏览器。该应用程序通过使用颜色、多用户滚动条和远程指针实现群体感知,并提供了简单的基于属性的查询功能,允许参与者在多个地图图层上开展工作。然而,每一个参与者都需要在他们的电脑上安装 GroupKit 工具包,这不易于系统的部署和维护。GroupARC 是将 GIS 与早期电子会议系统（electronic meeting system，EMS）集成的初步尝试,并引导了对协同感知的讨论——使用鱼眼视图协助视觉信息过载管理(Churcher, et al., 1997)。随后,他们提出了两种GIS 与 CSCW 系统集成的设计方案(Churcher and Churcher, 1999),第一种涉及通过并入群件功能来扩展单用户 GIS 系统;第二种将 GIS 和群件功能保存在单独的系统中,但在它们之间提供数据转换,并依靠群件来处理群间通信和呈现。

MacEachren 在 2001 年提出了"地理协作"一词。从那时起,他的团队所做的工作主要集中在基于多模式接口的地理协同可视化,例如,用于数据探索和决策(MacEachren, et al., 2003)、知识建构(MacEachren, et al., 2001)和突发事件响应。这些研究大多数与地理协同的人类层面相关,比如"同时—同地"和"同时—异地"维度下的人-地交互(图 5.1),以特殊设计的大屏幕桌面软件为例,见图 5.2 (MacEachren et al., 2005)。

图 5.2   同时同地的手势交互型地理协同(MacEarchen et al., 2005)

在研究方法方面,Convertino 等(2005),探讨了一种增强地理协同表现力的多视图方法。针对实时协作空间规划,他们开发了基于实时协同行为的同步可视化原型系统。该系统支持基于角色和共享的可视化,其中用户操作可以传送给其他用户,以帮助各领域专家达成共识。Schafer 和 Bowman(2006),对用户之间的协同感知进行了深入详细的研究。基于 2D 地图,他们比较和分析了连续导航、离散导航、传统雷达视图和鱼眼雷达视图等方法,找到了最适合用户的协同感知方法。Chang 和 Li(2008)对开发 3D 实时地理协同的方法进行了研究,例如,他们探索了使用多代理技术创建共享的 3D 环境以支持群体系统(Chang and Li, 2009)。Wu 等(2009)提出了地理协作不仅应该涉及数据的共享,还应该包含地理过程的共享,并利用 Google 地图对基于 Web 的地理空间协同可视化系统进行原型设计。该系统提供"公有—私有"双视角地图,并且能够对输入系统的数据进行分组、检查和分析。

我国学者也开展了一系列对地理协同的探索。戚铭尧等(2007)对地理学的协同模型进行了总结,指出协同的模型可以是会话模型、会议模式、角色模型、过程模型和活动模型,同时探讨了基于多智能体的虚拟地理环境协同实现。陈崇成开展虚拟地理环境下的三维场景协同设计行为感知技术,并将虚拟地理环境用于协同森林灭火研究(石松等,2008)。闾国年带领的研究团队为提高协同的实时性研究了命令消息来减少网络流量(孙亚琴等,2009a),同时开展了针对协同工作流的研究(孙亚琴等,2009b)。龚建华研究了流媒体技术和移动设备终端对于虚拟地理环境协同的支持,并将其应用在小流域坝系规划(龚建华等,2008)、公共卫生(王伟星等,2008)和虚拟实验上(龚建华等,2009)。朱庆等(2006)研究了在虚拟地理环境下,通过协同技术开展对于道路的协同勘探设计。徐丙立等(2010)以珠三角空气污染协同模拟为例,研究了虚拟地理环境中的数据协同、模型协同、可视化协同、分析协同以及决策协同等。

透过上述演进过程可以看到,地理协同从早期群件与 GIS 的松散耦合发展到更紧密集成的协同空间决策支持系统,并且逐步耦合到虚拟地理环境中,成为解决复杂地学问题不可或缺的重要环节。地理协同的可视化也从传统的二维图形走向了可以表达空间尺度的三维模式,结合虚拟现实与增强现实技术,地理协同可视化将会有更多的突破。过去 20 年,地理协同理论蓬勃发展,例如,趋于完整的概念框架和多元化协作模型。而且,在协同空间设计和地学问题分析中越来越多地考虑社会与人文因素,符合虚拟地理环境"以人为核心"的原则。系统开发也已经从早期的 CSCW 和 GIS 的简单集成转变为粒度更细、范围更广、模式更丰富的 VGE 与 CSCW 的代码级集成。同时,新科技的引入为系统开发开带来了新的活力,诸如对等网络架构(peer‐to‐peer,P2P)、多自主体系统、开源维护、网络服务和网络套接字等。经过多次测试,系统的功能多样性和鲁棒性都得到了很大提高(Sun and Li,2016)。

5.2　地理协同框架

5.2.1　地理协同框架的发展

在地理协同框架方面,早期的努力是由 Jankowski 和 Nyerges(2001)设计的 GIS 支持的协同决策框架,在处理实时地理协同环境中的决策问题能发挥一定作用。他们的协同框架由决策过程的聚集、处理、输出三个部分组成。其中,聚集包括协同决策者、社会及制度提供的事态上下文以及决策者用于解决问题的信息结构。处理包括社会技术结构的引用、决策任务的管理以及决策过程中产生的信息分类。输出则包括决策结论和决策参与者之间的社会关系。

为了使用户更好地理解协同地理空间信息技术的使用,MacEarchan 和 Brewer(2004)设计了支持可视化地理协同的概念框架,能够指导地理协同环境的设计、实现和集成。该框架分为六个维度,前三个维度侧重于协同环境中人的部分,包括问题上下文、协同任务、群体观点一致性;后三个维度则强调系统设施,包括时空上下文、交互特征以及群体工作协调工具。

除了协同群体、协同任务等一些基本组件,Antunes 和 André(2006)在地理协同框架中增加了协同工件和地理参考知识两个部分。其中,地理参考知识代表地球表面和在其中所发现的物体的知识,而协同工件是构建和共享地理参考知识的手段。后来他们对该框架做出了改进(Antunes et al., 2009),将地理协同框架分为两阶:第一阶为地点,包含协同群体、协同任务、协同工件;第二阶为空间,是多个地点元素的集合,通过虚拟的、物理的、社会的、意识的四种形式来组织其元素。

地理协同框架提出之后受到了广泛的关注,Chang 和 Li(2013)将其应用到社会学领域,并构建了用于实时地理协同的"地理-社会"概念框架。该框架包含地理空间层、社会层和技术层三个部分。其中,社会层主要关注用户之间的协同与合作;而地理空间层则与地理信息科学特殊标准及需求有关,凸显了地理协同与其他协同工作的差异;技术层用于实现地理层与社会层的相关功能。

近年,Balram 和 Dragićević(2017)提出了支持地理协同交互的通用系统框架。如图 5.3 所示,该框架主要由四个部分组成:一组协同参与者,他们加入协同工作的时间和地点各不相同;一个能够处理地理空间数据和群组交互的计算机系统;关于系统集成的专业技术;专业的组织结构,其目标是适当地实现协同过程。

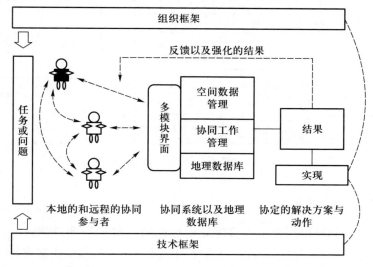

图 5.3 地理协同通用系统框架(据 Balram and Dragićević, 2017)

5.2.2   虚拟地理环境协同框架

为了增强地理协同的交互性,提高协同工作的效率,使得地理协同更好地适用于复杂地理问题的求解,一些学者结合虚拟地理环境的优势,设计了虚拟地理环境协同框架。较为经典的框架为龚建华与林珲设计的五层框架,包括网络层、数据层、模型层、图形层和用户层。这五个层次在协同虚拟地理环境系统中扮演着重要角色。随着虚拟地理环境的发展和协同需求的提升,笔者对五层框架赋予了新的含义(图 5.4)。新的协同虚拟地理环境被定义为数据协同、模型协同、可视化协同、分析协同以及决策协同。

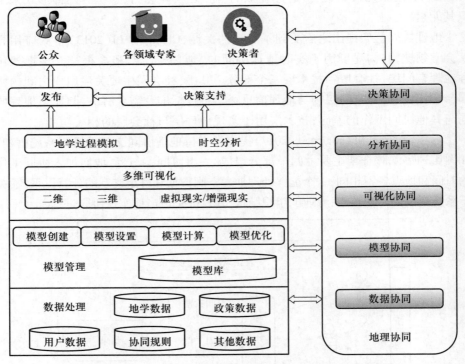

图 5.4   协同虚拟地理环境新框架(改自徐丙立等,2011)

5.2.2.1   数据协同

VGE 的数据环境主要负责多源异构数据的组织与管理、高整合与集成,为地理场景构建、地理模型运行、可视化表达及地学分析提供数据支持。数据协同旨在实现地理空间数据的共享和互操作,建立协作数据库,如地理数据及其元数据的读写、存储、查询、传输、压缩、显示、转换、融合、安全等。然而,不同地理数据模型在各自对空间数据的获取、理解、描述及表达方法和体系上存在较大差异,所以数据协同目前还存在一些障碍。因此,虚拟地理环境需要从空间数据要素描述、关系描述、操作描述、规则描述等多方面来规范并抽象空间数据模型,构建可定制多维空间数据表示与交换模型,以实现对多源异构数据的有机集成;进而在通用表达规范基础上,实现各类空间数据模型的表达、无缝连接与统一高效利用,并为系统内多模型耦合运行提供支撑(闾国年,2011)。

　　数据协同中有一些关键问题值得注意。首先是数据一致性。对于面向单个用户的数据管理系统,可以通过数据库的约束规则保证数据一致性。但是对于有多个参与者的协同环境,除了执行对单一计算机的数据库约束,还需要对多个计算机的数据库访问与操作进行限制。第二个关键问题涉及数据存储。目前有三种常用的数据存储结构,分别是集中式存储、分布式存储和混合式存储。集中式数据存储利用一组中央程序控制所有数据、记录、文件等。这种存储方式易于实现数据协同,并且便于维护数据的一致性和可检索性。但是当用户需要从中心服务器传送数据到用户的客户端时,集中式存储难以实现数据同步,而且难以解决不同用户对数据的需求差异。分布式数据存储是指利用高速计算机网络将物理上分散的多个数据存储单元连接起来组成一个逻辑上统一的数据库。该种存储方式将数据完全分布到用户的计算机上,因为省去了将数据从中心服务器传输到客户端的环节,所以数据同步会变得更加容易。然而从另一个角度来看,分布式存储会产生较多冗余数据,占用更多的存储空间,并且使数据管理和数据一致性维护复杂化。混合式数据存储将基于闪存的灵敏固态硬盘与大容量机械硬盘相结合,通过使用闪存作为大型缓存区域来最大化闪存的利用率,进而自动将活跃度最高的数据移动到基于内存的存储中。这样能够平衡集中式存储与分布式存储的不足,并且优化数据存储系统。第三个关键问题是网络通信中数据传输的实时性和可靠性。传输的数据量越大,占用的带宽就越多,容易造成网络响应变慢、网络延迟。同时,数据传输的完整性和安全性也需要得到保障。

5.2.2.2　模型协同

　　地理学研究包括历史反演、过程模拟、现象理解、规律揭示与未来预测等方面,地理模型是表达地理过程和揭示地理规律的有效手段(闾国年,2011),它往往源自多个学科,包括大气模型、海洋模型、生态模型、人口模型、物理模型、经济模型等。模型协同体现在多领域专家深入参与地学问题的建模过程,根据科研经验和背景知识挑选适合当前地学问题的模型或创建新的模型,并且通过共享数据资源和计算资源,对地理模型进行设置、调用、运行等,并且根据分析和评估模型运行结果对模型及其参数实施优化方案。如果说数据协同是一种静态的信息共享，那么模型的协同则是动态的信息共享（Crosier et al., 2003）。相较于静态数据，地理模型能够在使用过程中不断产生和提供信息，其信息量和价值也会随时间和使用过程不断增加（冯敏等，2009）。

模型协同包括两个层面：地学模型创建和地学模型操作。地学模型创建是指多个参与者协同创建共享的地理模型，如三维地物模型、人口预测模型、气象模拟模型等。协同地学模型创建融合了不同专家的先进意见，增强了地学模型的创新性和鲁棒性，同时能够为产品设计中广泛应用的协同建模提供借鉴。地学模型操作是指参与者为解决地学问题协同地选取合适的模型，并且根据当前情景设置模型参数，控制模型运行，进而在模型运行结束后执行输出结果处理等相关操作。

模型协同涉及两个关键问题。一个是模型操作过程中的冲突检测与消除，另一个是对地学模型的综合管理。由于参与模型协同的专家来自不同领域，他们对地学问题的分析层面有所差异，对地学模型的认知程度也不尽相同，所以在协同操作模型的过程中，冲突是难以避免的。不论是模型选取、参数设置，还是模型运行、结果处理，都可能受到冲突问题的影响。为了使模型协同能够顺利进行，需要采用恰当方法及时地检测冲突并且有效消除冲突，优化模型协同方案，进而提高协同的效率。冲突检测与消解是整个协同过程的重要问题，将在第 5.3.2 节对该问题进行详细论述。

地学模型协同管理旨在实现分布式虚拟地理环境下模型的共享和重用。与数据库管理相似，模型管理涉及模型的编辑修改、分类存储、检索调用、更新替换等。但是相较于数据库，模型库的构建和管理要更加复杂。首先，地学问题的多元性和复杂性促使地学模型运用不同的数学方法进行模拟求解，因此在数据模型上未能得到统一，输入输出也难以标准化。其次，缺乏一致的模型集成方式与访问方式。地学模型的实现和集成方法日新月异，而系统开发方式也在不断变化，旧的模型程序难以适应新的系统环境，使已有模型组件难以被充分利用，其访问方式也会受到不同接口定义的限制（温永宁等，2006）。另外，在耦合不同模型时，需要解决变量、尺度等匹配问题，增加了模型集成的难度。最后，模型运行需要一定的计算资源，当多用户协同控制模型运行时，能否合理地分配和管理模型的计算资源是影响模型运行效率的重要因素。

解决以上问题的基本原则是，建立标准的地学模型集成规范，根据模型的地学语义将模型分解入库，而后依照用户需求重写模型并封装为模型服务，向用户提供统一的模型访问接口，实现分布式地学模型资源的协同管理与共享。虚拟地理环境中，用户可以参照由统一的模型定义及描述语言编写的模型库字典，查询地学模型的相关属性，根据拟解决的地学问题特征，协同选取合适的模型进行模拟和解析，并实时监测模型的运行情况和中间结果，对模型的运行状态采取协同控制措施。

5.2.2.3　可视化协同

地理可视化是地理信息科学领域出现的一门新学科,超越了地理空间信息的简单图形表示,并考虑了更广泛的问题,例如,知识建构与地理空间信息的整合,用户界面设计,获取并处理地理空间信息时所遇到的认知挑战等。可视化协同是地理可视化的一个重要应用,它一方面对地理空间信息进行多个维度的可视化,另一方面更注重对协同任务、协同过程以及协同结果的可视化。

可视化协同通过虚拟视点和虚拟场景内容的同一性表达,从而达到视觉上的一致性。在虚拟可视化场景中,不论是二维还是三维表达,必须由可视化协同参与者控制着虚拟相机的参数,而跟随参与者通过接受主控参与者的相机参数来更新本地视点。主控参与者并不决定视景内容,视景内容是由所有参与者共同决定的,即每个参与者都可以添加、删除、更新视景内容。每个参与者更新的内容一旦发布,其他参与者都能够觉察并更新本地场景的内容,从而保持场景的一致性(徐丙立等,2010)。

可视化协同包括对数据协同、模型协同、分析协同、决策协同的可视化。一些成熟的可视化技术已经被运用到虚拟地理环境中,例如,基于地图的协作者位置信息标识与注解,多源协作信息的组合与聚类表达,协同组成员活动信息与工作进度的实时显示,协同平台用户界面的自定义与个性化设置,以及根据用户角色实现个人视图与公共视图的关联与切换展示等。

随着科学技术的发展,可视化协同不再局限于二维、三维的表达形式,还能够结合虚拟现实、增强现实技术丰富可视化协同的方式。Billinghurst 和 Thomas(2011)搭建了支持视角转换的协同平台,远程用户能够以本地用户的视角与工作空间进行更加自然地交互,提高远程协同用户的积极性及社会存在感。Alem 和 Li(2011)用基于手势的视频媒体系统表明,VR 可视化可以提升多用户对远程协同任务的满意度。Dong 等(2013)开发了一种桌面 AR 软件,使多个用户可以使用头戴设备观察动态视觉模拟并与之进行互动。从中发现 AR 可视化有助于增强协作者之间的沟通与信任。

综上所述,可视化协同能够使多用户参与的复杂协同工作空间更加透明化,增强用户对协作任务和共享地理信息的理解,促进异地协同用户之间远程的交流,进而提高地理协同的效率。但是目前可视化协同仍然面临着一些挑战,这些挑战主要包含两类:一类是社会网络关系方面的挑战。例如,面对来自不同专业背景的用户,如何有机选用不同的方式进行可视化以满足各类用户的需求;如何在社会公共规则下设计系统,符合用户的日常交流习惯,以避免多个用户在可视化协同的过程中发生交互冲突或交互疲劳。另一类是可视化技术方面的挑战。例如,当用户发生错误操作时,如何实现数据回滚并保持可视化的一致性;当地理可视化的空间范围较大时,如何解决多用户多视图的不同尺度匹配问题等。在未来对虚拟地理环境下协同工作的研究中,这些挑战将会被逐一攻克。今后的地理可视化协同工具,将会具有更好的延展性和跨平台功能,无须安装,即需即用。

5.2.2.4   分析协同

在集成的分布式空间数据库、模型库、方法库、知识库基础上,CVGE 利用多通道、多维度感知方式向用户显示数据协同与模型协同的结果,并提供支持文字、语音、视频等多媒体交流的工作空间,使用户能够针对上述结果进行分析与评估。分析协同是指参与者根据自己的知识背景利用系统提供的功能进行具有专业特征的分析,如地理学家可以开展地理时空分析,环境专家可以开展环境模型评估分析,计算机专家可以开展系统性能分析等(徐丙立等,2010)。协同分析是一种共享分析,即一个参与者的分析能够共享给其他参与者,从而为其他参与者解决地理问题提供参考。同时,参与者之间可以对彼此的分析结果进行评价,从而促进参与者完善各自的分析方法,达到知识共享的目的。

可视化分析协同是一门以交互可视界面为驱动的分析推理学。使用可视分析工具和技术能够综合各类信息从海量、动态、异构、不确定甚至矛盾的数据中获得灵感;发现预期和非预期的领悟与知识;提供及时的、易于理解的决策;有效地传输和交流这些决策与评估,为各种协同工作提供服务。

协同地理空间可视分析推理力图通过协同的对空间推理知识、过程、结果等的可视化形式,以及地理空间目标空间关系的形式化表达等研究发现地理空间中蕴含的知识。协同地理空间推理是从对空间知识形式化建模和逻辑推断的角度认识空间。当前国内外关于空间推理的研究内容主要包括空间推理的本体论研究、空间推理的基本方法、空间关系的定性表达、对象之间空间关系的表示和推理、空间和时态推理的结合以及空间推理的应用等问题(华一新等,2012)。

目前,地理空间协同分析推理的研究更侧重于空间关系的形式化表达和逻辑推断。在具体的协同分析推理过程中,还应当充分考虑多角色参与人员在分析协同过程中的智慧增值方式,根据个人的知识和经验,学习式地产生新的知识和智慧。因此,虚拟地理环境在分析协同方面主要从以下几个层次开展研究(华一新等,2012):

(1)探究人脑以及心智的工作机制,关注人类高级的心理过程,如意识、表象、知觉、记忆、思维和语言等。

(2)提炼地理空间协同分析推理的类别,对各个类别的推理过程、特点、常用逻辑推理关系等进行分析和形式化表达,从而为相似地学问题的分析处理提供便利。

（3）发展各种推理关系和推理成果的可视化表达方法，进而获取、存储、再利用整个分析过程中产生的知识。这些方法不仅要支持分析过程本身，也要支持分析过程的跟踪和回顾。

5.2.2.5　决策协同

决策协同起源于空间决策支持系统（spatial decision support system，SDSS），其意义在于促使用户或用户群在解决半结构化空间决策问题时获得较高的决策效力。空间决策问题可分为结构化决策、半结构化决策和非结构化决策三类。结构化决策是程序化的，可以直接通过计算机解决；非结构化决策反之，无法完全依靠计算机单独解决。现实世界中的大部分决策问题介于两者之间，称为半结构化决策，需要将决策者的判断与计算机决策系统相结合，利用人机交互和群体协同获得较优的决策方案（刘纪平，2003）。CVGE 的决策协同建立在数据协同、模型协同和分析协同的基础上，它可以被组织成步骤化的工作流，依据地理问题情景的需求，将以上四个协同层次部署到不同次序的步骤中，实现基于情景的决策协同。同时，系统根据用户的分析和评估意见生成多种空间决策方案，并支持决策方案的表决与仲裁。

地理决策协同是来自不同领域的专家协同应用空间分析的各种方法与技术（如地理信息系统等）对空间数据进行处理变换，并且进行模型模拟与分析，以提取出隐含于空间数据中的某些事实与关系。同时，地理可视化平台能够为模型分析过程中诸如空间分布式参数、空间多尺度和非均质等问题提供一个强大的数据表达及处理方法（陈崇成等，2000），为现实世界中的各种应用提供科学、合理的决策支持。由于地理协同分析的手段直接融合了数据的空间定位能力，并能充分利用数据的现势性特点。因此，其提供的决策支持将更加符合客观现实，因而更具有合理性。

基于地理协同的决策支持发生在很多情景当中，例如，城乡发展规划（Antunes et al.，2010）、城市犯罪管控（MacEachren et al.，2005）、灾害预警与恢复（Huggins，2008）、自然资源管理（Ghayoumian et al.，2005）等。随着社会的综合发展，决策问题难度增大，空间决策支持系统对空间模型库的组织与生成以及空间数学建模提出了新的要求。根据模型结构和算法的相似性原则，将种类繁多、应用范围与目标不一的模型机械地堆砌在一起形成模型库的传统做法，已不能适应面向具体工程解决问题的需要。而基于虚拟地理环境的模型协同拥有统一的模型集成规范，建模过程面向应用目标，充分考虑空间问题的复杂性和多变性，遵循从模型群组到模型体系再到模型库的新思路（陈崇成等，2002），通过统一的模型访问接口实现分布式地学模型资源的协同管理与共享。这样的协同平台更能适应空间决策问题多目标、多情景、动态规划的特征。

计算机支持的地理协同决策能够帮助工作者收集并处理数据,生成多种决策供决策者选择,根据决策目标评估不同决策可能产生的结果,并对这些结果进行可视化和共享,同时提供合适的工具以支持决策协商与意见交流。除此之外,专家知识也在决策过程中扮演着重要角色。这里的专家知识既包含形式化的概念、公式、算法等,也包含非形式化的专家经验、科学理念、政策解读等。地理协同支持的决策过程通常从两个输入开始:数据和专家知识。使用专家知识构建模型,并使用不同的数据输入构建各类情景。虽然情景的输入数据有所差异,但是它们基于相同的模型,所以具有可比性。然而,模型本身是在不同专家知识指导下建立的,因此当协同组中的专家成员发生变化时,专家知识结构也会发生相应变化,这样的变化难以在模型中得到体现,但是却会对输出结果造成影响,进而增加决策结果评估的复杂度。解决此类问题需要借助知识工程的相关概念和技术。

知识工程的概念是 1977 年美国斯坦福大学计算机科学家 E. A. Feigenbaum 在第五届国际人工智能会议上提出的。知识工程以知识为基础,是通过智能软件而建立的专家系统。它运用人工智能的原理和方法,研究如何由计算机表示知识、处理知识、使用知识,为那些需要专家知识才能解决的应用难题提供自动求解手段。恰当运用专家知识的获取与表达,以及推理过程的构成与解释,是设计知识工程的重要技术问题,这也将成为虚拟地理环境下地理协同的主要研究方向之一。

5.3   地理协同机制

地理协同框架为设计协同系统提供了明晰的方向,但若要实现协同系统中的具体功能,保障地理协同工作高效且安全地实行,还需要结合虚拟地理环境概念与计算机网络技术,构建完善的地理协同机制,包括权限控制、冲突协调、并发控制、群体感知、安全机制等,本节将从这几个方面展开论述。

5.3.1   基于角色的权限控制机制

基于虚拟地理环境的多用户地理协同中,用户能否访问数据、模型、知识等资源,能否操作系统功能模块,是与用户权限密切相关的。用户权限即系统对用户访问与操作的约束限定,是保障协同工作顺利进行的基础。如果对用户权限控制不当,将会导致用户对共享资源的访问冲突和对功能模块的操作冲突。

传统的用户权限管理是系统管理员直接为用户分配访问权限和操作权限

（化成君等，2012）。这样的用户权限管理方式安全等级较低，不利于对需求相似的一类用户进行统一的权限管理，当系统中的用户量逐渐增大时，用户权限的管理将会变得十分繁杂。随着协同问题的深化和协同规模的扩大，一种高效且安全的权限控制方法引起了协同研究者的关注——基于角色的用户权限控制，成为当今协同系统普遍采用的权限管理方法。该方法根据用户的知识背景、身份、地位等社会属性以及用户在协同工作中的职责为用户划分角色，在用户—角色—权限之间建立关联，使用户与权限之间形成映射关系（黄毅，2010），进而通过管理角色权限实现对用户权限的控制。

5.3.1.1　基于角色进行权限控制的合理性

"角色"一词对读者来说并不陌生，它源于社会学，是指由特定社会地位、身份所决定的一整套的规范系列和行为模式。采用角色研究虚拟地理环境群体协同，既符合群体协作的特征，也符合虚拟地理环境的需要。

从群体协作角度（葛声等，2003），首先，角色是根据其行业类型、职能等级、专业内容、知识背景、教育水平等社会属性进行划分的，庞大的用户群则可以依据自身属性与角色属性的相似度被归为某一类或某几类角色。因此，用户之间复杂的协作关系就能够通过角色之间的继承关系、连接关系、组合关系等进行充分描述。其次，一个协同群组的目标任务具有多变性，实施协同工作的用户和被操作的资源对象也易发生相应的变动。比较而言，协同群组中的角色及角色间的组织链接关系是相对稳定且长期存在的，如果利用这一角色特性设计协同工作流并使之成为面向一类地理问题的群组协作解决方案，将会带来很好的稳定性和可重用性。最后，用户与权限的关系是"多对多"的，使用角色来划分用户角色可以实现用户与权限的逻辑分离。当需要更改用户权限时，只需更改用户的角色，而不必为每一个属性相似的用户更新权限，因此在动态修改用户权限的同时减少了许多重复工作，增加了系统的灵活性。

从虚拟地理环境角度（徐丙立等，2018）：虚拟地理环境强调以"人"为核心，其目的是将"人"的因素集成进来并发挥关键作用，这里的"人"分为两类：一类是现实世界中通过人机交互在虚拟地理环境中进行操作的人；另一类是计算机生成的智能化虚拟人，笔者称之为"化身"，可以在虚拟地理环境中模拟社会人类的行为（龚建华等，2010）。"以人为核心"这一理念主要在地理协同中得到体现。虚拟地理环境群体协同的初衷在于将分布异地的多领域专家、政府以及公众联系在一个共享的具有地理参考的虚拟空间中，进行协同式地理问题的研讨。

协同参与者是具有社会学属性的某一种或几种角色，并且受到角色的权限约束，该权限与现实社会中角色的权利一致。虚拟地理环境作为协同的媒介，需要建立面向不同角色的适应性交互界面，协同的内容是地理学问题，协同的方法则包括时空一致性策略、并发控制、协同可视化等一系列技术性问题。以上所有问题的展开,需要紧密围绕协同参与者和虚拟地理环境进行,而角色能够很好地契合两者的特征,也能将两者耦合在一起。因此,基于角色来研究虚拟地理环境的协同,能够较为系统地厘清协同的机制、策略、理论,同时为技术的实现提供有效的支持。

5.3.1.2　角色权限的划分

从上文可知,角色是根据协同人员之社会属性划分的,那么协同系统中角色的权限分配也将遵从角色所代表人群的社会职能,即权限的范围和等级与角色的职能范围和职位级别保持一致。比如行政人员能够对决策方案进行表决,科研人员可以对地学问题展开探索,一般公众则拥有了解研究热点和监督政府决策等权限。同时,虚拟地理环境下群体协同工作对角色的需求同样约束着角色的行为,如系统的管理与维护、协同工作组的创建和参与、协同资源的组织与保护等。因此协同职能是角色权限划分的另一个准则(徐丙立等,2018)。最后,角色权限的划分应该受到互斥性约束,即同一权限只可授予互斥角色中的某一个。

权限对角色行为的约束主要体现在对系统资源的访问和对共享对象的操作上。其中资源访问可以理解为空间地理信息的获取和可视化,对象操作则可以描述为对数据、模型、知识等对象或对象集的创建和修改。因此,基于虚拟地理环境的技术实现,角色权限从以下四个方面约束了角色的行为:资源的可访问性、操作的可执行性、信息的可交互性和系统运行的边界性。

5.3.1.3　用户权限控制

传统的基于角色的访问控制(role based access control,RBAC)模型通过建立用户—角色—权限之间的关联关系,借助角色的权限间接的控制用户的权限。2001 年,美国国家标准与技术研究所的 Ferraiolo 等提出了标准的 RBAC 参考模型(Ferraiolo et al.,2001),它包括三个子模型:核心 RBAC 模型、等级 RBAC 模型和约束 RBAC 模型(图 5.5)。

核心 RBAC 模型定义了四个实体和两种关系,其中实体由用户、角色、权限以及会话组成,前三者的概念已经在上文中提到,这里不再赘述。会话(session)指的是用户与系统的交互(戴祝英和左禾兴,2004)。两种关系则包括用户角色分配和角色权限分配。

等级 RBAC 在核心 RBAC 的基础上增加了角色等级,以对应研究对象和研究方法的等级结构。从面向对象的角度来讲,角色等级是一种树状结构,上级角色称为父类角色,下级角色称为子类角色。例如,在虚拟地理环境中,科研人员

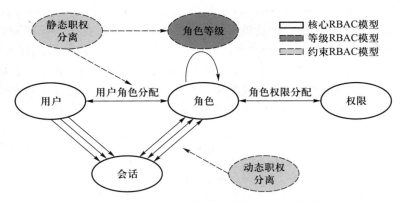

图 5.5　NIST RBAC 参考模型(Ferraiolo,2001)

这类角色可以根据研究领域派生出地质科研人员、海洋科研人员、大气科研人员等子类;而行政人员这类角色可以根据政府职能部门派生出科学技术部门人员、国土资源部门人员、信息产业部门人员等。子类成员继承其父类的所有属性和方法。因此,可以把权限归为角色的一种属性,那么子类角色将继承父类角色的所有权限,且子类权限的范围与级别都不得超出父类权限。

约束 RBAC 将职责分离(separation of duty relations,SoD)关系添加到核心 RBAC 模型中,它从静态和动态两个方面对角色职责进行分离(沈海波和洪帆,2005)。静态职责分离(static separation of duty relations,SSD)用于解决角色系统中潜在的利益冲突,强化了对用户角色分配的限制,使得一个用户不能分配给连个互斥的角色。动态职责分离(dynamic separation of duty relations,DSD)则是为了限制用户在当前会话中可激活的角色,虽然用户可以被赋予多个角色,但它们不能在同一会话期中被激活。将该模型运用到虚拟地理环境中,则可理解为同一用户不能同时以多种角色身份参与地理协同工作,每次只能选择一种角色登录到系统当中。

在正如前文所述,RBAC 的优点在于降低用户与权限之间耦合的紧密度,消除为多个同类用户更改权限的冗余过程,减少协同任务变化对用户权限的影响。然而,由于 RBAC 对角色的依赖度过高,导致协同系统的通用性差,可控粒度较粗(李昕昕等,2012)。例如,某个地理问题的研究需要用户行使当前角色之外的某个权限,获得该权限有两种途径:一种是更换用户的角色,那么用户将失去原有的权限并被授予了一些超出自身职能范围的权限;另一种是更改用户当前角色的权限,那么与该用户角色相同的其他用户的权限也会被更改。以上两种方式都会破坏系统的有序性,影响协同效率。因此,单纯地依靠角色控制用户权限无法满足复杂地理问题的协同求解,需要对 RBAC 模型做出改进。

结合虚拟地理环境群体协同特征,借鉴相关领域研究学者对 RBAC 的改进,笔者构建了适用于 CVGE 的用户权限控制模型,如图 5.6 所示。在基于角色管理用户权限的同时,系统管理员也可以直接授予用户权限,这样的权限通常为完成特殊协同任务而设立,可称为"临时权限",当用户完成对应的协同任务后,临时权限会被自动撤销。增加用户与权限之间的直接分配关系,可以针对某些特殊用户进行独立的权限控制,而其他角色及用户不会受到干扰,这样不仅使管理粒度更细,而且提高了地理协同系统的灵活性。

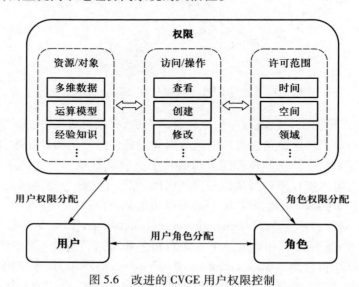

图 5.6   改进的 CVGE 用户权限控制

5.3.2   冲突协调机制

协同工作以协同参与者之间对知识、信息、数据的交流、共享和操作为基础。然而,由于操作类型的多样性、操作请求的海量性、协同者操作习惯的不确定性,以及网络的不稳定性(马晓明,2015),实现理想的协同工作至今仍是一项巨大的挑战。而且,因为协同参与者来自不同的专业背景,对协同问题的认知程度和评判标准各不相同,当试图实现的目标出现矛盾时,冲突往往应运而生。因此,可以将地理协同冲突定义为:协同参与者针对同一个共享对象实施了不同的操作,或者对协同工作流给出了不同的设计方案,抑或对协同的结果给出了不同的判读,从而形成操作或理论上的不一致(徐丙立等,2018)。

冲突会导致延迟,消耗额外的资源,降低协同工作的效率,因此尽早解决冲突对多用户地理协同来说格外重要。冲突的检测与消除是协同冲突的两个关键问题。解决冲突问题的前提是弄清冲突的来源,并且对冲突进行分类,以便针对不同冲突设计专用的检测和消除算法,提高冲突解决效率。

5.3.2.1　冲突来源及分类

地理协同冲突的来源及类型可以通过地理学问题的协同解决过程来确定。从上一节可知,地学问题的协同解决过程包括地学问题建模阶段、协同模拟与评估阶段、结论决策阶段,第一阶段容易发生方案设计冲突,第二阶段为冲突高发期,包括数据处理冲突、模型设置冲突、过程控制冲突等,而结果判读冲突与决策冲突等则多发生在第三阶段。

1) 方案设计冲突

地学问题建模过程需要准备演化模拟和评估所需的相关数据、模型及计算资源等。每一类模型都具备各自的优势和劣势,协同参与者根据自身侧重点而选择在这一方面性能优越的模型及其运行所需要的数据。由于协同参与者来自不同的领域,对地理学问题的认知程度不同,所以在为地学问题设计建模方案的侧重点会产生差异,最终造成方案设计中的冲突。

2) 数据处理冲突

数据处理的主要对象是原始数据和模型运行产生的中间结果数据。原始数据包含地理空间元数据和参与模型运算的数据本身。地理空间元数据指对模型共享地理空间数据的描述,包括数据的名称、类型、单位、格式、语义标识、时空尺度、存储位置等。协同参与者及模型终端可以通过元数据了解特定地理空间数据的基本信息,对数据的处理方式具有一定的指导意义。地理现象和过程的模拟往往需要多个模型的参与。然而,并不是所有模型的输入参数都来自原始数据。很多情况下,一个模型的输出结果是另一个模型的输入数据,这种模型之间的交互方式称为"数据交换",要求交互双方在数据表达层和语义层均能够一致(冯敏等,2009)。因此,中间结果数据的处理是模型交互过程中的重要内容。

为了使数据能够良好地服务于模型的运算,需要根据模型的运行规则对原始数据或中间结果数据进行分层、分块、压缩、融合、重分类、格式转换等处理。在这个过程中,协同参与者的冲突主要发生在两个方面:一方面,当协同者对数据的处理目标不一致时,会对数据实施截然不同的操作,例如,协同者 A 正在更新某条数据,而协同者 B 则想修改条数据。另一方面,即使协同者对数据的处理目标一致,也会产生冲突,因为他们使用的数据处理方法可能随个人习惯而产生差异。以上两种冲突皆容易在"同时—异地"的地理协同模式下发生。数据处理的冲突不仅会破坏数据的完整性和正确性,而且会导致模型运行的错误,造成模拟任务的失败。

3）模型设置冲突

在模型运行之前需要协同地对模型的参数和运行环境进行设置,每个参与者负责设置自身领域内参数变量的取值。参与者对自身设计的模拟方案具有理想的期望目标,且各个协同参与者的目标之间很可能发生冲突。因为参与者通常是从本领域的目标出发,运用相应的知识进行模型设置,希望将自己负责的参数限制在对各自领域目标有利的位置,但是该取值还要满足全局范围内的值域要求。设置变量之间复杂的耦合关系缩小了变量的取值域,限制了个人期望最优目标的同时取得,从而导致了不同领域人员之间的冲突(孟秀丽等,2005)。

模型设置冲突可以分为两类:一类是独立参数设置冲突;另一类是关联参数设置冲突。首先,相同领域的多个协同参与者可能会对同一个参数进行设置,当他们设置的变量值出现偏差时,产生独立参数设置冲突。其次,模型的参数之间可能在某种属性维度上具有关联关系,当参与者对不同参数的设定违背了参数间的关联关系时,发生关联参数设置冲突。例如,某区域的温度随着海拔上升而降低,参与者 A 负责温度参数的设置,参与者 B 负责海拔参数的设置,若参与者 A 设置的温度值超出了参与者 B 所设置海拔范围内应该有的温度阈值,则会导致关联参数设置冲突。

4）过程控制冲突

协同参与者完成对模型的设置后,即可使用模型进行地理现象和地理过程的模拟。在模拟的过程中,用户对模型的控制操作主要有四类:开始、暂停、重启和停止。参与者在协同模拟时对模型运行状态的判断各不相同,因此会对模型运行提出不同的需求,如修改模型参数、查看模型在当前时空节点的运行结果、中止模型的运行错误等,进而并发地向服务器发送不同控制指令,这往往会造成模型的模拟控制冲突。例如,参与者 A 在模型运行到 T 节点时向服务器发送暂停模型指令,同时参与者 B 向服务器发送重启模型指令,而参与者 C 向服务器发送停止模型指令,这种情况下就产生了过程控制冲突。

5）结果判读冲突

当工作流中所有模型成功运行到终点,需要协同参与者对模拟结果进行综合判断与分析,即多用户群体协同评估过程,从而鉴定地学问题建模方案的合理性和科学性。然而,由于协同工作者在文化背景、专业知识、工作方式、研究经验、科学理念、社会经历等方面皆存在差异,他们对科学问题持有各自的认知标准,并且这种认知已深深植根于他们的思想观念中,所以他们不可能轻易改变自己基本的价值观和科学信仰,在评估模拟结果时极易产生冲突。同时,某些概念本身存在歧义,协同工作者将优先从自己的专业角度理解这些概念,往往会引发语义冲突,这也会影响协同工作者对模拟结果的评估。

6)决策冲突

群体决策过程主要由决策知识构建、决策方案选择和群体共识形成构成(卢志平,2013)。与结果判读冲突产生的原因类似,决策个体间的认知差异、决策群体的目标差异以及决策环境的动态变化是导致群体决策过程中冲突发生的主要根源(郎淳刚等,2005)。其中,认知差异源自决策知识、决策信息、决策经验的不同;目标差异与利益相关,同时伴随着对决策方案的价值评估差异和后果预断差异;而决策环境的差异则取决于决策程序、决策结构以及决策主体职责的变化。虚拟地理环境下群体协同的一大目标就是辅助国家和区域决策。决策协同作为地理协同的压轴阶段,如果不能合理的解决冲突,将会使前面所有的协同工作都黯然失色。

5.3.2.2　冲突检测方法

由于协同冲突产生的原因和表现形式多种多样,目前尚无统一的有效检测方法。常用的冲突检测方法有基于约束满足的冲突检测方法、基于 Petri 网的冲突检测方法、基于操作变化的冲突检测方法,以及基于真值的和基于启发式分类的冲突检测方法等。本节主要介绍前三种方法。

1)基于约束满足的冲突检测方法

通常,约束被定义为一种描述一组对象所必须满足的某种特定关系的断言(黄琦等,2006)。在地理协同中,协同对象之间存在许多相互制约、相互依赖的关系,包括地理信息表达规范、数据处理标准、模型运行规则、技术水平和资源限制等,这些关系通过定性表达或定量的数学抽象便形成了约束。约束以地理协同对象的属性为节点,交织关联成为约束网络,进而构成地学问题建模可行解的边界(赵慧设等,2002),指导和控制着整个协同模拟的过程。

约束满足问题(constraint satisfaction problem, CSP)来自人工智能领域,通过建立约束网络并采用一致性算法或区间算法等进行问题求解,即对各地理空间变量寻找合适的解以使所有的约束都能得到满足,如果不能找到合适的解满足所有的约束,则存在冲突(谢洪潮等,2002)。基于约束满足问题的冲突检测算法正是源于这一思想。

2)基于 Petri 网的冲突检测方法

Petri 网是德国著名学者 Carl A.Petri 在 1962 年提出的(Petri,1962),它具有

严格的数学描述方式,形象直观的图形表达方式,并且分析方法多样化,适合描述复杂的同步、异步以及并行的逻辑关系,是表达和分析系统行为的优秀建模工具,也是动态协同系统冲突检测的有效方法(李海涛,2013)。

在地理协同中,基于 Petri 网的冲突检测方法比较适用于建模方案设计。其原理是将地学问题建模方案的设计过程用层次着色 Petri 网进行建模,用 Petri 网的仿真工具 CPN Tools 对这个过程进行监测,验证是否出现冲突,使设计流程有了验证能力和预测能力。另外,相关研究人员也探讨了基于 Petri 网进行协同冲突消解的方法。首先要引入解决矛盾问题的可拓理论,为设计冲突问题建立数学模型,而后对矛盾问题进行描述,用基元表示设计要素,并且在方案设计冲突检测中引入可拓理论的关联函数值,利用建立的 Petri 网蕴含关系得到冲突问题中需要更改的值,进而消除设计冲突。

3)基于操作变化的冲突检测方法

在基于操作变化的冲突检测方法中,系统对每个用户所触发的协同操作进行实时追踪、记录和存储。在用户提交操作请求后,系统不是马上执行操作,而是将所有用户对相同对象执行的操作进行对比,首先是在单个用户的操作序列中实施对比,如果没有冲突,则将该用户与其他用户的操作序列进行比较。假设有用户 A 和 B,如果用户 A 的操作序列中任意一个操作与用户 B 的任意一个操作产生冲突,则判断为操作冲突。这里的操作冲突分为两类:第一类是互斥冲突,即两个操作无法共存;第二类是依赖冲突,即一个操作的执行需要以其他若干个操作的执行为前提,因此如果操作的顺序不当,也会引起冲突(Koegel,2009)。

与基于状态变化的冲突检测方法相比,基于操作变化的冲突检测方法粒度更细,因此对冲突检测的灵敏度更高。因为如果要探测协同对象(地学数据、模型、信息等)状态差异的过程需经历两个环节:首先,通过找出一个状态中与另一个状态相关的节点,证明两个状态是匹配的。其次,通过查看节点的属性差异来得出状态的更新。这种方法有两个主要的缺点:①状态匹配和求差的复杂度依赖于协同对象的大小,对于海量时空数据等规模较大的协同对象,获取状态差异的复杂度将会非常高;②状态的变化往往是若干个操作变化的结果,因此仅比较状态只能看到最终结果的变化而无法观察到中间状态。

5.3.2.3　冲突消解方法

检测到冲突后,合理地解决冲突才能保证地理协同过程的顺利进行。根据解决冲突时人员的参与度可以将冲突消解方法分为机器自动消解与人工干预消解两种。

1）机器自动消解

机器自动消解方法是指当系统检测到冲突，只需要很少的人工干预或者没有人工干预，系统便可根据冲突类型自动解决冲突。下面是几种典型的冲突自动消解方法。

（1）加权平均算法：当多个专家用户在协同设置同一模型的参数发生冲突时，运用加权平均算法，根据专家用户在其研究领域的地位和权威性，为该专家设置的模型参数值赋予权重，进而计算出模型各个参数的加权平均值，这便是冲突消解问题中的加权平均法。需要注意的是，若每个专家用户的地位和权威性相同，即他们协同设置的模型参数权重相同，那么此时的加权平均结果与算数平均结果相同。

（2）求取众数法：众数在统计学中是指一组数据中出现频率最高的数值（姚源果，2006）。对于多用户协同冲突消解问题，当用户对相同模型的相同参数进行设置并产生冲突时，求取众数法能够快速便捷地解决冲突。若样本为单项数列，可以直接从原始数列中选择出现频率或次数最大的一组标志值，即所需求得的众数。若样本为组距数列，如模型的某些参数是时间范围（其组距取决于时间步长等时间尺度）、空间范围（其组距取决于空间距离、空间面积、经纬度等空间尺度）等，则采用众数算法中的上限公式和下限公式进行计算。

（3）约束松弛法：属于基于约束的冲突消解方法。检测到冲突时，首先计算目标约束的静态权值之和，求出最小权值之和需要的条件，以满足该条件为基础，将某些约束条件放松（魏宝刚，1998），即以弱约束代替强约束，从而解决某些冲突。当约束强度为零时，视为取消约束，这是约束松弛法中的一种特殊情况，通常被取消的约束具有冗余性、失误性，或重要程度较低。但是这种冲突消解方法存在一定的不足：用数值形式的权值表示约束规则比较抽象，与用户的认知习惯不符，而且不同用户在定义权值时可能会产生分歧，引发新的冲突。

（4）回溯法：检测到冲突时，通过回溯技术搜索历史决策树，找到可以回退的决策点集，然后协同模拟流程回退到用户提交操作前的某个决策点，在过去未采用的方案中进行重新选择，以修改不相容的模型设置，进而消除冲突，这种方法被称作回溯法。虽然一些系统中可以由用户选择是否回溯（林志军，2006），但是由于回溯具有一定的随机性和盲目性，可能需要回溯多次才得以解决冲突，而且重新选取的协同计划未必是最有利于多用户模拟与评估的。

（5）基于知识的推理：以数据库和知识库为支撑，运用综合知识解决冲突。这里的知识是广义的，包含规则、经验、实例、模型等。基于知识的推理中常用的技术为基于规则的推理（rule - based reasoning，RBR）和基于实例的推理（case - based reasoning，CBR）。基于规则的推理指根据知识经验为不同类型的冲突构建相应的冲突消解规则,在一定的推理机制作用下帮助协同人员解决冲突(胡斌和胡如夫,2003)。基于实例的推理指冲突协调模块获得新的实例后,对其进行分析与学习,同时将之存入实例库。当系统检测到新的冲突时,对实例库进行检索,搜寻与新冲突类似的若干个实例,若实例与新冲突完全相同,则直接使用实例中的冲突解决方法;若实例与新冲突稍有差异,则修改实例来满足新的冲突问题,然后形成新的实例加入实例库。

2)人工干预消解

系统自动解决冲突能够很好地减少协同参与者的工作量,为协同团队节省大量时间。但是对于一些复杂的冲突,涉及多个领域的知识和不同方面的利益,就需要人为介入,为冲突消解提供更完善的方案。人工干预的冲突消解方法主要包括协商、群体投票、仲裁等。

(1)协商方法:协商是引发冲突的各方在系统提供的协商平台下进行交流探讨,最终得出冲突的解决方案。在互联网环境中,依靠通信机制,利用可视化技术、多媒体技术、文件传输技术等可实现协商功能。常用的协商方式有直接协商和辅助协商(孙博,2008)。直接协商指协同者在没有任何参考的情况下,自由地发表关于冲突问题的观点,提出各自的解决方案。这种协商方式可以充分反映各个协同者的意愿,但是由于协同专家来自不同的专业领域,他们之间难以理解彼此的观点,且缺乏全局性的组织和引导,所以直接协商方式容易产生协商过程冗长、多次迭代都无法达成一致的现象。辅助协商在既定协商方案的引导下进行,这样能够使协商各方更加注重全局效益,促进涉及冲突的协同者达成一致。但是这种协商方式在一定程度上限制了协同专家的表达空间,导致得到的冲突解决方案可能不是最优的。

(2)群体投票方法:若经过多次协商仍无法达成解决冲突的共识,那么群体投票是终止冗长协商的有效措施。对于协同冲突消解,群体投票的步骤如下:

第一步,协同团队的领导者或协同工作流的创建者作为投票活动的主持者,对各个协同专家的冲突解决方案进行收集和筛选,将严重违反全局效益的方案淘汰,保留符合协同要求的方案,将其添加到投票系统中。

第二步,冲突各方及相关协同人员根据各自的经验和领域见解对给出的解决方案进行投票。投票也需要遵循一定的规则,针对不同的冲突类型,用户可以选择一个或多个方案,若用户未选择任何方案,即视为弃权。

第三步,系统通过投票排序算法得出票数最高的解决方案,并将投票结果反馈给参与投票的所有用户。若出现两个或多个解决方案票数持平且排序最高的情况,则进行第二轮投票,或由投票主持者在票数最高的几个解决方案中选择一个,作为最终解决冲突的方案。

（3）仲裁方法：当冲突涉及多个协同团体而这些团体都不愿意做出让步时，仲裁成为解决冲突的必要方法之一。启动仲裁服务前需要委派一个冲突各方都能认可的仲裁者，该仲裁者可以是权威性最高的专家、协同工作流的创建者，也可以是管理人员等更高级别的协同者。仲裁是一个反复交互与逐渐求解的过程（侯俊铭，2009），仲裁者首先听取冲突各方的论点和论据，权衡全局效益，将总结归纳后的建议方案交予冲突各方讨论，对讨论结果进行分析与评估，然后提出仲裁决议。这个过程循环往复，直至仲裁者得出能够最大限度满足冲突各方利益的冲突解决方案，仲裁工作方可结束。

5.3.3　并发控制机制

在分布式协同工作环境下，由于网络传输具有时延性，难以保证用户都是按照一致的顺序接收消息。不同顺序的操作如果不加限制地施加于共享的地理空间对象上，必然导致操作结果的不一致。冲突检测与消解机制是在协同冲突发生后对冲突进行处理，而并发控制机制则是规避冲突发生的有效手段。在协同过程中采用一定的并发控制策略来管理用户间的数据活动流、信息活动流，使其按照预定的规则在协同用户间有序流动，是提高协同工作效率、维护协同数据的一致性和保证协同模拟过程连续性的必要方法。下面介绍协同设计系统中常见的并发控制策略：加锁控制、序列化策略和发言权控制。

5.3.3.1　加锁控制

加锁控制的基本思想是事务对任何数据的操作均须申请该数据的锁，只有申请到锁，即加锁成功后才能对数据进行操作，操作完成以后，进行数据解锁（Mao et al.，2004；Grief et al.，1992；Choudhary，2000）。如果需申请的锁已被其他事务锁定则需要等待，直到该事务释放该锁为止，确保任一时刻只有一个事务操作一个对象。加锁法一般分为悲观加锁法和乐观加锁法。悲观加锁法中，在为数据对象申请的锁未被批准之前，不能对该数据对象执行任何操作，此时系统阻止用户界面的操作直至请求响应返回。乐观加锁法允许用户发出对数据对象锁的请求后立即对该数据对象进行相应操作，此时由系统判断是否允许用户的操作请求，并同时断是否允许用户进行下一步的操作（刘杰，2010）。

加锁控制已经被应用到许多协同实验当中。例如，使用细粒度锁定机制来开发实时协作空间查询环境，通过锁定所需的交互式界面元素来控制并发用户操作（Ross，2010）。抑或使用对象锁定和多级锁定方法来解决同步空间数据编辑平台中的数据的并发控制，以保持空间数据的一致性（郭朝珍等，2006）。在类似的协作数据编辑系统中，可以使用对象锁定来控制不同粒度对象的可见性和可操作性,以避免当多个用户同时访问或协同编辑数据时发生冲突(李伟等, 2005)。

加锁机制的一大优点是它设计简单且易于实现,可以保证并发操作数据的一致性。但是,将该机制运用到地理协同中也会引发一些问题。首先,锁和解锁的请求可影响用户反馈的速度。其次,很难确定锁定数据的粒度。粒度小能提高系统的并发程度,但也会增加系统开销,而粒度大时系统开销较小,但并发程度也随之降低。因此,为了有效地使用加锁机制,重要的是确定何时加锁以及如何在地理协同环境中使用它(徐向华, 2005)。

5.3.3.2   序列化策略

序列化策略是指协同设计过程中,设定一个全局逻辑事件顺序轴,对于系统所有发生事件的集合给出一个全局序列,并在所有站点上按此顺序执行这些操作,确保所有站点共享数据的一致性,这种严格的序列化策略也被称为"悲观串行化方法"。系统中事件排序的方式可以采用事件的时间戳技术或自动队列机制为所有的事件进行排序,然后作用到共享数据上,以保证共享数据的一致性(何发智等, 2002)。然而,对于并发可交换操作较多的协同工作系统,这种严格次序降低了系统的并行性。如果系统中不可交换操作的情况出现较少,应该采用乐观串行化方法,即对接收到的每个操作立即响应,当检测到的操作事件以乱序执行时,应利用"撤销/重做"方式进行修正。

从实现角度来看,序列化并发控制策略也存在一些不足。悲观串行化导致执行操作的总体时间延长,因为系统需要对每个操作发起验证,确定该操作是否领先于其他操作。而乐观串行化需要保存大量的操作历史,乱序发生频繁时大大增加了系统开销。从用户操作来看,悲观串行化方法会导致界面更新延迟,乐观串行化方法则有可能导致界面自动回溯,引发操作混乱(刘杰, 2010)。

5.3.3.3   发言权控制

发言权控制是在某一个时刻,对于数据对象只允许一个用户处于活动状态,具备对共享数据的访问和存取权限,可以把它看作是一种粗粒度水平的加锁机制。发言权控制的过程包括请求,分配和释放发言权。这种控制策略在应用共享系统中使用较多,但对于高度并行的系统并不适合。

Chang 和 Li(2004, 2008)使用发言权控制机制来保持 3D 协同 GIS 系统中用户的一致性,并指出需要发言权搜索和发言权控制机制来协调用户的并发操作。在开发多用户同步/异步协同 3D GIS 时,可以使用"领导者—追随者"方法作为控制并发的机制(Hu et al., 2013)。在任何协同会话中,只有一个领导者具有最高的控制和操作能力。追随者可以与其他追随者交互,但没有控制权。领导角色可以通过发送请求来更改。

除了以上三种,协同设计系统中还存在许多其他并发控制策略,如操作转换法、依赖探测法、集中控制法以及专门的并发控制工具等(Anupam and Bajaj,1993;Cutkosky et al.,1993)。操作转换法是对共享对象的本地操作立即执行,远程操作执行前对操作的各个参数进行调整,以补偿由于执行其他操作而引起的共享对象的状态变化。具有代表性的是 Ellis 等提出的基于操作变换的算法(Ellis and Gibbs,1989)。依赖探测法是对每个操作加上时间戳,根据时间戳检查多个操作之间是否存在冲突,并通过人工干预的方式解决问题。集中控制法使用一个集中控制进程管理对共享对象的操作,它接收所有用户的操作并按照一定的规则进行排序,然后利用广播发送给所有用户使其按序执行(刘杰,2010)。

目前,协同系统中的并发控制机制还不是十分成熟,它们各有优劣。在选择并发控制策略时,需要考虑它们对协同工作和用户界面设计带来的潜在影响,以及地理协同工作的特殊需求。作为地理协同系统中规避冲突的关键手段,并发控制策略需要改进加锁控制、发言权控制等算法,并且与冲突检测和冲突消解技术相辅相成,形成完备的冲突解决机制,以保障地理协同系统中数据的一致性和协同工作的平稳性。

5.3.4　群体感知机制

通俗意义上,群体感知是通过共享的视觉图像、听觉效果等途径获得群组中其他成员乃至整个群体的相关信息,以帮助协同者更好地理解群体活动,进而提高群体协同的透明度和工作效率(Dourish and Bellotti,1992)。地理协同需要群体感知,它是确保用户在协作会话中充分了解实时协同信息的重要功能。换句话说,协同工作需要有一个“你所见即我所见”(what you see is what I see,WYSIWIS)的工作环境,这里用户能够在单个视图中处理自己的事务,同时观察他人的活动和工作,为自己的活动提供依据,还可以使用协作工具一起完成群组任务。

感知信息涵盖群体协同的各个方面,根据感知信息的系统属性,可以将这些信息分为两类。第一类是状态感知(Curry,1999),包括协同者的姓名、角色、位置、在线状态、工作进度等。第二类是活动感知(Carroll et al.,2003),主要包括协同者在共享空间中的行为操作,它强调在非面对面情况下理解群体活动上下文的重要性。根据感知信息涉及的对象,可以将其分为组织感知、环境感知、成员感知、社会感知、行为感知这五类(林建明,2001)。

(1)组织感知:充分理解协作成员的组织结构以及合作团体的整体目标,以此作为个体活动的指导方向。

（2）环境感知：对整个动态系统的当前状态及外部环境的感知。

（3）成员感知：包括对成员角色、责任及由此决定的操作权限、成员拥有的资源和具备的能力、成员在协作中承担的任务以及成员所处位置、当前操作状态等信息的感知。

（4）社会感知：对成员之间的社会关系以及某些社会协议、规则、习俗、习惯的感知。

（5）行为感知：包括对协作任务的目的、协作任务的完成情况、协作过程中产生的对其他成员的协作请求以及该协作任务与系统内其他任务之间的关系等信息的感知。

从技术角度来讲，感知信息的形成有三个重要的步骤：首先是相关信息的收集；其次将收集到的信息进行分布存储；最后将存储的信息提取出来并合理地呈现在所有协同者的界面上。值得注意的是，在信息收集、分布和呈现这三个步骤中都需要涉及信息选择与过滤的过程，避免产生和发送无效的感知信息。目前，群体感知主要研究内容包括感知模型和实现方法。其中，感知模型主要研究群体感知的形式描述和性质刻画，而实现方法主要关注实现群体感知功能的技术和工具（葛声，2001）。下面对这两个研究问题进行详细介绍。

5.3.4.1　群体感知模型

早期的群体感知模型有虚拟环境下的交互式空间感知模型（Benford and Fahlén，1993）、协同应用感知模型（Rodden，1996）、基于工作空间的感知模型（Guitwin，2002）等。其中交互式空间感知模型利用参与者的兴趣空间和影响空间中对象集合的交、并关系运算来刻画两个参与者之间的感知强度，但是没能与协作机制建立联系。协同应用感知模型对基于空间对象的感知模型加以扩充和解释，通过应用程序之间的信息流来刻画非共享工作空间结构下的感知强度，但是未体现相同应用中协同参与者间的协作关系（丁振国等，2008）。基于工作空间的感知模型将协同工作区的感知源细化，构建了群体感知的描述理论框架，包括组成工作空间感知的知识元素、维护群体感知的机制以及人们在协作空间中使用感知的方式，但是没有考虑到群体感知中不同要素间的层次性和相互依赖性。这些模型虽然能够简单刻画群组中的感知特性，但是很大程度上忽略了群组结构对群体感知的影响。群组结构规范着各种群组协同行为，由于缺乏群组结构对群体感知的约束作用，以上感知模型只能粗略分析群体协同中的感知特性（葛声，2001）。

为了弥补上述不足，国内外学者相继提出了基于角色的群体感知模型 RAM（葛声等，2001，2003）、基于任务的群体感知模型（闫临霞和曾建潮，2005）、基于信息可视化的协同感知模型（刘晓平等，2006）、面向服务的群体感知模型

SOGAM(Ji et al.,2006)。近年来,随着计算机编程思想的普及,有学者提出了面向对象与面向接口相结合的协同感知机制(谭德林和谭良,2011),通过降低协同机制中各个功能模块之间的耦合度,提高感知机制的可复用性和可扩展性。

协同工作是实时动态的,随着其复杂度增加,对协同感知机制的要求也有所提高,基于角色和基于任务的协同感知模型凭借其自身特性从诸多感知模型中脱颖而出,成为当今主流,并且能够较好地满足地理协同的需求。在介绍这两类模型之前,首先介绍一些相关的基本定义(杨武勇等,2005)帮助读者理解。

定义1 操作:描述共享对象对应的操作方法集合。

定义2 活动:描述角色在某一时间内的对象操作。

定义3 任务:描述角色在时间片的集中活动序列。

定义4 元活动:元活动是活动的最小单元,不可再分割。对于一个元活动,只能属于一个任务。

定义5 元任务:元任务是任务的最小单元,不可再进行划分。对于一个元任务,其角色有且只有一个。

1) 基于角色的感知模型

基于角色的感知模型(role based awareness model,RAM)基于角色对群组结构和感知行为进行刻画,根据角色之间的差别程度进行感知强度判定,能够较为精确地刻画协作过程的特性(葛声等,2001)。RAM通过任务分解规则、个体角色活动轨迹集合、感知强度计算函数、对象合作关系四个方面扩充了群组结构,刻画了群组行为中的群体感知特性。其中任务分解规则基于角色定义了任务细分和活动细分的三个基本规则,分别是存在规则、角色单一规则和活动单一规则;个体角色活动轨迹集合刻画了任意时刻的感知活动空间;感知强度计算函数则定义了角色对活动、角色对角色、成员对角色、成员对活动的感知强度以及成员的可感知活动空间;对象合作关系描述了对象之间的关联关系(葛声等,2001)。

采用RAM进行群体感知描述,一方面能够提供给用户更好的灵活性,方便个性化信息的定制,进行合理地协作交互,大幅度地提高工作效率;另一方面还能够通过各种角色、任务相关的感知强度分析和感知信息量化指标统计,来合理地对群组、任务、角色进行动态调整,为群体提供改善群体行为的可度量信息。

2) 基于任务的感知模型

群体协同中的群组基本要素包括角色、任务、活动等,这些要素可以用来描述约束群体行为的群组结构。其中,任务是群体活动的关键,也是群组成员建立彼此之间联系的纽带。根据葛声等(2001)提到的任务分解原则中的角色单一规则可以得出,对于任何一个任务分解,其最终的元任务所涉及的角色是不可再分的,即每个任务具有明确且唯一的角色属性,但是一个角色可以承担多个不同的任务。因此,用"任务"来刻画群体感知特性的粒度要比"角色"更细。同时,基于"任务"构造群体感知模型可以更精确地对实际协同工作中角色、任务及活动的动态变化过程与规律进行描述。

基于任务的感知模型(task based awareness model,TAM)是以群体感知信息的形成模块为基础的。早期闫临霞提出的 TAM 在感知信息形成的三个子模块(信息收集模块、信息分布模块、信息呈现模块)中插入了任务分解模块、任务感知强度模块和任务整合模块。

(1)任务分解模块:主要是对群组任务进行分解,把每个任务分解、细化成元任务。这项工作关键是创建任务分解树。

(2)感知强度模块:主要确定感知信息的感知强度。其思想是对任务分解模块产生的元任务根据加权规则库中的加权策略赋予不同的权值。

(3)任务整合模块:把带有不同权值的元任务根据相应的感知粒度和整合规则整合成感知信息,提供给信息分布模块。整合过程中要用到规则库中的整合规则。

上述基于任务的群体感知模型主要利用了任务的层次关系进行感知计算。然而,层次关系只是任务间的关系之一,除此之外,任务-活动管理模型 TAMM还包括约束关系和时态关系(Chunyuan et al.,1998)。其中,层次关系指的是任务的分解细化关系,这种关系的集合构成了任务分解树。约束关系和时态关系可以看作是任务间的依赖关系,它们均会对群体感知关系产生影响。因此,应该考虑把任务依赖关系应用在感知计算当中。李建国和汤庸等提出了基于任务依赖关系的群体感知模型(李建国等,2011),采用任务层次相关度、任务资源依赖度和任务时态依赖度这三个指标来衡量任务之间的感知强度,从而通过它们各自的阈值来确定感知空间,获得了更加合理的感知效果。

5.3.4.2   群体感知实现方法

群体感知拥有 4 个与感知信息相映射的要素,包括感知对象、感知模式、感知范围、感知形式,感知模型对这些要素进行了具体的设计与规划(刘晓平等,2006)。如何实现感知模型的设计,使用户在协同过程中切身体会到感知的存在,进而提高协同工作的效率,这引出了群体感知的另一个关键问题——实现方法。对于一般的协同系统,诸如用户列表、即时消息器、语音信使和电子白板的工具已经用于群体感知。此外,相关研究人员还为地理协同开发了一些特殊的工具,包括远程指针(telepointer)、雷达视图(radar view)和多视图感知方法(multiple views technique)(Sun and Li,2016)。

1）远程指针

远程指针可以记录用户在共享地图上的位置、焦点和操作轨迹（Convertino et al.，2005；Schafer et al.，2007），是一个非常有效的协同感知工具。在协作会话期间，可以在本地地图界面上同时看到许多指针。一个指针为当前指针，由本地用户控制，其他指针为远程指针，由其他用户控制。用户名称通常标记在这些指针的下方，可以通过鼠标指针的颜色与形状差异来进一步区分用户。图5.7 展示了远程指针的使用实例。在实际视图中，不同颜色的指针分别属于不同的用户，灰色指针代表当前用户，蓝色指针代表协作用户。对于图5.7，左图是"访客1"的视图，"手型"指针是他/她的指针，"箭头"指针是其协作者"访客9"（guest 9）的指针。远程指针已经被应用到一些地理协同研究中，例如，使用远程指针在基于网络的协同地图决策支持系统中识别其他用户的信息（Wu et al.，2009）。也可以利用远程指针和角色着色来区分不同用户的操作信息，实现地理协同规划中用户之间的知识共享（Convertino et al.，2007）。

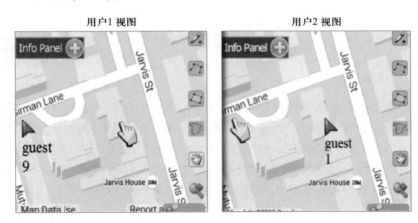

图 5.7 远程指针在群体感知中的应用

2）雷达视图

雷达视图是一类基于整个工作空间微型概览的小部件（Gutwin et al.，1996）。在地理协同中，它提供了对共享地图空间的全局浏览。雷达视图可用于显示其他用户的鼠标位置和地图视野范围（视图轮廓）。如图5.8 所示，右边是基于地图的共享工作区，左边是全局地图。在全局地图中，具有不同颜色的每个透明矩形表示用户的当前鼠标位置和地图视野范围。例如，红色矩形表示用户正在查看完整地图，红色十字形是此用户当前的鼠标位置。同时，蓝色矩形和蓝色十字则分别表示另一个用户的地图视野范围及鼠标位置。Schafer 等（2005）

进一步研究了传统雷达图像和鱼眼雷达图像作为群体感知的工具。根据共享工作区中显示的内容,研究人员还探索了其他类型的雷达视图,如结构雷达(Gutwin et al.,1996)。

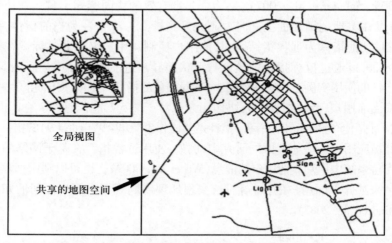

图 5.8   使用雷达视图概览共享地图和当前指针位置(据 Schafer et al.,2005)(参见书末彩插)

3)多视图感知

在地理协同信息共享的过程中,有些仅与个人角色相关的具体工作是用户不想与其他协作者分享的。而且,在处理复杂的地学问题时,面对大量的个人信息和共享信息,用户常常面临信息过载的压力。因此,需要一种机制将个人工作空间与共享工作空间分隔,让用户在保留私人操作的同时能够了解共享空间的变化。并且与当前协同工作无关的信息可以别过滤掉,使用户能够清晰地看到协同工作组的活动。

多视图技术使用多个视图窗口来解决以上协同工作空间中的感知问题。通常,多视图主要由如图 5.9 所示的两个视图窗口组成,一个用于公共视图,另一个用于私有视图。每个协作者都可以看到公共视图和个人的私有视图。公共视图提供了能够执行和显示同步操作的共享空间,从而支持群组讨论。同时,私有视图提供了私人工作区,用户可以在其中操作和显示个人工作。在公共视图和私有视图之间的转换机制是十分必要的(Convertino et al.,2005;Wu et al.,2009)。例如,在地理协同中,每个用户可以将在其私有地图上执行的操作转移到公共地图上,并且还能够将其他用户在公共地图上执行的操作移植到自己的私有地图中。图 5.9 展示了基于 Web 的原型的多视图用户界面(Wu et al.,2009)。左边是私有地图,右边是整个团队的公共地图,公共地图上的注解和抓取可以通过其创建者所属角色的颜色差异来区分。下方是四个用以支持共享、分析和讨论的工具:协商工具;注解浏览器,利用表格标签对注释进行分类检阅;注解整合图表;注释生成时间轴。这种协调的设计有助于跨地图联合数据探索活动和数据表达活动。为了获得更好的群体感知结果,可以将多视图技术与远程指针结合,但是这会使实现过程变得更加困难。

图 5.9　多视图协同感知(据孙亚琴,2016)

远程指针、雷达视图和多视图技术都可以用于支持地理协同中的群体感知,它们拥有各自的优点和缺点。远程指针可以反映协同者的位置、活动轨迹和工作过程。然而,当系统中存在许多协同者时,共享视图可能是凌乱的,特别是当协同者的地图视图彼此远离时,并不是所有的指针都可以被显示出来。雷达视图可以识别协同者的视野范围和当前位置,但是当他们的地图尺度差异很大时,持有比例较大的地图的协同者可能会看到模糊的视角和视点。使用多视图技术的主要好处是分离公共视图和私有视图,这使协同者在拥有私人空间工作的同时还能保持对群组工作的感知。但是有一个潜在的问题,当协同者之间的地图规模和视图范围有很大差异时,某些私有视图可能无法显示在公共视图上,使群体感知信息失去完整性(Sun and Li, 2016)。

5.3.4.3　群体感知相关技术

在群体感知模型的基础框架下,需要结合多种计算机网络技术以辅助群体感知方法的实现。当今主流的地理群体感知技术包括多智能体技术、上下文感知技术和本体论等。

1)多智能体技术

智能体是运用拟人方式设计的一个计算实体或程序,它能够在某个特定环境中灵活、自主地运行,以代表其设计者或使用者达到目标(Jennings,2000)。

智能体可以感知环境,具有自主性、交互性、主动性和反应性等, 它不仅能作用于自身, 而且可以施动作于环境, 并能接收环境的反馈信息, 与其他智能体协同工作(戚铭尧等, 2007)。根据智能体对环境的感知能力可以将其分为反应型智能体、慎思型智能体和混合型智能体(李蕊, 2007)。反应型智能体在具体环境的刺激下,基于一定的事件或一定的状态,通过规则针对性的做出反应。慎思型智能体可以对实际情况进行分析和推理,甚至有自我学习能力,可以对周围的环境进行灵活处理。比较经典的慎思型智能体采用的是 Rao 和 Georgeff (1995)提出的 BDI(信念—愿望—意图)结构。混合型智能体是前两者的混合,一般采用分层的方式进行混合。

多智能体的架构通常包含分布式和集中式两种:分布式中各个智能体相互平等,通过相互协商来完成任务的安排;集中式的架构中,有一个管理智能体,专门用于安排任务,统一化的管理有利于减少冲突和提高效率(李钟铭, 2016)。面向智能体的地学协作模型多使用集中式多智能体架构,其基本思想是将协同工作系统分解为几个部分,包括一组具有问题求解能力的计算主体,地理数据和模型等资源,以及不同层次的任务,通过智能体之间的相互作用来实现协作过程。

多样化的应用背景使得计算主体也具有多样性,戚铭尧等(2007)将地理协同智能体归纳为用户智能体、用户界面智能体、协作工具智能体、地学模型智能体、组织智能体、任务协调智能体、资源协调智能体、全局信息服务智能体和全局知识库(2007)。这种归纳方式以计算主体作为分解和抽象的基本单元,将不同功能的智能体封装起来,为用户提供便捷的开放式地理计算资源共享。并且,通过将音频、视频、图像等多媒体协作通道封装为智能体协作工具,增强多媒体通道的数据共享,可以使协同感知界面具有更好的实时性。但是,鉴于面向多智能体的地理模型计算技术仍处于发展阶段,多智能体协作系统的鲁棒性和易用性还有待提高。

2) 上下文感知技术

20 世纪 90 年代初,Mark Weiser 提出了普适计算的理念,希望计算机技术以一种非常自然的方式融入人们的工作生活当中,人们更加关注于任务的本身,甚至没有意识到计算机的存在(Weiser, 1991)。三年后,Schilit 等(1994)首次引入了上下文感知的概念,吸引了很多学者的注意,此后上下文感知技术成为了普适计算中的一个分支,学者希望通过用户、物体、周围环境等上下文感知信息来全面地为用户提供服务。直到 1999 年,Abowd 等(1999)对上下文做出了更加完善的描述:上下文是可用于表征实体情况的任何信息,实体被认为是与用户和应用程序之间的交互相关的个人、地点或对象,包括用户和应用程序本身。目前,这一定义受到了广泛认可。

Pashtan 定义了四个上下文的关键参数:①用户静态上下文,如用户简介、用户兴趣、用户偏好等;②用户动态上下文,如用户位置,用户当前任务,附近其他人或对象;③网络连接、如网络特征、移动终端能力、可用带宽和服务质量等;④环境背景,如一天中的时间、噪声、天气等(Pashtan, 2005)。确定参数之后,结合几位学者对上下文感知技术的分类(Truong and Dustdar, 2009; Ntanos et al., 2014),可以构建出一个较为完整的上下文感知框架:

(1)上下文数据的探测和获取。主要通过基于硬件设备或软件平台的传感器探测当前协同情景中的上下文数据。这些传感器对于用户的协同操作和共享地理环境的变化十分敏感,能够实时捕捉到周围环境中的动态变化。然而,这些上下文数据都只是原始数据,需要经过筛选、组合、推理等一系列工序才能将其转换为上下文信息。

(2)上下文信息的描述与表达。为了描述上下文信息,需要对上下文建模。比较常见的建模方式有:键值对模型、标记模型、图模型、基于逻辑的模型、本体模型等。键值对模型能够及比较直接的描述一个对象的属性及其参数。标记模型(markup scheme model)采用 XML 可扩展标记语言来描述对象。它由一系列用户自定义的标签构成,可以通过 XSD(XML schema definition)来对该标签的元素和值进行限定,从而实现数据的初步校验。图模型是通过直观的图形化方式来建模,较为常见的是 UML(unified modeling language)图和 ORM(object relational mapping)中的 ER 图(entity relationship diagram)。基于逻辑的模型则是由一系列的事实、表达式和规则构成。前面几种模型的构建依据是实体的内容和关系,而基于逻辑的模型则是针对推理过程提出的,引入了人工智能中的逻辑推理方法,使得上下文感知技术更加智能化和个性化。但是这种模型对开发者的要求较高,而且难以在不同系统中复用,所以目前应用相对较少。

(3)上下文信息的存储与查询。在基于 Web 的协同系统中,上下文信息大多根据一定规则存储于关系型或对象型数据库,以及文件系统中。当系统需要提供上下文信息时,先将高层次的人性化查询语言翻译为计算机可理解的低层次查询语言,再通过数据发掘、文档分析等方法查询相应的上下文感知信息。

(4)上下文信息的分发。上下文信息的分发很大程度上依赖于 Web 通信技术,主要包含三种方式:直接的数据传输协议、混合的网络协议和特定的数据访问机制。其中,直接的传输协议指基于 SOAP 消息传输上下文信息,这种方式简单快捷。然而,目前大多数基于 Web 的上下文感知系统都采用混合式网际传输协议。因为这种方式能兼容多种信息分发模型,如集中式模型(集体分发)和 P2P 模型(点对点分发)等。在一些地理协同系统中,用户也可以订阅某一类上下文信息,通过特定的数据访问机制,Web 服务会定期向用户推送相应的上下文信息。

（5）上下文信息的推理。前面提到，获取的上下文数据需要经过加工才能成为上下文信息，这个加工过程中最关键的一步就是上下文信息的推理，也就是将原始的上下文数据转换为用户可以感知的信息。推理的方法与上下文描述模型息息相关。如果采用本体模型，则采用基于语义的推理方法。如果采用标记模型等，推理方法会受到模型语言的限制，推理精确度也会有所损失。但是由于上下文的语义非常丰富，如何尽可能全面地推断上下文的语义信息仍然是当今上下文感知的一个重要难题。

（6）上下文信息的自适应性。这种自适应性通常是与应用程序的特征相关的，需要一个中间件去管理上下文信息的传递，主要包含以下几个方面：服务的选取和任务的匹配、通信协议的选择和通信方式的优化、信息内容的定制化，以及信息安全和用户隐私的控制。

随着计算机网络技术的复杂化，上下文信息也变得更加丰富，通过上下文感知技术，向用户传递了特定地理协同环境的相关信息，增强用户与协同环境的感知强度，减少用户之间的误解和冲突，进而帮助用户做出更明智的决策。

5.3.5   安全机制

基于虚拟地理环境的分布式地理协同离不开计算机网络的支撑。作为地理信息的主要载体和异地协同工作的交互平台，互联网的安全性将会很大程度上影响地理协同空间的安全。一方面，互联网的开放性客观上易导致网络信息被窃取、篡改、非法占用等现象发生；另一方面，地理协同平台的共享性也会给自身带来安全威胁，如身份伪装、内部泄露、通信拦截等。随着人们对地球和社会的探索不断深入，面临的地学问题也日益复杂，涉及的领域趋于多元化，参与协同的用户范围不断扩大，需要处理的数据量在呈几何级增长。这不仅增加了地理协同工作的难度，同时也导致协同系统在频繁、大量的信息传输中更容易遭受攻击。

5.3.5.1   地理协同安全概念

协同安全是以虚拟地理环境安全为基础的，依据美国国防部公布的"可信计算机系统安全评价准则"（Department of Defense Trusted Computer System Evaluation Criteria, TCSEC），结合现有对 GIS 安全的定义，可以将虚拟地理环境安全引申为：虚拟地理环境中服务的可用性、地理信息的完整性和地理信息的保密性。其中，地理信息服务的可用性是指用户能够及时、正确、安全地得到地理信息服务；地理信息的完整性是指地理信息不被非法修改、破坏或丢失，并保证地理信息一致性;地理信息的保密性是指高安全级的地理信息不会在未授权的情况下流向低安全级的主体和客体(刘永学等,2007)。

此外,地理协同安全还涉及其他三个层面:①协同用户个人信息的私密性,即用户信息不被非法获取或破坏,否则可能导致网络攻击者假借用户身份登录系统,获取用户权限进行欺诈等恶意操作;或篡改用户角色等信息,致使正式用户无法正常登录协同系统。②协同工作流的畅通性,指地理协同空间中各功能模块能够保持正常且及时的通信,用户之间的交互及用户与虚拟地理环境的交互不会被恶意阻挠或被协同空间外部的不明冲突所干扰。③协同资源的独立性,指地理协同工作所需要的数据资源、计算资源、可视化资源、服务接口等不被非法占用或破坏,即避免使协同资源控制权在使用或交接过程中被非法剥夺。

5.3.5.2　地理协同安全分析

基于虚拟地理环境的地理协同按照其网络结构可以分为 C/S(client/server)结构与 B/S(browser/server)结构。在 C/S 结构的地理协同系统中,应用程序分为客户端和服务器端两大部分。客户端部分为每个用户所专有,而服务器端部分则由多个用户共享其信息与功能。C/S 结构的优点是能充分发挥客户端计算机的处理能力,很多工作可以在客户端处理后再提交给服务器,从而提高客户端响应速度,同时减轻应用服务器运行数据负荷。这样的 C/S 结构比较适合于在小规模、用户数较少、单一数据库且有安全性和快速性保障的局域网环境下运行。

随着地理协同系统用户量的增加和系统功能的扩增,传统的 C/S 结构已经无法满足大规模协同工作的需求。由于 C/S 结构系统的数据分布特性,客户端所发生的火灾、盗抢、地震、病毒、黑客等都成了可怕的数据杀手。另外,对于集团或政府级别的异地协同应用软件,C/S 结构的软件必须在各地安装多个服务器,并在多个服务器之间进行数据同步。如此一来,每个数据点上的数据安全都影响了整个应用的数据安全。对于 B/S 结构的协同软件来讲,由于其数据集中存放于总部的数据库服务器,客户端不保存任何业务数据和数据库连接信息,也无须进行数据同步,所以避免了许多由客户端引起的数据安全问题。除了安全优势,基于广域网的 B/S 结构还具有适应范围更广、可重用性更强、系统维护成本更低等特点,因此现在的地理协同系统多采用 B/S 结构。

基于 B/S 结构的地理协同系统主要包含三个层次,分别为表示层、应用层和数据层。各层之间采用既定的通信接口进行网络通信,因此通信协议层也在协同系统中扮演着重要角色。以上四个层次统称为逻辑层或软件层。这四个层次的实现以计算机、交换机、路由器等硬件设备为基础,称为物理层。对软件层的操作主要来自协同人员层。下面将从这几个层次对地理协同安全做出分析。

1）物理层安全分析

就 B/S 架构的地理协同系统而言，其物理层安全隐患不仅涉及本地设备的稳定性和可用性，还需要考虑地理信息在网络传输中的硬件因素（如通信线路、网桥、交换机、路由器等）。就后者而言，从信息传输通道上讲，Internet/ Intranet 一般是以没有安全保障的公用电信网络作为硬件基础，其物理上的脆弱性是显而易见的。此外，由于地理信息在网络上的传输是以数据包的形式进行，其稳定性取决于具体的网络流量状况，且通过哪些中间节点亦难以事先控制。因此，对于 B/S 架构的地理协同系统而言，任何中间节点均可能拦截、读取、甚至破坏和篡改封包的信息（刘永学等，2007）。

2）表示层和应用层安全分析

表示层为系统的前端门户，为用户提供友好的、直观的交互式操作界面，使客户端能够调用应用层的各项服务，从而访问应用程序。主要功能包括用户登录认证，数据、服务获取交互操作，数据及协同结果展示等。面临的安全威胁包括非认证的用户登录、服务操作接口入侵和网络侦听等。应用层是整个系统的核心部分，表示层通过应用层实现与数据层的交互。应用层为用户提供各种地理空间信息服务，主要由 Web 服务器和应用服务器构成。应用层服务器为实现其功能，需要从空间数据库读取数据进行处理，因此保存了访问空间数据库的配置文件等信息。面临的安全威胁包括配置文件暴露、系统架构和连接细节信息泄露等（张福浩等，2016）。

为了建立表示层与应用层之间的服务桥梁，实现真正意义上的地理资源共享，在地理协同系统中定义了一系列标准接口，同时，这些接口也是服务于用户的友好交互接口。在这些标准接口的支持下，用户只要遵循协同规则并正确执行相应命令，就可以通过网络连接方便地接入虚拟地理环境模型运算平台。这是虚拟地理环境的一大优势，但也带来了一些安全隐患。在虚拟地理环境地学模型运算中，无论是高性能调度系统还是资源目录体系，哪一个遭到破坏，都会致使模型计算服务停止，导致整个计算系统瘫痪。因此，这种安全威胁是相当严重的。这类攻击的形式主要有：拒绝服务攻击、修改或破坏服务内容、逆服务指令运行、给各类资源造成调度障碍等。例如，拒绝服务攻击表现出来的是短时间内出现大量的无用计算任务，并且大量地、长时间地占用数据资源或计算资源等，把这些任务提交给模型调度系统，致使模型调度系统无法正常执行指令和任务。再如，逆服务指令运行，其形式可能是导致调度系统指令间断或重复，服务运行与提交的任务目标相悖，无法满足用户需求等（龚强，2007）。

3）数据层安全分析

地理协同空间数据库担负着空间数据存储和信息处理的任务，在灾害预警和救援、环境监测、城市规划和军事行动等诸多领域得到了广泛应用。空间中存储的海量信息涉及自然资源、城市、交通、电力、电信、人口、军事设施等对象的空间位置信息，若被任意使用，可能会造成巨大的损失，甚至威胁国家安全（李东风和谢昕，2008）。目前，对空间数据库安全没有公认、一致的专门定义，但其内涵和外延与通用数据库安全是基本一致的。Pfleeger（2006）从逻辑数据库的完整性、物理数据库的完整性、元素安全性、可审计性、访问控制、身份验证及可用性等方面对数据库安全进行了定义，受到了多数西方学者的认同；我国公安部及国内多数学者则从保密性、完整性、可用性和一致性四个方面对数据库安全进行了定义（吴溥峰和张玉清，2006）。

传统空间数据库面临的主要安全威胁有：不正确的访问数据库引起的数据库信息数据的错误；外来者因为实现某种目的故意破坏数据库的数据信息，使得这些信息不能够恢复；数据库信息受到非法访问并且不会留下访问痕迹；未经授权而非法篡改数据库的信息数据，致使数据库的信息数据失去真实性；数据库存储硬件毁坏等（张洋，2013）。伴随着空间数据量与应用需求的剧烈增长，传统基于单节点的空间数据库服务模式已经不能满足海量数据存储和高并发的数据访问需求，需要向分布式集群服务模式扩展。分布式空间数据库将物理上分散的空间数据库组织成一个逻辑上单一的空间数据库系统，能实现数据存储容量的水平扩展和高并访问的负载均衡（于杰等，2012）。

与传统数据库相比，分布式空间数据库具有物理分布性、逻辑整体性、节点自治性、节点间协调性和冗余容错性五个特点，这些特点对空间数据安全提出了新的要求，表现出以下安全特性（张福浩等，2016）：第一，分布式空间数据库的安全应该是构成数据库集群的各节点安全之和，任何一个节点的安全漏洞都可能影响全局的安全。第二，空间分布式数据库各节点通过通信网络传输数据和交换信息，集群内部的通信网络亦即成为数据库安全的考虑对象。第三，一般分布式数据库提供了多个数据访问入口，以便实现负载均衡并避免单节点故障。每个入口都可以访问到全体数据，而众多访问入口可能成为安全防护的弱点，这就要求分布式空间数据需对外隐藏其内部体系结构。

4）通信协议层安全分析

当今主流的网络通信协议有 TCP/IP 协议（传输控制协议/因特网互联协议）和 UDP 协议（用户数据报协议）。其中，TCP/IP 协议包含数据传送的保证机制，当数据接收方收到发送方传来的信息时，会自动向发送方发出确认消息；

发送方只有在接收到该确认消息之后才继续传送其他信息,否则将一直等待直到收到确认信息为止。相较于 TCP/IP 协议,UDP 协议下传输速度快,系统开销小,但是缺乏数据传送的保证机制。如果在从发送方到接收方的传递过程中出现数据报的丢失,协议本身并不能做出任何检测或提示。因此,通常 UDP 协议被称为不可靠的传输协议。

现有的地理协同系统网络服务大多构建在 TCP/IP 协议的基础上,该协议定义了电子设备如何连入互联网,以及数据在它们之间传输的标准。作为国际互联网的基础,TCP/IP 协议具有标准化的高层协议,能够独立于特定的网络硬件和计算机硬件,提供多种可靠的客户服务。但是,在协议开放化的同时,其安全体系结构相对还比较薄弱(秦迎春, 2005):第一,TCP/IP 协议的大多数底层协议为广播方式, 网上任何机器均有可能窃听到传输信息;第二,协议规则中只保证了信息无差错地传输, 缺乏通信协议的基本安全机制, 没有加密和身份认证等功能;第三,位于协议上的应用服务如文件传输服务(FTP)、电子邮件服务(SMTP)等,大多只提供简单的口令防护;其他如远程登录应用服务协议更是完全以明文方式进行数据传输。黑客即使不知道用户口令, 只要在一个或多个节点安装"嗅探"程序, 即可轻而易举地侵入系统中。此外, 由于通信协议自身存在的隐患, 可能导致黑客采用 IP 地址欺骗、IP 碎片袭击、TCP 序号攻击等手段, 远程读写地理协同系统中的文件、执行文件并通过网络窃取地理信息, 造成不同程度和形式的危害。

5)协同人员层安全分析

据 2004 年 CNCERT/CC 网络安全状况调查报告, 计算机系统没有采取相关安全标准作为指导的比例达 64 .1 %, 引发网络安全事件因素中最主要原因是缺乏充分的安全培训和安全意识教育。可见在已有的计算机安全事故中, 有相当比例是由于人为因素造成的。地理协同作为虚拟地理环境下的应用系统, 操作人员众多, 包含各领域专家、公众用户、政府职员、系统管理员等诸多角色, 因此产生的安全隐患比较复杂。一方面体现在安全技术上, 如系统软硬件环境的使用不当, 数据库访问策略设置有误,用户认证机制不够严格等;另一方面体现在管理制度上, 系统管理人员缺少安全意识,在系统安全受到威胁时, 未能采取完善的安全管理方法、步骤和安全对策,例如, 事故通报、风险评估、改正安全缺陷等。而且在安全事故发生后未能执行损失评估及相应的补救恢复措施(刘永学等, 2007)。

5.3.5.3 地理协同安全策略

通过对以上几个层面的综合分析可以看出,地理协同安全隐患既存在于硬件层面, 也存在于技术层面, 还存在于管理层面。针对这些潜在的安全威胁和风险,需要结合当前信息安全技术的发展水平,设计一套科学合理的安全策略,使地理协同系统具备有效的自我防护能力、隐患发现能力、应急反应能力和灾难恢复能力,从网络、系统和管理等方面保证地理协同的安全性。从网络和系统的角度考虑,为了加强系统抵御外侵的能力,需要筑建防御策略、监控策略、数据保护策略三座壁垒。

1)防御策略

防御机制主要指防火墙功能。防火墙是一种结合软硬件的访问控制技术,用于加强两个或多个网络间的边界防卫能力,通过用户定义的规则来判断数据包的合法性,从而决定接受、丢弃或拒绝。其强大威力在于可以通过报告、监控、报警和登录到网络逻辑链路等方式把对网络和主机的冲击减少到最低限度(刘永学等,2007)。

2)监控策略

由于防火墙只是被动式的防御,且对网络内部人员攻击不具备防范能力。架构在防火墙之后的入侵检测系统,经过数据源入侵检测、探测器、事件、分析器、管理器等几个环节,能够实时监控成功穿过防火墙的数据包,自动检测可疑行为,分析来自网络外部入侵信号和内部的非法活动,分析攻击特征,在系统受到危害前发出警告,并对攻击做出实时响应,提供补救措施。同时,监测模块也会对协同系统中的硬件资源、软件资源、数据资源、计算资源等进行实时监控,若发现资源分配或使用异常,则会立即反馈给监控中心进行诊断,以确保地理协同工作执行中的资源安全。

3)数据保护策略

数据保护包括数据加密和数据备份。数据加密也称为数据隐藏,具体手段是在数据传输过程中通过加密方法隐藏数据,实现对地理协同空间中模型程序、运行结果、控制信息等数据的保护。加密的思路是通过既定的算法将原始数据明文转变成为不可识别的密文,若不经过解密算法,将无法获得数据信息的具体的内容。一般而言,可以通过哈希算法对敏感数据进行加密,如对称加密(3DES、AES)、非对称加密(RSA)和其他加密方法(IDEA)。不同加密方法具有不同特性。

数据备份是为了在协同系统受到非法入侵后能够快速恢复地理数据的一致性,也能在一定程度上弥补由于人为错误造成的数据丢失。按照备份时数据库状态的不同可将数据备份的类型分为冷备份、热备份和逻辑备份。备份的方法包括完全备份、增量备份、差别备份、按需备份等。通常采用完全备份、增量备份来保护地理数据。其中,完全备份是按周期(如一天)对整个系统所有的数据进行备份。方便的操作加上完整的数据保障使完全备份成为一种流行的备份方式,但由于备份时间长、占用的磁盘空间大,所以该种方式不适用于业务繁忙的地理协同应用。而增量备份只备份更新的数据,既节省存储介质空间,又减少备份时间,其缺点是恢复数据时不能一次性完整地恢复。因此,在选择地理数据备份方式时要择情而定。

从管理的角度考虑,可参考 5.3.1 节介绍的"基于角色的权限控制"策略。首先,建立用户认证登录体系,每位用户必须实名注册,使用安全级别较高的注册口令并时常更换密码。通过用户身份鉴别,可以防止大部分非法用户入侵和非授权用户对系统的访问。其次,根据用户角色和用户所在协同组对用户权限进行控制,以限定不同用户能够使用的系统功能和资源。可按照权限最小化原则,结合协同组织结构,制定用户权限分配表,实现授权用户对授权对象的访问权限的定义、分配、回收和控制。然而,即使通过身份鉴定的用户也不是绝对的安全。待用户登录协同系统后,需要对用户在协同工作中的全过程行为进行跟踪,将行为轨迹存储到用户历史行为记录中,而后对历史数据做出安全审核与诚信度评价,以决定申请用户是否具备进入后续协同工作环节的资格。

5.4　协同虚拟地理实验

实验是产生和验证科学知识的最重要的手段之一。面对高度的复杂性及综合性需求,地理学应该不再只是概念的描述和哲学的理念思维,而确实成为综合研究地表众多过程的一门实验性学科。开展地理学实验的目的是试图将自然和社会环境集成到一个综合性的实验框架下进行研究。这为综合性地学研究提供了重要的手段,有利于推动地理学的发展,使之真正成为一门综合性实验科学。

近 20 年来,随着理论的积累与科技的发展,地理学实验已经脱离了纯粹的实验方法研究阶段,逐渐形成了一门研究地理问题的学科与方法,即实验地理学。实验地理学在对原有的地理学实验手段及方法进行总结的基础上拓展了内涵,丰富了研究手段,使得其在理论及应用层面都更具系统性。

然而,任何学科的发展都需要一定的过程。目前,地理实验学的发展依然存在一些值得探讨的问题,主要包括以下三个方面:①如何将地理环境作为一个完整的综合体开展实验及模拟? ②如何开展多维、多尺度地理实验? ③如何充分利用现有的先进技术提升实验地理学的功效?解决以上实验地理学所面对的问题,推动地理学综合研究的发展进程,是一项极具挑战性的任务。

经过长期研究,笔者认为,将协同虚拟实验运用于地理学研究,构建虚拟地理环境将是提升实验地理学功效的有效途径。一方面,Bainbridge 于 2007 年在 *Science* 上撰文指出,设计基于虚拟世界的虚拟实验将为实验科学的发展提供新的契机,而这一趋势已经体现在虚拟战场仿真、虚拟地理教学、全球变化模拟与评估、建筑环境设计、人类行为分析等诸多领域。虚拟实验不仅能够帮助重现现实实验中难以构建的实验环境,还节省了实验成本及资源,从而极大地推动了相关方面的研究。另一方面,虚拟地理环境有其自身的特性,可以弥补现阶段实验地理学的不足(林珲和陈旻, 2014)。

下面将通过一个案例详细介绍协同虚拟地理实验的具体应用——全球变化与人类活动相互影响下的全国粮食产量协同模拟与评估。读者将会对协同虚拟地理实验获得更全面的了解。

5.4.1 实验背景

全球变化与可持续发展研究是 21 世纪国际地球科学的前沿领域,其影响已经超越了科学研究范畴,成为当今人类社会面临的两个重大挑战(徐冠华等, 2013;李家洋等, 2005;叶笃正和吕建华, 2000)。在该领域内研究水平的高低对国家政治决策、经济发展和外交事务具有重大和深远的影响(刘燕华等, 2006)。

全球变化实际上是人与自然之间关系的变化,需要考虑如何与人类生存空间的可持续发展紧密地结合起来(李家洋等, 2005)。在此过程中,人类的影响日益凸显。一方面,人类活动正以前所未有的幅度和速率影响着地球系统,在十年到百年尺度的全球环境变化中,人类活动的影响与自然驱动力已近乎相当(叶笃正和吕建华,2000;刘燕华等, 2004);另一方面,全球变化背景下,城市化、人口膨胀和资源过度利用等一系列人类社会活动所带来的社会环境问题阻碍了国家的可持续发展。全球变化将带来植被格局、水资源量和作物产量等方面的各种变化。鉴于未来几十年粮食需求的快速增长,近期和未来的作物产量增长水平受到国家政府和国际机构的关注。明确了解社会发展和全球气候变化对全球作物产量的影响对世界粮食安全具有重大意义。

面对以上理论及实际需求,香港中文大学虚拟地理环境研究团队基于虚拟地理环境的群体协同模式,针对全球变化与人类社会相互影响下的全国粮食安全开展了协同模拟与综合评估,从而为提出人类适应全球变化的综合策略提供科学可靠的依据(Chen et al.,2020)。

5.4.2   实验设计

5.4.2.1   政策情景选择

2007 年,联合国政府间气候变化专门委员会(Inter Governmental Panel on Climate Chang,IPCC)专家会议上共选定四组(RCP 2.6/4.5/6.0/8.5)未来可能的辐射强迫路径,称为典型浓度路径(representative concentration pathway,RCP)。典型辐射强迫路径可以通过各种不同的社会、经济和技术情景组合得到,强调稳定目标的实现途径,而不具体设置一定的社会、经济、技术或政策。考虑到典型性和代表性,本研究共设置三种政策情景:REF 相当于参考情景,即不考虑气候政策干预的发展情景;G26 为激进减排情景,是目前认为实现难度非常大的发展情景;G45 为目前普遍认为未来最可能出现的情景。

- REF 情景:参考情景,不考虑气候政策干预,但考虑技术进步等因素。
- G26 情景:到 2100 年,RCP 目标控制在 2.6 W m^{-2} 以内,全球温升目标控制在 2 ℃ 以内,该目标与 2015 年 12 月在达成的《巴黎协定》中的目标基本一致(即 2 ℃温升目标)。
- G45 情景:到 2100 年,RCP 目标控制在 4.5 W m^{-2} 以内,全球平均温升 3℃ 以内。

5.4.2.2   实验平台设计

虚拟地理环境协同模拟与评估平台可分为应用模块、协同任务处理模块、协同资源存储与管理模块三部分(参见图 3.3)。其中,应用模块负责用户的前端交互和协同模拟评估的主要业务功能,由资源中心、协同模拟与评估中心、可视化中心、管理中心四部分组成。各部分之间基于 Web 服务的松耦合方式保证了虚拟地理环境协同模拟与评估平台具有良好的可扩展性。

资源中心对所有协同过程所需资源进行组织与管理,包括地理空间数据、模拟与分析模型、地学知识等。在地理空间数据管理方面,资源中心从数据要素描述、关系描述、操作描述、规则描述等多方面来规范并抽象空间数据模型,构建可定制多维空间数据表示与交换模型,以实现对多源异构数据的有机集成。这种数据管理方式可以促进地理空间数据的共享和互操作,从而达到数据协同的目的。

协同模拟与评估中心为用户提供了模型协同、分析协同、决策协同的平台,主要实现多用户协作式情景设定、问题方案建模、协同模拟及协同控制等功能。该部分提供了一系列可视化建模工具,帮助研究人员针对特定地学问题设计并创建解决方案模型。另外,不同领域专家可以协同对模型进行操作,例如,根据当前情景设置模型参数、控制模型运行等。继而,在模拟过程结束后协同分析输出结果,评估模拟方案,为决策过程提供理论依据。

可视化中心集成了海量异构的时空数据,在虚拟地理环境中为研究人员提供时空动态可视化分析方法,帮助研究人员按照不同时空维度实时动态分析演化过程和预测结果。此外,该部分还支持多源协作信息的组合与聚类表达,协同组成员活动信息与工作进度的实时显示,以及根据用户角色实现个人视图与公共视图的关联与切换展示等,进而实现可视化协同。

管理中心负责应用平台的用户、角色、协同权限及协同组的统一分配与管理。采用基于角色的权限控制机制,对所有角色和用户的权限进行定义、创建、更新及管理,主要包括角色定义、权限分配和用户映射三部分等。管理中心使得地理协同在用户层权限界定下更加有序地执行,减少不必要的协同冲突,提高地理协同工作的效率。

5.4.2.3 实验过程设计

面向全球变化与人类活动相互影响下的全国粮食产量协同模拟与评估,协同虚拟地理实验可分为三个阶段:地学问题建模阶段、协同模拟与评估阶段和结论决策阶段。

1) 地学问题建模

该阶段通过可视化建模方式定义和描述地理科学问题并设计解决方案,主要由解决方案建模和情景建模两个部分组成。解决方案建模过程中,首先,确定研究的问题域,采用自定义的地学问题规范,来描述地理空间对象的各种属性;其次,根据问题域及问题描述,设定解决问题需要完成的任务并进行任务分解;最后,为每个任务建立表达及分析模型,确定模型运行的顺序及模型间的数据流。情景建模过程中,需要为不同的政策情景建立符合政策要求的地学领域目标,如碳价、工业能源比例、人均劳动力等,以分析地学问题在不同政策情景下的状态及发展趋势。

2) 协同模拟与评估

该阶段是协同解决地学问题的核心部分,主要分为三个步骤。第一步是协同组的创建:首先根据用户的专业背景及定义好的问题域选取合适的用户创建协同组;其次分析问题解决过程中用户知识空间和问题知识空间的关系,为用户分配恰当的协同任务及协同组临时权限。第二步是模拟条件的准备:按照地学问题的定义和描述进行相关数据资源、模型资源、计算资源的整合,并配置模拟环境,以支持地理模型的运行。第三步为模拟任务的执行:借助可视化图形界面,研究人员能够实时监控模拟过程的进度;模拟产生的中间结果将通过多为动态可视化方式展现给用户,各领域专家通过协同地评估模拟结果,对产生不理想结果的模拟方案进行调整与优化。模拟与评估阶段可进行多次迭代运行直至满足任务需求。

3)结论决策

结论决策阶段将协同模拟与评估的结果以直观可视的方式呈现,以更好地辅助决策。并且根据专家得出的结论生成可供选择的决策方案,使决策者可通过系统提供的协商平台对决策方案进行探讨,还可采取系统中的投票、仲裁等机制确定最终的决策方案。

5.4.3   实验方法

5.4.3.1   知识驱动的协同问题建模

虚拟地理环境知识是与各种地球科学问题相关的地理信息,可以用于解释特定地理环境中的现象,并且提取相应的地理空间规则或规律。鉴于虚拟地理环境知识的核心特征是跨学科协同和地理演化过程,本研究的概念模型从五个角度描述了虚拟地理环境知识:地理上下文、地理模型、协同逻辑、协同约束和相关属性。在此基础上,本研究提出了一种知识驱动的层次化协同问题建模方法。

第一层为概念建模。对于特定的地学问题,具有不同领域知识的专家首先考虑如何通过转换规则将现实世界的地理问题映射到理论地学问题。然后,根据地理上下文,将复杂的地理问题分解为不同领域和不同层次的子问题。

第二层为实例建模。概念模型中的每个子问题都需要实例化为特定类别的地理模型。模型库作为一种地理知识,需要为各个子问题提供或推荐适当的模型。另外,考虑到模型耦合,还需要阐明所选模型之间的逻辑关系和协同约束。

第三层为应用建模。对于同类地理模型,考虑到效率或可行性等实际情况的要求,可以通过不同的算法实现同种实例模型的应用。并且,相应的输入数据和执行环境也会发生变化。

借助这种地理问题建模方法,研究人员可以快速将不同情景下的地理问题转化为具体的地理模型问题,然后使用数学方法和可视化工具来准确分析和解决这些问题。

面向全球气候变化与人类活动相互影响的模拟与评估涉及政策、土地利用、大气、陆面、生态模拟等多个计算步骤,经过反复研究分析,本实验选取全球变化评估模型(global change assessment model, GCAM)作为人类活动的模拟模型;以地球系统模式(community of earth system model, CESM)作为全球变化的模拟模型;以地球系统模式的子模块陆面粮食模型(community land model-crop, CLM-Crop)作为粮食产量模拟模型。然而,以上模型还不能完全适用于本实验拟解决的问题,需要对模型的结构分量、输入数据及运行参数等进行调整和优化。

5.4.3.2 异构模型集成与协同计算

全球气候变化与人类活动相互影响下的粮食产量模拟与评估涉及土地、政策、气候、地球系统等多个研究领域的计算模型,是典型的多学科专业知识融合、演化及协同的地学问题求解过程。如何让不同来源、不同形式、不同专业、不同类型的地学模型有序地协同计算是模型集成的关键。针对此问题,本实验提出了针对不同来源、不同形式、不同专业、不同类型的异构模型采用通用的 Web 服务形式进行计算服务封装,以此通过通用规范屏蔽异构计算模型的差异,为上层地学问题任务的求解提供统一的调配方法;在模型服务的基础上,提出了统一地学知识表达模型,采用形式化方式描述复杂地学模型组合的语法结构、功能语义、地理情景、协同约束等等,从而实现了异构模型的集成。

以本实验的基于全球变化评估模型(GCAM)的人类活动模型和地球系统模式(CESM)为例,在模型耦合与协同计算时,需要解决以下两个问题:

1)关键耦合参数的映射与关联

GCAM 模型中的自然过程较为简单,主要模块是农业土地利用模块(AgLU)。在 AgLU 模块中,农业生态区(AEZ)中不同土地利用类型所对应的植被碳密度和土壤碳密度是不同的,本实验选择碳密度相关的输入参数作为模型耦合参数。CLM 是地球系统模式 CESM 中的动态陆面模块,主要模拟地表的生物物理过程和生物化学过程。CLM 模型中自然过程复杂,与碳相关的输出参数较多。根据 CLM 的输出参数和 GCAM 的输入参数的意义,将两个模型参数进行关联映射。

在 GCAM 中假设植被碳和土壤碳在模型运行期间(几十年甚至上百年)固定不变,这与实际不符。所以在耦合过程中,需利用 CLM 模型的相关输出参数更新 GCAM 中的碳密度。例如,利用 CLM 输出的根、茎、叶的碳(FROOTC,LIVESTEMC,LEAFC)计算出植被碳,更新 GCAM 原有的植被碳值,作为 GCAM 的输入从而达到耦合。

2)时空尺度的转换

地球系统模式与人类活动模型的模拟单元不同,要实现两者的耦合,需要进行耦合变量的时空尺度转换。

首先是空间尺度的转换。CLM 是以栅格作为模拟单元,每一个栅格中分为不同的土地单元。而 GCAM 模型将全球分为 32 个经济区,18 个农业生态区,两者空间叠加后形成 238 个不同经济区的农业生态区,在每个农业生态区中又包括 27 种土地利用类型。在由 CLM 到 GCAM 的参数传递过程中,要将 CLM 栅格尺度的输出进行升尺度处理,通过分区统计将 CLM 输出参数转换为与 GCAM 相匹配的土地利用单元。此外,由于 CLM 与 GCAM 的土地利用分类体系不同,在分区汇总时需要进行分类体系的转换。

其次是时间尺度的转换。CLM 模型的时间步长一般为 0.5 小时,可将模拟结果按照一个步长、一小时、一个月的频率进行输出;GCAM 模型的时间步长一般为 5 年。由 CLM 模型向 GCAM 模型的时间尺度转换为汇总操作,计算 5 年内 CLM 输出结果的平均值或总和作为 GCAM 的输入,实现两个模型在时间尺度上的统一。

5.4.3.3　多角色协同模拟与评估

1)协同模拟与评估流程

基于虚拟地理环境的地理过程模拟与评估通常需要多个领域专家协同地参与地学问题的求解。不同领域的专家在协同工作中扮演着不用的角色,具体的协同模拟与评估过程如图 5.10 所示。首先,协同发起人通过角色登录功能初始化角色扮演模块,并调用基于角色的权限控制机制,为角色分配适当的权限。同时,其他协同参与者以相同的方式相继进入系统。其次,协同发起人创建面向特定地理问题的工作流,然将工作流分解为成若干个子任务。当协同创建者通过群体感知机制感知到其他参与者的加入时,会根据他们的角色属性适当地为他们分配协同任务。同时,协同参与者可以在收到所分配的任务之后决定是否接受该任务。而后,如果所有的协同任务都被接受,便可以启动协同工作流。协同任务的内容随着地学问题的解决方案变化,包括协同数据处理、协同模型计算、协同分析和评估等。在协同过程中,将启动冲突协调机制和并发控制机制,以确保地理协同工作的顺利开展并形成最终的协同结果。

整个气候变化与人类活动的模拟过程中,不同领域背景专家和研究人员参与模拟与分析过程时需要在不同阶段参与时空动态过程的监测、判定及调整。针对不同模型所需不同领域专业知识协同的特点,将领域背景作为角色模型的属性,有助于地理情景建模方案的设计及情景分析过程的任务划分,同时,良好地促进了隐性的专家经验知识到显性的地理模型知识的融入与转化。

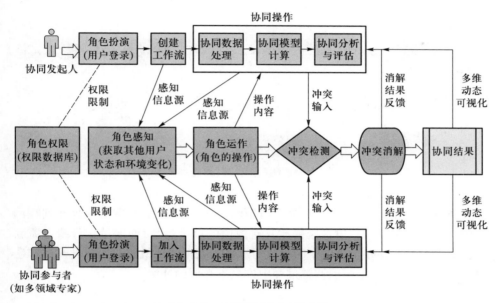

图 5.10　协同模拟与评估过程

2）可视化协同控制与调优

在一般的地理模拟平台上，模拟过程对用户来说通常是黑盒子。一旦模拟过程开始，就不允许对模拟方案进行任何修改。用户只能在模拟生命周期结束时获得模拟结果。然而，在模拟完成之前，通常需要几个小时甚至几天或几个月。那时，如果专家在输出结果中发现某些问题，可能需要在调整或优化之后重新执行整个模拟工作流程。这种方法十分耗时并且还消耗额外的计算资源。

为了解决上述问题，本实验建立了一个基于虚拟地理环境的灵活稳定的地理协同引擎，支持中间输出的及时可视化和模拟进度状态的实时监控。该引擎允许用户将特定类型的模型计算任务划分为多个阶段，以便在完成每个阶段之后检查中间结果。然后，专家可以协同评估中间结果，并利用其领域知识对模拟方案进行优化，例如，修改敏感参数等。除此之外，本实验为用户提供了方便的模拟方案调整的可视界面，而不是传统的命令行窗口，只能给熟悉编程的用户使用。

模拟进度如图 5.11 所示，GCAM 的计算已经完成，CESM 已经完成了 30% 的计算。允许用户随时暂停，停止或重启模拟过程，从而促进了人机交互。

计算模拟

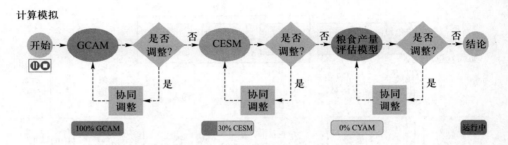

图 5.11   实时监测模拟进程(参见书末彩插)

模型优化界面如图 5.12 所示。与策略方案目标相关的模型参数都列在网页中。可以通过输入新值直接修改具有数值的单个参数,而通过选择或上载新文件来更改可能存在于文件中的参数组。采用数据验证机制对用户输入的非法数据进行过滤,避免了模型调整过程中许多不必要的冲突。

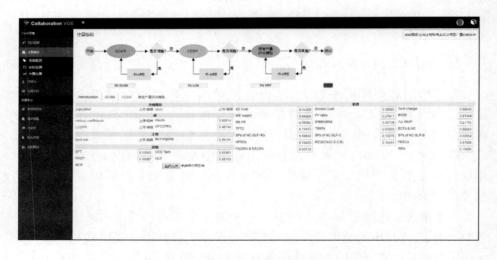

图 5.12   协同模型优化界面

针对协同仿真和评估过程中计算密集且耗时的特点,版本模型利用计算缓存的思想和概念,在模型计算过程中实现中间结果存储。同时,将特定类型的模拟计算任务划分为阶段,实现基于子任务的版本重用。该地理协同引擎极大地减少了重复模型执行带来的冗余计算资源开销,并最终提高了虚拟地理环境中复杂分析过程的效率。

5.4.4　实验结果

本实验的结果主要包括：不同政策情景下（REF/G26/G45）气候变化的模拟结果、土地利用分布的模拟结果，以及人类活动与全球变化相互影响下的粮食产量模拟结果。为了能使读者更清楚地观察实验结果，本小节以我国的模拟结果为展示案例。

5.4.4.1　气候变化模拟结果

从全球范围角度来看，指定辐射强迫目标之后，大气中 CO_2 浓度变化路径和全球温升路径的趋势基本上是一致的，也就是说，与全球统一减排方式或者发展中国家推迟减排方式无关。三种情景下，到 2100 年的辐射强迫目标及其对应的全球温升和 CO_2 浓度如表 5.1 所示，2010—2100 年，每 5 年一个节点的全球辐射强迫、全球平均温升和全球 CO_2 浓度路径如图 5.13 所示。

表 5.1　不同情景下 2100 年全球辐射强迫、温升和 CO_2 浓度

	2100 年辐射强迫/（$W\ m^{-2}$）	2100 年全球平均温升/℃	2100 年 CO_2 浓度/ppm
REF	7.31	3.64	787
G26	2.53	1.47	362
G45	4.42	2.39	505

5.4.4.2　土地利用模拟结果

现阶段影响土地利用变化的数量和空间分布的主因是人类活动、社会经济发展、人口增长和能源需求等对粮食、木材和水资源等的过度需求加剧了土地供需的紧张趋势，同时人类活动也引起了温室气体的大量排放，增加了全球气候变暖的趋势。通过对三个情景下我国和全球土地利用变化进行分析比较，研究在长时间尺度上的土地利用变化（图 5.14）。

5.4.4.3　粮食产量模拟变化趋势

REF 情景和 G26 情景下，粮食产量的变化趋势大体一致。在 2020 年以前，粮食总产量基本呈线性增加，在 2020 年粮食总产量已达到顶峰 43000 万吨，2020 年以后，粮食产量有所回落后保持稳定，基本稳定在每年 34000 万吨。G45 情景下，粮食总产量的变化呈现先增加后减少的趋势，达到顶峰年份在 2050 年

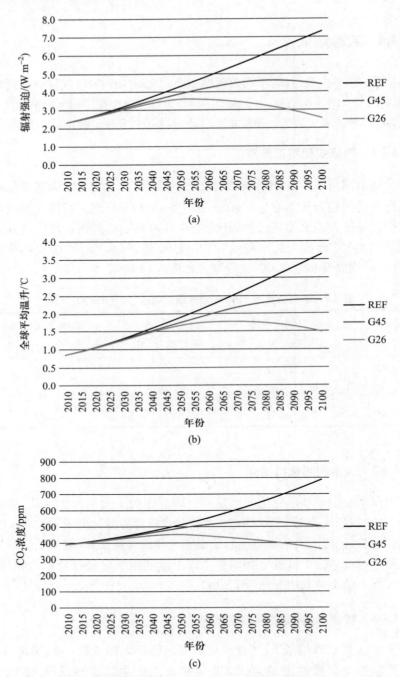

图 5.13　三种情景下全球辐射强迫路径(a)、全球平均温升路径(b)和全球 CO_2 浓度路径(c)

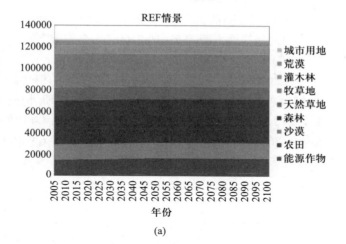

(a)

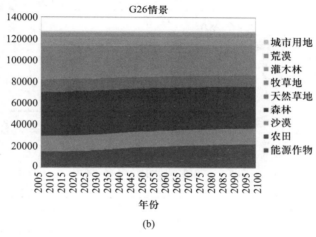

(b)

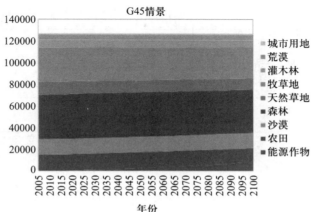

(c)

图 5.14　三种情景下 2000—2100 年全球土地利用变化趋势：(a)REF 情景；(b)G26 情景；
(c)G45 情景(参见书末彩插)

前后,最高产量可达到每年 48000 万吨。在 2050 年以前,粮食产量呈线性增长趋势,2050 年以后,粮食呈线性下降趋势,到 2100 年,会下降到每年 28000 万吨左右(图 5.15~图 5.17)。

1981—2100 年,G26 情景下的粮食总产量与 REF 情景的粮食总产量差异较小,G26 情景下的粒食总产量中位值为每年 31538.6 万吨,REF 情景的粮食产量的中位值为每年 32272.5 万吨,相比 REF 情景减少了 2.3%。G45 情景下的粮食总产量中位值为每年 30055.5 万吨,相比 REF 情景下减少了 6.9%,相比 G26 情景下减少了 4.7%(图 5.15~图 5.17)。

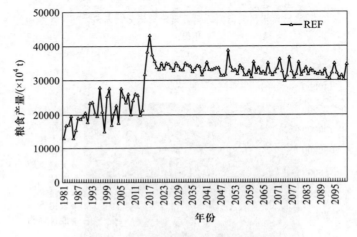

图 5.15   REF 情景下粮食产量变化

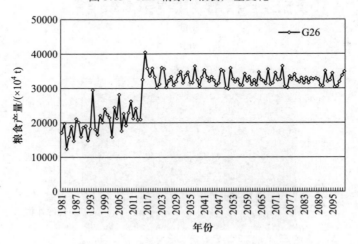

图 5.16   G26 情景下粮食产量变化

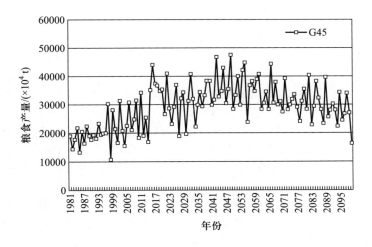

图 5.17　G45 情景下粮食产量变化

　　1981—2010 年,G26 情景下的粮食总产量年际变异与 REF 情景的粮食总产量年际变异相比相对较小,而 G26 情景下的粮食总产量年际变异明显高于 G26 情景和参考情景。G26 情景下和参考情景下的粮食总产量半内四分位数分别为每年 4525.1 万吨和每年 3783.7 万吨,G26 情景下的粮食总产量半内四分位数比参考情景要高 19.6%。G45 情景下的粮纵食产量半内四分位数为每年 6026.0 万吨,分别比 G26 情景和 REF 情景下粮食产量半内四分位高 33.2% 和 59.3%(图 5.15~5.17)。

5.5　后　　　　语

　　虚拟地理环境下的群体协同作为信息时代地理协同的新模式,打破了时间与空间的限制,不同领域的专家、不同行业的领跑者、不同政府部门的管理者以及不同岗位的公众,他们来自世界各地,却可以足不出户,通过地理协同平台来探讨和研究他们共同关心的地理学相关问题。在解决复杂地学问题的过程中,将会用到不同学科、不同类型的地理知识,知识的协同能够促进知识的融合,进而产生新的知识。如何有效地对这些知识进行管理、共享和重用,将成为未来地理协同研究中的一项挑战。借助人工智能中的深度学习、强化学习、自然语言识别等技术,结合地理知识本身的特色,在地理协同中构建地理知识工程也许可以成为应对这项挑战的有效方法。

参 考 文 献

陈崇成,黄绚,孙飒梅,林桂兰. 2000. 基于空间信息技术的城市环境时空调控范式研究. 城市环境与城市生态,5：13-16.

陈崇成,王钦敏,汪小钦,黄绚. 2002. 空间决策支持系统中模型库的生成及与 GIS 的紧密集成——以厦门市环境管理空间决策支持系统为例. 遥感学报,6(3)：168-172.

林珲,陈旻. 2014. 利用虚拟地理环境的实验地理学方法. 武汉大学学报(信息科学版)，39(6)，689-694.

戴祝英,左禾兴. 2004. 基于角色的访问控制模型分析与系统实现. 计算机应用研究,(9)：173-175.

丁振国,刘杰,陈爱网. 2008. 基于用户的细粒度可控群体感知模型. 航空计算技术,38(6)：39-42.

冯亮. 2005. 地理协同中的时空一致性研究. 武汉大学硕士研究生学位论文.

冯敏,Ned H Euliss Jr,尹芳. 2009. 基于开放互操作标准的分布式地理空间模型共享研究. 遥感学报,13(6)：1060-1073.

葛声,马殿富,怀进鹏. 2001. 基于角色的群体感知模型. 软件学报,12(6)，864-871.

葛声,孙瑛霖,杜宗霞. 2003. 基于角色的协作关系建模研究. 计算机工程与应用,(3)：14-18,37.

龚建华,李文航,周洁萍,李毅,赵琳,庞毅. 2009. 虚拟地理实验概念框架与应用初探. 地理与地理信息科学,25(1)：18-21.

龚建华,李亚斌,王道军,黄明祥,王伟星. 2008. 地理知识可视化中知识图特征与应用——以小流域淤地坝系规划为例. 遥感学报,12(2)：355-361.

龚建华,周洁萍,张利辉. 2010. 虚拟地理环境研究进展与理论框架. 地球科学进展,25(9)：915-926.

龚强. 2007. 地理空间信息网格高性能调度技术中应用程序调度模型的研究. 测绘科学,2：18-20, 176.

郭朝珍,王钦敏,庄苗,方艺辉. 2006. 空间数据协同编辑平台协同机制的研究. 计算机集成制造系统,12(5)：777-781.

侯俊铭. 2009. 面向网络化制造的协同设计管理系统研究与开发. 东北大学博士研究生学位论文.

胡斌,胡如夫. 2003. 产品协同设计的冲突消解方法研究. 机床与液压,3：194-196.

华一新,曹亚妮,李响. 2012. 地理空间可视分析及其研究方向综述. 测绘科学技术学报,29(4)：235-239.

化成君,樊伟,张胜茂. 2012. 基于角色的用户权限管理和功能模块的动态加载. 电脑开发与应用,25(8)：41-43.

黄琦,孙守迁,许宇荣. 2006. 基于约束的协同设计过程中的冲突协调研究. 中国机械工程,17(2)：160-164.

黄毅. 2010. 一种改进的访问控制模型在权限管理模块中的应用. 湖南大学硕士研究生学位论文.

郎淳刚,席酉民,毕鹏程. 2005. 群体决策过程中的冲突研究. 预测,5：1-8.

李东风,谢昕. 2008. 数据库安全技术研究与应用. 计算机安全,1：42-44.

李海涛. 2013. 基于 Petri 网的协同设计过程建模技术研究. 济南大学硕士研究生学位论文.

李家洋,陈泮勤,葛全胜,方修琦. 2005. 全球变化与人类活动的相互作用——我国下阶段全球变化研究工作的重点. 地球科学进展,20(4):371-377.

李建国,汤庸,黄世平,黄帆. 2011. 基于任务依赖关系的群体感知模型. 东南大学学报(自然科学版),41(2),290-295.

李伟,刘仁义,刘南. 2005. 基于任务划分和多版本技术的 GIS 空间数据协同处理研究. 浙江大学学报(理学版),4:475-480.

李蕊. 2007. 上下文感知计算若干关键技术研究. 湖南大学博士研究生学位论文.

黎夏. 2013. 协同空间模拟与优化及其在快速城市化地区的应用. 地球信息科学学报,15(3):321-327.

李昕昕,严张凌,王赛兰. 2012. 改进的基于角色的通用权限管理模型及其实现. 计算机技术与发展,22(3):240-244.

李钟铭. 2016. 基于 Web 的协同感知技术及系统的研究与实现. 华南理工大学硕士研究生学位论文.

林珲,游兰. 2015. 虚拟地理环境知识工程初探. 地球信息科学学,17(12):1423-1430.

林建明,陈庆章,赵小敏,吕灵燕. 2001. CSCW 系统中群体感知技术的研究. 计算机工程,9:43-45,55.

林志军. 2006. 协同设计中的冲突检测与消解技术研究. 武汉理工大学硕士研究生学位论文.

刘纪平. 2003. 协同空间决策的概念、过程与特点研究. 测绘学院学报,1:54-57.

刘杰. 2010. 基于 HLA 框架的协同设计环境及交互管理技术. 山东大学博士研究生学位论文.

刘晓平,石慧,毛峥强. 2006. 基于信息可视化的协同感知模型. 通信学报,11:24-30.

刘燕华,葛全胜,张雪芹. 2004. 关于中国全球环境变化人文因素研究发展方向的思考. 地球科学进展,6:889-895.

刘永学,李满春,刘国洪. 2007. 地理信息系统安全初探. 遥感信息,(2):71-76.

卢志平. 2013. 复杂群决策过程的跃迁与演化. 系统科学学报,21(1):62-65.

闾国年. 2011. 地理分析导向的虚拟地理环境:框架、结构与功能. 中国科学 D 辑(地球科学),41(4):549-561.

马晓明. 2015. 基于 WEB 3D 多人建模平台协同冲突分析与研究. 上海交通大学硕士研究生学位论文.

孟秀丽,易红,倪中华,倪晓宇. 2005. 基于多目标决策的协同设计冲突消解方法研究. 计算机集成制造系统,5:668-672.

裴彬,潘韬. 2010. 土地利用系统动态变化模拟研究进展. 地理科学进展,29(9):1060-1066.

戚铭尧,励惠国,何建邦,池天河,李家齐. 2007. 基于 Agent 的地学协同工作模型. 地球信息科学,3:85-90.

秦迎春. 2005. TCP/IP 协议的隐患及防范. 计算机安全,3:21-24.

沈海波,洪帆. 2005. 访问控制模型研究综述. 计算机应用研究,6:9-11.

石松,陈崇成,唐丽玉,王钦敏. 2008. Ontology_CVGE:本体支持下的协同虚拟地理环境框架. 系统仿真学报,20(S1):50-52,56.

孙博. 2008. 协同设计中冲突消解及协商机制研究. 太原科技大学硕士学位论文.

孙亚琴,闾国年,周良辰. 2009. GIS 命令消息在实时协同 GIS 系统中的应用研究. 计算机工程
    与应用,45(27):1-3, 42.

孙亚琴,周良辰,李安波. 2009. 支持动态会商的新型协同办公平台研究. 计算机工程与设计,
    30(18):4336-4338, 4341.

谭德林,谭良. 2011. 面向对象协同感知机制的研究与应用. 计算机工程与设计,32(5):1810-1814.

王伟星,龚建华,杨卫军,冯丹,方立群,曹务春. 2008. 面向公共卫生突发事件的移动 GIS 设计
    与实现. 计算机工程与应用,6:25-28.

魏宝刚. 1998. 基于协商的冲突消解研究. 小型微型计算机系统,11:45-50.

温永宁,闾国年,杨慧,曹丹,陈旻. 2006. 面向服务的分布式地学模型集成框架研究. 遥感学
    报,2:160-168.

吴溥峰,张玉清. 2006. 数据库安全综述. 计算机工程,12:85-88.

闫临霞,曾建潮. 2005. 基于任务的群体感知模型的形式化描述. 计算机工程与应用,30:84-88.

于杰,朱庆,徐冠宇. 2013. 面向真正射影像处理的对象定义及其语义关联. 地理信息世界,
    20(5):21-25

谢洪潮,陈大融,孔宪梅. 2002. 协同设计中基于约束的冲突检测. 中国机械工程,18:66-68.

徐丙立,林珲,胡亚,胡明远. 2010. 协同式空气污染模拟系统设计与实现. 武汉大学学报(信
    息科学版),35(8):925-929.

徐丙立,饶毅,陈宇婷,游兰,林珲. 2018. 使用角色构建虚拟地理环境群体协同方法. 武汉大
    学学报(信息科学版),43(10):1580-1587.

徐冠华,葛全胜,宫鹏,方修琦,程邦波,何斌,罗勇,徐冰. 2013. 全球变化和人类可持续发展:
    挑战与对策. 科学通报,58(21):2100-2106.

徐向华. 2005. 可适应的实时协同编辑系统若干问题研究. 浙江大学博士研究生学位论文.

杨武勇,史美林,姜进磊,杨胜文. 2005. 基于角色的层次型同步协作感知模型. 清华大学学报
    (自然科学版),4:479-482.

姚源果. 2006. 异距数列众数的计算与实践. 百色学院学报,6:13-15.

叶笃正,吕建华. 2000. 对未来全球变化影响的适应和可持续发展. 中国科学院院刊,3:183-187.

张福浩,张明波,张志然,张用川. 2016. 分布式空间数据库安全机制探讨. 测绘通报,1:41-44.

张洋. 2013. 数据库安全技术研究与应用. 计算机光盘软件与应用,16(1):143-144.

赵慧设,田凌,童秉枢. 2002. 协同设计中基于约束的冲突检测与协商技术. 计算机集成制造
    系统,11:896-901.

朱庆,钟正,周艳,吴波. 2006. 线路勘测设计中的三维可视化协同环境. 系统仿真学报,1:
    128-131, 161.

Abowd, G. D., Dey, A. K., Brown, P. J., Davies, N., Smith, M.,Steggles, P. 1999. Towards a
    better understanding of context and context-awareness. In: Gellersen, H. W. (Ed.). *Handheld
    and Ubiquitous Computing*. Berlin, Heidelberg:Springer:304-307.

Alem, L., Li, J. 2011. A study of gestures in a video-mediated collaborative assembly task.
    Advances in Human-Computer Interaction, 2011:987830.

Antunes, P., André, P. 2006. A conceptual framework for the design of geo-collaborative systems.
    Group Decision and Negotiation, 15(3):273-295.

Antunes P, Sapateiro C, Zurita G, Baloian N. 2010. Integrating spatial data and decision models in an e-planning tool. In: Kolfschoten, G., Herrmann, T., Lukosch, S. (Eds.). *Collaboration and Technology*. Berlin, Heidelberg: Springer: 97–112.

Anupam, V., Bajaj, C. L. 1993. Collaborative multimedia scientific design in SHASTRA. Proceedings of the first ACM international conference on Multimedia. Anaheim California, USA.

Armstrong, M. P. 1991. Knowledge classification and organization. In: Buttenfield, B. P., Mc-Master, R. B. (Eds.). *Map Generalization: Making Rules for Knowledge Representation*. New York: Wiley: 86–102.

Armstrong, M. P. 1993. Perspectives on the development of group decision support systems for locational problem solving. *Geographical Systems*, 1(1): 69–81.

Balland, P. A., Suire, R., Vicente, J. 2013. Structural and geographical patterns of knowledge networks in emerging technological standards: evidence from the European GNSS industry. *Economics of Innovation and New Technology*, 22(1): 47–72.

Balram, S., Dragićević, S. 2017. Geocollaboration. In: Shekhar, S., Xiong, H. (Eds.). *Encyclopedia of GIS*. Boston: Springer: 663–667.

Batty, M., Xie, Y., Sun, Z. 1999. Modeling urban dynamics through GIS-based cellular automata. *Computers, Environment and Urban Systems*, 23(3): 205–233.

Benford, S., Fahlén, L. 1993. A spatial model of interaction in large virtual environments. Proceedings of the Third European Conference on Computer-Supported Cooperative Work. Milan, Italy.

Bettini, C., Brdiczka, O., Henricksen, K., Indulska, J., Nicklas, D., Ranganathan, A., Riboni, D. 2010. A survey of context modelling and reasoning techniques. *Pervasive and Mobile Computing*, 6(2): 161–180.

Biham, O., Middleton, A. A., Levine, D. 1992. Self-organization and a dynamical transition in traffic-flow models. *Physical Review A*, 46 (10): R6124.

Billinghurst, M., Thomas, B. H. 2011. Mobile collaborative augmented reality. Proceedings of the IEEE and ACM International Symposium on Augmented Reality. New York, USA.

Carroll, J. M., Neale, D. C., Isenhour, P. L., Rosson, M. B., McCrickard, D. S. 2003. Notification and awareness: Synchronizing task-oriented collaborative activity. *International Journal of Human-Computer Studies*, 58(5): 605–632.

Chang, Z E, Li, S. 2013. Geo-Social model: A conceptual framework for real-time geocollaboration. *Transactions in GIS*, 17 (2): 182–205.

Chang, Z, Li, S. 2008. Architecture design and prototyping of a web-based, synchronous collaborative 3D GIS. *Cartography and Geographic Information Science*, 35 (2): 117–132.

Chapin, F S, Weiss, S F. 1968. A probabilistic model for residential growth. *Transportation Research*, 2 (4): 375–390.

Chen, N, Hu, C. 2012. A Sharable and interoperable meta-model for atmospheric satellite sensors and observations. *IEEE Journal of Selected Topics in Applied Earth Observations and Remote Sensing*, 5 (5): 1519–1530.

Chen, Y., Lin, H., Xiao, L., Jing, Q., You, L., Ding, Y., Hu, M., Devlin, A. T. 2020. Versioned geoscientific workflow for the collaborative geo-simulation of human-nature interactions—A case study of global change and human activities.*International Journal of Digital Earth*, published online: https://doi.org/10.1080/17538947.2020.1849439.

ChunYuan L., C., Shi, Y., Xu. G. 1998. A task management model in CSCW. Proc of Asia-Pacific Conference on Communications/Singapore International Conference on Communications Systems. Singapore.

Churcher,C., Churcher, N. 1999. Realtime conferencing in GIS. *Transactions in GIS*, 3 (1): 23-30.

Churcher, N. I.,Prachuabmoh, P.,Churcher, C. D. 1997. Visualisation techniques for collaborative GIS browsers. GeoComputation Conference. Dunedin, New Zealand.

Claramunt, C., Thériault, M. 1996. Toward semantics for modelling spatio-temporal processes within GIS. Proceedings of the 7th International Symposium on Spatial Data Handling. Delft,The Netherlands.

Convertino, G., Ganoe, C. H., Schafer, W. A., Yost, B., Carroll, J. M. 2005. A multiple view approach to support common ground in distributed and synchronous geo-collaboration. Coordinated and Multiple Views in Exploratory Visualization. London, UK.

Convertino, G., Zhao, D., Ganoe, C. H., Carroll, J. M., Rosson, M. B. 2007. A role-based multiple view approach to distributed geo-collaboration. In: Jacko, J. A. (Ed.). *Human-Computer Interaction: HCI Applications and Services*. Berlin, Heidelberg: Springer: 561-570.

Couclelis, H. 1985. Cellular worlds: A framework for modeling micro—macro dynamics. *Environment and planning A*, 17 (5): 585-596.

Couclelis, H. 2003. The certainty of uncertainty: GIS and the limits of geographic knowledge. *Transactions in GIS*, 7 (2): 165-175.

Curry, K. M. 1999. Supporting collaborative awareness in tele-immersion. Doctoral dissertation, Virginia Polytechnic Institute and State University.

Cutkosky, M. R.,Engelmore, R. S., Fikes, R. E., Genesereth, M. R., Gruber, T. R., Mark, W. S., Tenenbaum, J. M., Weber, J. C. 1993. PACT: An experiment in integrating concurrent engineering systems. *Computer*, 26(1): 28-37.

Dong, S., Behzadan, A. H., Chen, F., Kamat, V. R. 2013. Collaborative visualization of engineering processes using tabletop augmented reality. *Advances in Engineering Software*, 55: 45-55.

Dourish, P., Bellotti, V. 1992. Awareness and coordination in shared workspaces. Proceedings of the 1992 ACM conference on Computer-supported cooperative work. New York, USA.

Ellis, C. A., Gibbs, S. J. 1989. Concurrency control in groupware systems. Proceedings of the 1989 ACM SIGMOD international conference on Management of data. New York, USA.

Ferraiolo, D. F., Sandhu, R.,Gavrila, S., Kuhn, D. R., Chandramouli, R. 2001. Proposed NIST standard for role-based access control. *ACM Transactions on Information and System Security*, 4 (3):224-74.

Ji, G., Tang, Y., Jiang, Y. 2006. A service-oriented group awareness model and its implementation. In: *International Conference on Knowledge Science, Engineering and Management*. Berlin,

Heidelberg: Springer.

Ghayoumian, J., Ghermezcheshme, B., Feiznia, S., Noroozi, A. A. 2005. Integrating GIS and DSS for identification of suitable areas for artificial recharge, case study Meimeh Basin, Isfahan, Iran. *Environmental Geology*, 47(4): 493-500.

Golledge, R. G. 2002. The nature of geographic knowledge. *Annals of the Association of American Geographers*, 92(1), 1-14.

Gong, J., Lin, H. 2006. A collaborative virtual geographic environment: Design and development. In: Balram, S.,Dragicevic, S. (Eds.). *Collaborative Geographic Information Systems*. Hershey, Pennsylvania, USA: IGI Global: 186-207.

Gutwin, C., Greenberg, S., Roseman, M. 1996. Workspace awareness in real-time distributed groupware: Framework, widgets, and evaluation. In: Sasse, M. A., Cunningham, R. J., Winder, R. I. (Eds.). *People and Computers XI*. London: Springer: 281-298.

Hägerstrand, T. 1965. A Monte Carlo approach to diffusion. *European Journal of Sociology*, 6 (1): 43-67.

Haken, H. 1977.Synergetics. *Physics Bulletin*, 28(9): 412.

Huggins, L. J. 2008. Comprehensive disaster management and development: The role of geoinformatics and geo-collaboration in linking mitigation and disaster recovery in the Eastern Caribbean. Doctoral dissertation, University of Pittsburgh.

Jankowski, P.,Nyerges, T. 2001. GIS-supported collaborative decision making: Results of an experiment. *Annals of the Association of American Geographers*, 91(1): 48-70.

Jennings, N. R. 2000. On agent-based software engineering. *Artificial Intelligence*, 117(2): 277-296.

Koegel, M., Helming, J., Seyboth, S. 2009. Operation-based conflict detection and resolution. 2009 ICSE Workshop on Comparison and Versioning of Software Models. Vancouver, BC, USA.

Laurini, R. 2014. A conceptual framework for geographic knowledge engineering. *Journal of Visual Languages & Computing*, 25 (1): 2-19.

MacEachren, A. M., Brewer, I. 2004. Developing a conceptual framework for visually-enabled geo-collaboration. *International Journal of Geographical Information Science*, 18 (1): 1-34.

MacEachren, A. M, Cai, G., Sharma, R., Rauschert, I., Brewer, I., Bolelli, L., Shaparenko, B., Fuhrmann, S., Wang, H. 2005. Enabling collaborative geoinformation access and decision-making through a natural, multimodal interface. *International Journal of Geographical Information Science*, 19 (3): 293-317.

Mani, I, Doran, C., Harris, D.,Hitzeman, J., Quimby, R., Richer, J., Wellner, B., Mardis, S., Clancy, S. 2010. SpatialML: Annotation scheme, resources, and evaluation. *Language Resources and Evaluation*, 44 (3): 263-280.

Mao, Q., Zhan, Y., Wang, J. 2004. Optimistic locking concurrency control scheme for collaborative editing system based on relative position. In: *International Conference on Computer Supported Cooperative Work in Design*. Berlin, Heidelberg: Springer.

Mertens, B.,Lambin, E. F. 2000. Land-cover-change trajectories in southern Cameroon. *Annals of the association of American Geographers*, 90 (3): 467-494.

Ntanos, C., Botsikas, C., Rovis, G., Kakavas, P., Askounis, D. 2014. A context awareness framework for cross-platform distributed applications. *Journal of Systems and Software*, 88: 138-146.

O'Sullivan, D., Haklay, M. 2000. Agent-based models and individualism: Is the world agent-based? *Environment and Planning A*, 32 (8): 1409-1425.

Pashtan, A. 2005. *Mobile Web Services*. Cambridge, UK: Cambridge University Press.

Perera, C., Zaslavsky, A., Christen, P., Georgakopoulos, D. 2014. Context aware computing for the internet of things: A survey. *IEEE Communications Surveys & Tutorials*, 16 (1): 414-454.

Pfleeger, C. 2006. Breaking web software. *Infosecurity Today*, 6(3): 46.

Renolen, A. 2000. Modelling the real world: conceptual modelling in spatiotemporal information system design. *Transactions in GIS*, 4 (1): 23-42.

Rao, A. S., Georgeff, M. P. 1995. BDI agents: from theory to practice. Proceedings of the First International Conference on Multiagent Systems. San Francisco, CA.

Schafer, W. A., Bowman, D. A. 2006. Supporting distributed spatial collaboration: An investigation of navigation and radar view techniques.*GeoInformatica*, 10 (2): 123-158.

Schafer, W. A., Ganoe, C. H., Carroll, J. M. 2007. Supporting community emergency management planning through a geocollaboration software architecture. *Computer Supported Cooperative Work (CSCW)*, 16(4-5): 501-537.

Schilit, B., Adams, N., Want, R. 1994. Context-aware computing applications. First Workshop on Mobile Computing Systems and Applications. Santa Cruz, California, USA.

Sun, Y., Li, S. 2016. Real-time collaborative GIS: A technological review.*ISPRS Journal of Photogrammetry and Remote Sensing*, 115: 143-152.

Torrens, P. M. 2009. Process models and next-generation geographic information technology. *GIS Best Practices: Essays on Geography and GIS*, 2:63-75.

Truong, H. L., Dustdar, S. 2009. A survey on context-aware web service systems. *International Journal of Web Information Systems*, 5 (1): 5-31.

Wang, L., Wang, B. H., Hu, B. 2001. Cellular automaton traffic flow model between the Fukui-Ishibashi and Nagel-Schreckenberg models. *Physical Review E*, 63 (5): 056117.

Weiser, M. 1991. The Computer for the 21st Century. *Scientific American*, 265(3), 94-105.

White, R., Engelen, G. 1997. Cellular automata as the basis of integrated dynamic regional modelling. *Environment and Planning B*, 24 (2): 235-246.

Wu, A., Zhang, X., Convertino, G., Carroll, J. M. 2009. CIVIL support geo-collaboration with information visualization. Proceedings of the ACM International Conference on Supporting Group Work. Sanibel Island, Florida.

You, L, Lin, H. 2016. Towards a research agenda for knowledge engineering of virtual geographical environments.*Annals of GIS*, 22 (3), 163-171.

Yuan, M. 2001. Representing complex geographic phenomena in GIS.*Cartography and Geographic Information Science*, 28 (2): 83-96.

Zhao, P., Di, L., Yu, G. 2012. Building asynchronous geospatial processing workflows with web services. *Computers & Geosciences*, 39:34-41.

第 6 章

虚拟地理环境展望

6.1 虚拟地理环境的现阶段定位、瓶颈及发展目标

6.1.1 虚拟地理环境的现阶段定位

虚拟地理环境发展至今,已经经历过几个不同阶段的思考与改进,在环境保护、城市规划、远程教育、安全保卫、军事仿真、经济发展等诸多领域得到了应用。

目前,虚拟地理环境因为其分布式地理建模与模拟、地理可视化与地理协同的特定功能,其普适性定位被认为是新一代地理分析工具、计算机辅助的地理实验空间以及地理知识工程实现的手段。

1) 虚拟地理环境作为新一代地理分析工具

主要体现在三个方面(Lin et al.,2013a)。首先,体现在虚拟地理环境支持多维空间分析与多通道地理表达与交互。传统 GIS 的特征功能体现在地理数据管理、空间分析与可视化表达,虚拟地理环境首先涵盖了传统 GIS 的功能。这其中,随着人类认知需求的日益增长,三维乃至高维度分析成为必然发展趋势,高维度空间分析(如日照分析、网络分析、路径分析等)能够更好地帮助人们理解真实的立体世界。而三维可视化也逐渐取代二维表达,成为主流的表达手段之一。以二维形式表现的地理信息通常是抽象和有限的,这对于非专业人员来说很难理解,而多维可视化则使地理场景和地理现象呈现得更加动态化、形象化、

逼真化。这对于公众参与 GIS 实验及分析将起到极大的作用,面对他们更加容易理解的地理场景和地理环境,公众将更可能参与到地理世界的探索及地理知识的贡献环节中,地理分析也将越来越多地为公众所接受与使用。面向这些趋势,虚拟地理环境在数据组件及交互组件的设计过程中,就已经考虑到相关需求,例如,虚拟地理环境在设计时关注了多源异构地理数据的时空统一组织、表达与分析问题,更加重视接入多维表达、多通道感知手段及策略,辅助多角色使用者(如专业地理研究者、普通大众、决策者)感知及认知虚拟环境,从而实现虚实互动及地理认知和改造。

其次,结合数据组件、交互组件,其核心的建模与模拟组件使得虚拟地理环境真正超越传统意义上以表达和空间分析为主的工具,成为支持地理研究的新一代工具。空间分析所关注的是时空信息、时空属性及其关系的抽象、分析与理解,而地理信息并不只包括时空信息,静态的空间分析手段也并不能满足动态地理过程的解释与理解。虚拟地理环境实现最关键的环节在于地理分析模型的引入与利用,数据库与模型库的双核心系统架构是虚拟地理环境区别于传统地理分析工具的最显著特征。基于多源异构地理数据的准备与预处理,利用地理过程建模与模拟,辅以多维多通道表达与交互,促使虚拟地理环境在帮助理解空间分异规律、时空演化过程以及要素间相互作用等方面具有普通地理分析工具所不具备的功能,也是虚拟地理环境真正成为地理分析工具的根本。

最后,虚拟地理环境的网络特征,是虚拟地理环境支持网络环境下分布式地理分析的支撑。地理学是一个涉及多要素、多过程的综合性学科,现代地理学的发展趋势在于开展综合性、定量化研究,利用多学科交叉合作的方式,探索地理格局、过程及其耦合机制。面向复杂地理问题,群体协作成为地理科学研究的必然趋势。随着网络技术、云计算等开放式架构的发展,集中式的群体协作也向着分布式、开放式的方向演进;开放式的地理协作与分析也将成为未来重要的地理分析模式。一方面,虚拟地理环境在设计时,就旨在支持将数据资源、模型资源及计算资源构架于网络分布式环境下,实现各类资源的网络共享与重用。另一方面,协同工作的前提是对问题的一致性理解。然而,不同领域的专家在对复杂地理问题进行协同讨论时,由于背景差异,对讨论的要素必然存在不同的理解。在不同的抽象模式下讨论问题将会增加这种协作的难度。知识共享的较好方法是协作者能够面对通识性的现象和过程进行讨论,虚拟地理环境所提供的对应于真实地理世界的虚拟环境,正是这样一种介质。与使用抽象符号或专业符号的传统分析工具相比,这些虚拟环境对于大多数研究人员来说是相对熟悉的,因为这些都是日常生活中能够看到的环境,并且也便于描述。基于虚拟地理环境的支持,处于不同时空的使用者,无论是专业研究人员、公众,还是决策者,都可以面向所构建共同的虚拟网络沙盘,借助协同组件,在网络环境下开展地理问题的探讨,或就相关地理过程及现象的模拟与实验工作,基于流程任务的分解、角色分工等技术与策略开展协同工作,完成复杂地理问题的协作式求解,做出相对科学的论断与决策。

2) 虚拟地理环境可以作为计算机辅助的地理实验空间

实验是产生和验证科学知识最重要的手段之一。开展综合性地理学实验的目的是试图将地理环境多要素、多过程置于统一的实验框架下开展以问题为导向的针对性研究与探索。近年来,随着实验地理学的进一步发展,地理学实验更加强调对地物发展过程、要素相互作用、物质迁移能量转换等方面的探索,针对不同领域、不同尺度、不同区域的问题,以联动、定量、多尺度的视角观察、分析地学问题,从而为发展中的地学研究提供有效支撑。这其中就涉及如下几个关键的问题(林珲和陈旻,2014)。

(1) 如何将自然以及人文社会相关的多要素、多过程整合到一个实验平台下开展实验? 目前所开展的地理学实验通常注重自然过程的研究与探索,由于需要控制实验环境背景及过程,通常对实验场地及对象进行限定。由于实验场地有限、人为因素难以把控等原因,目前地理学实验通常难以充分考虑人文社会要素的影响,导致地理学人地关系及其规律、机理过程的研究,在实验时存在重自然、轻人文的现状。同时,综合研究需要多学科背景专家的加入,面对不同的地理要素,不同的认知与理解,在没有统一的概念性实验框架的情况下,其要素表达与整合方式将存在一定困难,这直接阻碍综合性地理实验的开展,同时也给地球系统科学的综合研究带来极大的挑战。

(2) 如何突破实验场地的限定,开展多时空尺度的地理实验? 地理问题的综合性、复杂性特征要求研究者需要从时间、空间、尺度等多角度对地理现象及过程进行分析、再现与处理,研究要素相互作用,揭示能量与物质的迁移规律,形成新的地学知识。传统的地理学实验在解决复杂地学研究过程中所具有的多维、多尺度、模糊性与不确定性问题时还存在不足(龚建华等,2009)。传统实验方式多采用野外实地实验与室内物理模型实验的研究方法,前者通常花费较大,且受到天气、场地等自然因素影响,难以重复验证;后者通常只能模拟出大致的物理场地环境,虽然也可以实现模拟降雨、冲沙等过程,但面向复杂性地理问题的模拟及实验,物理模型实验的可靠性还有待提升。同时,实验中的尺度问题也是地理学研究的重点问题,目前地理实验的空间尺度一般是微观或者田间尺度,虽然理论上可以借助尺度转换方法进行不同尺度实验研究结果之间的对比和迁移,但是其实用性还有待验证(唐登银,2009)。

(3) 如何利用现有的计算机、虚拟现实等技术提升地理学实验的效能? 随着计算机、网络、虚拟现实等信息技术的快速更新与发展,地理学实验也已经进入计算机辅助实验的阶段。例如,虚拟现实技术已经广泛应用于流域水文分析、大气环流预报等领域,而开放式网络技术的发展也为分布式地理实验提供了便利。目前的难点在于,在计算机辅助实验中,从数据准备到实验模拟再到展示表达等各项环节,对不同的技术进行无缝整合,进而有效提升地理实验的功效。

虚拟地理环境是一个可用于模拟和分析复杂地学过程与现象,支持协同工作、知识共享和群体决策的集成化虚拟地理实验环境与工作空间,是地理学研究的虚拟实验室,可为现代实验地理学研究提供科学方法和技术手段(林珲等,2009)。基于虚拟地理环境开展地理学实验的优势在于虚拟地理环境具备地理可视化、地理过程模拟、地理协同和以“人”为中心参与等功能,便于突破传统地理实验在场地、经费、设备、环境等方面的限定,实现“虚实结合”的地理实验过程:①虚拟地理环境所构建的地理场景与真实地理场景具有相似性,因此也就兼备真实地理场景对要素、过程以及现象的表达能力。同时可以针对不同的地理问题及区域、时空尺度,构建不同的地理场景,并将之整合到统一的虚拟地理环境时空框架下,基于时空尺度转换等方式实现统一时空背景下地理现象的综合挖掘与分析。②虚拟地理环境的模型库构建,强调了除数据共享之外,以地理过程模型为表象的地理知识共享也是虚拟地理环境分析综合性地理问题所依赖的重要手段。在标准、形象的虚拟工作空间中,基于虚拟概念场景构建、虚拟空间模拟等手段,多领域专家可以显式地交流建模思想,进行协作式建模、模拟与分析,利用数据与模型的整合、模型与模型的耦合,开展综合、集成的地理实验及模拟。③虚拟地理环境强调以“人”和“自然”为“双中心”(龚建华和林珲,2006),借助多维多通道感知与反馈技术,普通用户可以以“化身人”的方式感受虚拟场景及地学现象,并提供面向虚拟场景的自身地理知识,做出虚拟选择及执行虚拟行为。“化身人”与虚拟地理环境中预设的“智能人”(基于元胞自动机、多智能体等技术)相互作用,并与“地理环境”产生相互关系,从而为地理实验引入人为要素提供条件。基于以上模式,研究者可以依据虚拟地理环境中人人关系、人地关系的相互作用,构建更加符合特定情境的模拟模型,并进一步作用于参与者,以此开展联动式、兼顾人类社会与自然环境关系的地理学实验。④虚拟地理环境的网络空间特征,同样为分布式地理学实验提供了开放的虚拟工作空间,极大减少了时间和空间对群体协同的地理实验的限制。

3)虚拟地理环境是地理知识工程实现的重要手段

地理知识是知识的概念和内涵在地理学领域的外延,是关于地理科学特定知识的汇聚,地理知识在地理问题分析、过程模拟、现象预测等方面都发挥着极其重要的作用。知识工程是以知识为研究对象的新兴学科,通过抽取具体智能系统中共同研究的基本问题作为核心,形成通用方法和理论(林珲和游兰,

2015）。传统知识工程不能表达地理知识中的数学内涵，因此提出了地理知识工程的概念框架，通过制定一系列约束条件与规则来统一管理地理知识（Laurini，2014）。

虚拟地理环境与地理知识工程的关系是双向促进的，可以在虚拟地理环境中研究地理知识工程，同时地理知识工程也引导着智能化虚拟地理环境的构建。基于虚拟地理环境，可以解决特定地理科学问题、解释某类地理现象过程或提取一定地理规律相关的抽象、可重复的地理相关信息，包括专家经验知识、干预规则、模拟过程以及计算增值结果等。这些知识可以直接来源于书本知识或某领域专家长期积累的经验，可以通过虚拟地理环境辅助协同获得的多学科交叉的增值信息，也可以是模拟地球自然机理过程的推导模型。同时，基于虚拟地理环境实现的知识工程，将解决不同领域不同形态地学知识的融合、演化与创新，充分利用云计算、人工智能、混合现实等新兴计算机技术，以便实现完全符合人类认知特点和探索过程的智能化的地理过程建模与模拟环境，具有全方位深度感知、情景自适应、智能化推理、虚实融合可视化、实时决策支持、海量知识库管理及高度知识共享等典型特点（You and Lin，2016）。由此可见，虚拟地理环境地学知识工程是以地学知识为研究对象，以实现智能化虚拟地理环境为目标，以共同研究的相关问题为核心形成的整套地理信息技术方法、理论和技术体系。

6.1.2　虚拟地理环境发展的瓶颈

近年来，随着虚拟现实、增强现实的发展，很多学者认为虚拟地理环境也由此得到了快速发展，进入了快速前进的车道。然而，虚拟地理环境的发展实际上受到地理学、地理信息科学、信息科学、网络技术、虚拟现实技术等多类学科、各方面技术的综合影响，其核心是地理学知识融入、分析与应用，虚拟现实的发展确实推动着虚拟地理环境的发展，但是并不能替代虚拟地理环境的发展，时空分布格局、地理过程演化规律、地理要素间相互作用机理是虚拟地理环境描述与表达的核心，是虚拟地理环境研究以及发展的关键推动力。在十几年的发展历程中，虚拟地理环境虽然已经取得了一定的认可，在诸多行业得到应用，但不可否认的是，蓬勃发展的虚拟地理环境依然面临着潜在的挑战与问题，其瓶颈归根到底就是地理规律、现象的分析、表达与信息技术发展与融合的问题。

从虚拟地理环境的组件构成来看，虚拟地理环境包括了数据组件、建模与模拟组件、交互组件、协同组件。面向虚拟地理环境作为新一代地理分析工具、计算机辅助的地理实验空间以及地理知识工程实现手段的定位，虚拟地理环境在各个组件设计及实现过程中，尚有一些难点需要攻克。

数据环境面向的是地理现象、地理过程相关地理数据的采集、整合与组织，以服务于地理模拟与分析,地理场景的表达与交互。目前,关键问题在于对多源异构、不同时空尺度数据的一体化组织问题。虚拟地理环境的数据组织需要突破传统 GIS 以点、线、面、体表达几何形态的方式,要能够在统一的数据组织框架下,支撑离散与连续、表面与体内部、渐变与突变、流形与非流形地理对象(实体)与地理现象(场景)表达,兼顾语义、属性等多维度数据的组织与完备表达,同时还需要将时空信息进行融合表达(Lu et al., 2015)。更重要的是,现有的数据组织在支撑复杂地理问题的模拟与计算方面能力不强,难以直接服务于计算模型的运算,造成了地理信息系统领域的数据模型与地理计算与模拟领域之间的鸿沟,直接影响了虚拟地理环境面向复杂地理问题求解的能力,限制了虚拟地理环境的应用拓展。此外,闾国年等(2013)认为,目前地理数据的组织还存在高维 R_n 空间数据与计算机一维线性寻址和存储方式间的矛盾;非结构化空间数据与结构化内外存单元间的矛盾;非均匀地理空间分布与匀质的内外分布之间的矛盾;随机的地理数据访问与计算机遍历访问间的矛盾等,需要设计同时有效支撑地理分析和计算机存取结构的组织方式和索引模式。面向虚拟地理环境多模型之间数据交换与表达,分布式网络环境下各领域专家对于地理数据的协同理解,Yue 等(2015)提出在目前统一数据模型尚处于研究阶段的情况下,需要借助自描述、自解释的方法及策略,设计多源异构地理数据的普适性描述表达与交换规范,从结构、语义、单位、量纲、空间参考等多方面完善地理数据的描述机制。

建模与模拟环境是虚拟地理环境的关键组件,也是虚拟地理环境区别于传统 GIS 的关键核心标志。地理模型是地理现象以及地理规律的重要表达形式,也是地理知识的载体。虽然地理模型库的研究已经开展了很多年,但是考虑到虚拟地理环境开放性、探索性的需求,其建模与模拟环境需要支持多领域专家在网络环境下进行分布式建模与模拟,而由此产生的分布式地理模型共享、地理模型构建、地理模型运行以及地理模型集成与优化等问题,也就成为虚拟地理环境构建的关键点。这其中存在的问题包括如下几个方面:①现有地理建模环境多借鉴计算机领域的框图式建模环境,缺乏鲜明的地理特色,根植于计算机领域的建模系统,无论从界面,还是建模流程,乃至操作方式,都难以为广大地理研究者所直接理解,导致地理研究者觉得相关系统难以理解和应用。②目前分布式模拟多集中在协同调整模型参数上,也就是分布式环境下,多领域专家针对选定的模型,面向特定地理情景,协商讨论参数的设置,并基于此开展实验,但是相关流程缺乏对概念建模、框图建模乃至计算建模等建模工作的协同作业支持,网络环境下协同建模的机制与策略还很欠缺。③面向地理模型的共享与重用,多源异构问题依旧影响着地理模型在不同使用者之间的理解效能,地理模型的分类规范和元数据规范还不完善。④面向开放式网络,网络环境下模型资源、数据资源、运算资源的共享与应用情景分析还不到位,导致目前相关资源的服务模式还不清晰。理想状况下,相关资源的分布与贡献模式,应该是所有资源的贡献者,都可以成为服务节点,而不是只有几类或者几个集中式的服务节点,这仅仅可以看成半开放式的模式。⑤面对建模机理各异的模型,服务于模型集成的相关机理与耦合机制还处于研究阶段,支撑统一地理计算框架的计算网格还有待探索。分布式环境下,模拟过程参数调整、优化、模拟结果校验等相关工具,还处于研发过程中。相关的研究虽然都在进行中(如 Wen et al., 2013; Yue et al., 2016; Wen et al., 2016),但问题的解决程度、速度,将直接影响着虚拟地理环境的后续发展与认同。

交互组件是虚拟地理环境与用户的窗口和直接通道,虽然目前 VR 及 AR 的发展大力推动着虚拟地理环境交互手段的发展,而信息、虚拟现实、人工智能领域等相关技术也为全方位感知与表达通道的实现提供了技术支撑(如电子鼻、沉浸式头盔、虚拟现实眼镜等),但这其中需要注意的是,虚拟地理环境的地理特征。虚拟地理环境的表达是对复杂地理场景的表达,交互与操作的对象是场景中多样、动态的地理对象与地理过程,这是区别于计算机和 VR 领域交互的基本特征。目前,需要注意的问题包括如下几点:①需要借助多种交互手段,便捷、自然地实现对地理场景的构建以及操作。虚拟地理环境强调了参与的沉浸式与感知的逼真感,因此,相关操作应该更符合人类在自然世界中的生存方式与操作习惯。例如,借助手势、肢体动作、自然语言对地物的控制,是日常生活中最常用的方式,虚拟地理环境交互组件的设计目前对这方面的支持还有待提升。②传统的 GIS 多以自顶向下的视角来观察地理对象,这不符合人类侧面观察世界的习惯,虚拟地理环境的表达需要进一步支持多角度、多方位对世界的观察方式。③面向多领域用户的协同工作,除了主体的立体表达场景外,还需要设计多样化、为多领域用户所熟悉、习惯使用的联动分析工具,这些工具将服务于专业的协同分析,也属于交互组件需要关注的点。④虽然目前多样化的感知工具已经出现(如立体眼镜、头盔等),但是效果好的工具存在成本较高的问题,而平民化的工具其效果还有待改进,这方面问题的解决将是推动虚拟地理环境公众化使用的关键。

协同组件对于多领域专家协作式分析的意义已经得到了肯定,但是其相关理论研究还处于探索阶段。需要关注的是,虽然在角色模型、冲突检测机制、业务流程分解等研究点上已经有了相关的研究,但是还缺乏一个面向虚拟地理环境地理分析特征的一体化协同工作理论架构,指导从数据准备,到分布式建模与模拟,再到多用户交互与分析的一整套地理分析流程的实施。在虚拟地理环境中,真实的人、化身人、虚拟场景及地物之间的多点关系及协同模式研究,数据、模型和用户多使用角色之间的协同模式及使用情景研究,都是需要解决的问题。

除了以上四个组件设计所涉及的尚未解决或者未全部解决的问题以外,因

为虚拟地理环境的研究涉及地理/遥感信息技术与科学、计算机图形学/仿真/虚
拟现实技术、地球表层系统的地理环境、赛博空间与虚拟社区等，并且与虚拟现
实、虚拟、虚/实关系、心理学、符号学、美学、信息论等社会、心理、哲学领域有着
密切的关系，所以使虚拟地理环境的研究具有传统 GIS 所不具备的复杂性（龚建
华，2010）。虚拟地理环境建设因为涉及多领域、多学科、多技术的介入，虽然有
了相对统一的理论框架，但是在具体实现时，如何将相关先进的技术以及模型进
行无缝融合与系统集成，是重要的问题。只有当相关的知识与技术都能服务于
整体架构的设计与实现，虚拟地理环境才能进入真正成熟的研究阶段。

6.1.3　虚拟地理环境的发展目标

　　结合 2010 年以来相关论著，对虚拟地理环境的发展目标大体有如下相关阐
述：龚建华（2010）认为，"虚拟地理环境突破了地理信息系统、地学可视化、虚拟
现实等技术层面，在更高的层次（方法论上）、更广的领域（信息世界与社会）中
进行思考与发展，从而为地理信息科学与地理科学理论与方法发展问题的思考
提供了一个广阔的崭新视角。"……虚拟地理环境发展将支持"我们反思（地理、
遥感）信息系统技术的发展，让我们思考模拟图像、虚拟空间、虚实矛盾与结合、
信息集成的本质与力量，从而为全球环境变化与区域可持续发展、为公众参与
式信息与知识社会的发展提供了概念思考与技术基础框架。"闾国年（2011）对
虚拟地理环境的发展视为构建"一个没有围墙的 GIS 实验室"，认为"地理建模
与模拟是现代地理学的重要研究方法，面向地理分析的虚拟地理环境建设将有
力地促进地理研究者与公众的相互协作探索"……"从整体观、全球观视角，从
多尺度、多层次角度建立整合各类影响要素、有机集成地理环境演化物理背景和
动力机制的综合模型与模式，研究不同模型的运行需求、结构特征、参数率定、流
程控制以及耦合机制，构建面向地理环境模拟的高复用、可定制的多用户协同分
布式的虚拟地理环境，可为地理科学研究提供新的研究平台，并可能形成新的地
理学研究范式。"Lin 等（2013a，2013b）分别从地理实验及地理分析的角度，认为
"虚拟地理环境能够提供与现实世界相对应的协同虚拟环境，可以表达、模拟和
分析人与环境之间的相互作用。此外，虚拟地理环境可以帮助研究人员重现过
去、复制现在并预测未来；通过融合地理知识、计算机技术、虚拟现实技术、传感
网技术和地理信息技术，虚拟地理环境的目标是向物理世界的地理环境提供开
放的数字窗口，以允许用户通过增强感官的方式'亲身感受'，并通过地理现象
模拟和协同地理实验的方式实现'超越现实的理解'"。陈旻等（2017）在总结了
虚拟地理环境对实验地理学、地理知识共享、地理大数据分析以及相关学科作用
的基础上，认为"经过了数十年，虚拟地理环境技术与理论的研究都得到了发

展,然而并不代表虚拟地理环境已经演化成熟。作为新一代地理分析工具,虚拟地理环境还在演进过程之中,其核心在于代表地理知识的地理模型的共享与管理。虚拟地理环境的每个子环境相关的技术需要深入探索,更多、先进的技术需要被引进虚拟地理环境的构建过程中,而面向复杂地理问题求解的综合、集成式的虚拟地理环境构建也还有待探究。因此,我们迫切期盼有更多领域的专家学者可以参与到虚拟地理环境的建设中,贡献他们的领域知识。一旦源于现实世界的各类知识能够被无缝地集成到虚拟地理环境中,将提供更多的可能与契机去探索和创新我们的真实世界。"

可以看到,现阶段对于虚拟地理环境的发展期望,基本以虚拟地理环境的现阶段定位为出发点,即为了实现新一代地理分析工具、计算机辅助的地理实验空间以及地理知识工程实现手段而发展虚拟地理环境,地理学的格局、过程、作用都期望在统一的研究框架下得以开展,进而用于支撑地理科学的研究继续朝着综合性、定量化的方向发展。同时,借助虚拟地理环境,在传统的集中式、专业化、领域分割化的科学研究范式外,开放式、群体参与式、协同合作式的科学研究范式也将逐渐体现出应有的作用,这是虚拟现实技术、网络技术等发展到今天,科学研究发展趋势在地理学领域研究的真实反映,即虚拟化、开放化、服务化,也是地理学研究领域的重要趋势。

6.2　虚拟地理环境与自然过程理解

人类对于自然过程的理解随着人类认知能力的提高及认知需求的增强,逐渐深入,从静态到动态,从表现到机理,从局部深入、全局了解发展到多尺度、多过程综合理解,虚拟地理环境在其中所体现的作用,首先体现在对于自然过程的抽象、表达、分析与理解。

人类所赖以生存的地理环境由各种各样的地理对象、地理过程及地理现象组合而成,其抽象描述方式为各种人类可见的地理信息及不可见的地理信息,其载体为以多种形式存在的地理数据。在前面章节中,从数据组织到虚拟场景交互相关研究的阐述,均可以认为是地理信息及其存在形式在不同阶段的呈现手段,是自然过程抽象与表达的方法及技术实现基础。特别是在地理数据可以得到极大化、泛式获取的当下,对于实时/准实时、大数据量地理数据的抽象与表达,较之传统方式的表达以及构建其上的分析,都有着不同的意义与内涵。下面以两个层面分别进行阐述。

首先,以遥感数据的解析与虚拟地理环境的结合为例。

遥感作为 20 世纪末发展最为迅速的科技领域之一,具有宏观、动态、精确监测地表环境变化的特点,能够提供及时准确的监测、预测和评估信息。经过 40 多年的发展,我国对地观测与导航技术取得了突飞猛进的发展,特别是我国"北斗卫星导航系统""高分辨率对地观测系统"等重大专项的实施,使遥感平台的精确定位与数据获取能力大大提升。

然而,对遥感信息"有效处理、合理理解、高效应用"的能力已经远远落后于快捷的遥感数据获取能力;我国目前仍难以摆脱"图像数据的处理分析落后于传感器的研制,环境遥感信息机制的理论研究更落后于图像数据处理技术"的尴尬境地。尤其面对南水北调、三峡大坝、鄱阳湖控湖和核电站建设等复杂地理工程论证时,面向地理空间分异及其发展演化规律的遥感信息多维表达仍不完备,遥感信息与地理过程的时空关联关系不明确,缺少综合遥感信息的群体协同地理分析方法。因此,构建遥感信息分析及建模的有效地理认知模式,揭示遥感信息与地理现象及过程之间的内在关联,发展遥感信息群体协同分析的理论与方法,实现多源遥感信息的综合研究与深化应用是我国国民经济与社会发展的重大需求,具体体现在以下三个方面:

(1)提升多源遥感信息综合认知能力。当前,遥感数据的处理方法研究已比较成熟,但针对遥感潜在信息发现的地理分析方法却严重滞后。遥感信息的地理认知正趋向于对象级、综合化方向发展,但由于缺乏系统的遥感信息地理认知基础和成熟的多源遥感信息时空转换与语义知识融合机制(骆剑承等,2009),在面对复杂地理问题时,即使能够快速获取大量的多源遥感信息,但还是难以提供完整的地理分析与建模方案,未能摆脱遥感数据丰富而有用地理知识匮乏的窘境,难以满足既快又准的时空决策需求。

(2)建立遥感信息与地理过程模拟的有机联系。现实地理环境具有动态不确定性,特定的地理要素、现象还无法完全通过遥感反演与分析获取,遥感信息只有与动态的地理时空过程进行有效耦合才能更好地发挥其应用效能(李新等,2008;王军邦等,2009)。目前,遥感信息可以客观反映区域分异特征,能为用户直观理解;但由于其光谱、时间和空间分辨率等限制,致使其揭示地理环境动态发展过程的功能仍难以充分发挥(陈述彭,1997;周成虎和骆剑承,2009)。例如,在面对时空跨度明显的大规模复杂工程的实际应用需求时,对复杂地理环境条件下目标及其影像特征的多变性尚缺乏足够的理解,难以利用现有的遥感图像对未来情景进行有效预测;即使构建了代价较高的物理模型辅助进行地理实验,但由于其无法随着现实地理环境的演变而演变,也就无法与未来特定时刻所获取的遥感信息开展协作式实验。并且在工程实施过程中,相应的环境不断动态变化,论证过程需要不断迭代更新,因此,利用实时遥感信息与地理过程模拟进行快速/相互检验与修正就变得尤为重要。

(3)实现遥感信息的群体协同分析。当前,我国遥感信息应用的规范化、模式化程度不够,缺乏综合的决策支持模式,缺少高效的协同贡献能力,难以吸引多领域专家、多政府部门,乃至公众协同参与进来共同分析。例如,为做好流域、河道的梯级规划和整治,不仅需要充分利用高分辨率遥感技术提供的本源信息,还需要结合水利工程与地质专家的综合考察,规划、环境保护等政府部门的协同决策,以及公众的协同参与,才可能将遥感信息的功效发挥到极致。由于目前遥感多面向单一部门或单一领域应用,缺少协同分析层面上的资源协调,作业模式也多为时间轴上的“流程式”协作,缺少跨领域、多层次的群体协同分析,导致重大灾害应急响应时有效信息相对短缺、综合应用效率低下等问题,难以满足复杂地理问题分析的协同综合需求。

为应对以上需求,亟需一种能够快速、广泛融合多方面遥感信息并及时响应动态环境变化的地理认知及分析方法体系,以实现遥感信息地理分析与建模方法质的飞跃。遥感信息分析与建模方法正逐步从单一数据浅层次的几何与物理信息分析发展到多源数据深层次的潜在信息综合集成,从定性调查发展到定量化数理统计,从资源与环境的静态制图发展到时空过程动态分析,从事物和过程的表面描述发展到对内在规律的探求。这需要从以下几个方面需求考虑考虑新型遥感信息分析与建模方式的构建:

- 需要从认识论与方法论的角度出发,重新审视遥感信息地理分析与建模过程中除遥感图像信息之外的其他因素(如人的认知与理解)的作用,以及如何将这些因素动态地、有机地融合在一起,形成对于环境变化认知的知识。
- 为了在动态观测数据驱动下显著提升复杂地理建模的科学性,急需揭示遥感信息与地理过程之间的动态耦合机理,系统研究遥感信息与地理过程模拟之间的时空动态关联关系。
- 迫切需要建立跨学科研究的组织方式和新机制,借助具有地理模型重用与共享的地理协同方法,结合数据、信息、知识的综合集成表达与动态过程模拟以及群体协同分析,发展一种对话互动、知识创新和集聚智慧涌现的协同式地理综合研究方法,从而满足遥感信息的群体协同分析以应对复杂地理工程与灾害应急决策的需求。

与传统地图、GIS 分析相比,虚拟地理环境可以构建出蕴含复杂动态过程与现象的虚拟场景,面向的是复杂地理问题的协同求解。利用虚拟地理环境将遥感图像信息与专家知识、地理过程模型、地理协同进行综合集成,构建可供人机协同、遥感信息理解、思维及辅助决策的多维环境,形成对于地理环境变化认知的知识,突破遥感信息在图像层面上的分析与应用,借助跨域群体参与的人机协同式感知与认知理论及方法技术,提升遥感信息对变化的地理环境的模拟、预测以及评估等多层次应用能力,从而最终满足重大工程科学辅助决策、突发事件应急响应和环境监测高效分析等国家重大需求。

这其中的关键科学问题包括：

（1）遥感信息的地理认知模式。以提高多源遥感信息在地理要素、现象及时空过程认知中的应用潜力为目标，建立融合语义、算法、数据和模型的遥感信息可计算语义模型，突破遥感信息的认知计算技术，提出虚拟地理环境中实现地理模型可感知化的参考模型，构建并验证虚拟地理环境的工效学指标体系。

（2）多源遥感信息与地理过程模拟的动态耦合机理。地理建模与模拟是地球系统科学各领域对地理环境进行认知、分析与预测的重要方法，而遥感技术发展使得多源、多尺度的遥感信息成为地理模拟参数采集与获取的基本手段。在基于虚拟地理环境所构建的综合地理认知与研究框架下，如何既能正向实现多源遥感信息对地理模型构建的支撑，地理模型的验证与率定，地理过程模拟参数的提取、选择与优化，又能反向利用地理过程模拟增强多源遥感信息重建高精度连续地理时空的能力，提升遥感信息反演的可靠性与准确性，充分挖掘遥感信息蕴含的潜在信息，是多源遥感信息与地理过程模拟动态耦合的关键。而这一关键科学问题的研究将成为提高遥感信息与地理模型综合利用效能的必要步骤。

（3）基于虚拟地理环境的遥感信息群体协同分析与地理实验方法。在面对复杂地理问题求解时，如何提高遥感信息的综合应用水平，确保遥感信息判读的准确性、参数与过程反演的科学性，成为遥感科学发展的重要内容。目前，基于单一人员的遥感信息分析由于受到个人知识水平、学科领域以及应用特殊性需要的限制，存在明显的不足。构建遥感信息协同分析方法，将多领域知识、多层次人员联系在一起，在具有地理参考的虚拟环境支持下，形成基于网络空间"数字沙盘"的协同分析环境，是满足遥感信息综合分析需求的重要基础。在协同分析的基础上，开展对现实世界无破坏的安全、经济、高效、可重复虚实地理实验，是实现复杂地理问题求解的重要手段。在此过程中，既需要多源遥感信息与地理知识的深度融合，又需要多学科、多部门之间以及现实世界、虚拟世界和认识世界之间的高效协同。目前，计算机支持的协同工作已经从技术层面上进行了深入的研究，但并不能满足具有地理参考的协同媒介构建的特殊性需求。从具有地理参考的协同媒介（虚拟地理环境）和地理问题（遥感信息综合分析）入手，对协同的机制、模型、模式、方法等进行深入研究，将能够回答遥感信息地理协同的基础理论问题，提高遥感信息在复杂地理问题求解中的综合应用效能，推动遥感信息科学的发展。

其次，在与数据结合，充分挖掘虚拟地理环境的建模与分析功能之上，对于地理过程与现行的动态模拟与协同分析也是重要的功能，这就涉及基于虚拟地理环境的多过程、多模型的集成模拟与决策支持运行。下面以鄱阳湖水生态安全问题的检测与模拟为例进行阐述。

鄱阳湖流域由丘陵山地、河流水系和大型湖泊三大要素构成独立完整的流域自然地理单元。一方面,流域由于自然、社会和历史等复杂原因,导致流域土壤侵蚀日益严重,改变了湿地微观地貌;不尽合理的区域水文调控与河湖截流,缩短了湿地的自然淹水周期,延长了河湖漫滩的干露时间,扩大了河湖漫滩干露面积,为区域风沙-风尘的发育创造了条件。另一方面,鄱阳湖承纳流域内赣江、抚河、信江、饶河和修水五大河流来水,经湖口注入长江,是一个过水性、吞吐型的浅水湖泊,呈现"高水为湖、低水似河"的水文景观,水位季节性涨落明显,水旱灾害频繁发生。针对上述人地关系紧张的地理问题,需要通过对该流域的水文水动力、地质地貌演变等复杂地理过程进行综合模拟,并开展流域治理、控湖工程等多种地理工程措施的情景分析与效益评估,为国家进行大型地理工程决策的重大应用需求提供科学支持。

针对鄱阳湖重大生态安全问题的研究,可以基于虚拟地理环境,面向水质、水量动态演变及湖区流域变迁(含地质沉积、地貌演变)等切入点,开展鄱阳湖生态安全问题综合模拟与情景分析的虚拟地理实验。其主要功能及实现可以分为以下三大块(注意:这里涉及的功能及实现方案,只是面向特定应用情景的虚拟地理环境方案构建,并不限定其他具备综合能力的虚拟地理环境架构及方案设计):

(1)面向虚拟地理实验的鄱阳湖水质水量反演过程构建。遥感监测系统涉及对数据量巨大、类型复杂的遥感图像数据的处理,具有处理过程复杂、运算量巨大和可视化要求高等特点,其功能与要求有别于一般的地理信息系统,其中水质水量遥感监测分析系统结构的设计、工作流技术的实现及遥感模型库的建立等则是水生态安全动态监测实用化和业务化的关键。

需要对水质遥感监测系统的功能与结构设计进行专门研究,深入分析监测系统所需要的功能及其相互关系,根据遥感数据量大的特点进行系统的优化设计。同时研究每项遥感数据处理的最优工作流程,充分分析水质数据的语义特征、时间特征,实现对水生态安全信息的管理、分析和表现等一系列功能方法的流程定制与配置,完成水生态安全时空信息科学工作流模型的设计及其管理系统原型的构建,从而实现系统的工作流过程建模。使系统从面向功能的数据应用系统转变为支持分析研究过程建模的实现数据应用业务化和自动化的平台软件,建立标准化的通用功能模块,提高系统功能的一致性和标准化。此外,基于水质水量遥感模型的参数特征、机理特征以及适用范围特征的物理意义分析,建立水质水量遥感模型库,并开发相应的模型库管理和调用的元数据标准与分类标准,建立模型的标准化封装,提高系统遥感功能的效率、标准化和可移植性。同时建立遥感结果分析的模型库,便于增加与数据应用相关的功能。并研究模型库的最优方案,按统一方法建立水质水量遥感与应用分析模型库,编制模型库的管理、调用和维护控件。

系统研究用于水质水量的分析方法及水质水量模拟的分类体系及元数据描述方法,为相关方法、模型的便捷调用提供规范化说明;基于对水质水量遥感监测数据、智能传感网监测数据、基础地理数据等的特征分析,研究水质水量分析所需要的多源、多时相、异构数据的无缝集成方法,利用统一的坐标参照系统,设计能够支持水质水量综合分析与模拟的数据模型及索引机制。

基于上述数据无缝集成方法,结合数字高程模型数据,利用水动力过程模型,实现水质水量反演过程。研究跨平台、跨网络模型的模块化封装技术,服务化调用机制及制定策略,实现水质水量反演模型的跨平台使用和业务化、图形可视化分析流程制定。

(2)虚拟地理实验环境下鄱阳湖地质、地貌形成动态演变过程构建。对地质钻孔与地质单元空间位置进行匹配,建立统一的空间参考基准。对鄱阳湖湖区所提取的地质构造单元进行比较分析,构建适宜多尺度地质单元的地质钻孔内插方法。地质钻孔的内插包括平面点位的内插和竖向地层构造的内插,目前,空间插值方法有多种,其中常用的主要有:泰森多边形法、距离反比法、Kriging插值法。在现有插值方法中,Kriging插值是最为常用也是精确度最高的一种方法,项目实施过程拟利用Kriging插值对鄱阳湖地质钻孔进行插值。对晚全新世以来鄱阳湖地质特征进行深入分析,并综合比较研究现有地质体建模技术,例如,目前最有代表性的地质体建模技术是由吴立新提出的广义四棱柱,该建模技术具有较为广泛的适宜性,并针对不同历史时期的鄱阳湖地质特征研究比较适宜的建模技术,实现顾及断层等复杂地质构造自动建模(Wu,2005)。地质体的三维空间布尔运算涉及复杂的空间形体几何关系计算和拓扑关系更新,需要建立一套基本运算规则,以保证算法的有效性,目前Muuss和Bulter(1991)提出的算法规则,能够处理较为复杂情形的布尔运算,基于规则约束下构建基本几何算子和拓扑算子,而空间算子建立还有赖于地质体建模方法。对地质体建模结果的存储能够尽可能提高模型的重复利用率和尽可能改善用户的体验效果,数据库存储模型主要涉及地质模型剖分单元之间拓扑关系的存储表结构设计及地质剖分单元地质属性的维护。

顾及不同历史时期鄱阳湖地层沉降速度和泥沙等冲聚物沉积速度,将地质建模成果与鄱阳湖现势数字高程模型融合。上述融合结果在地质钻孔信息支持下,构建不同历史年代的鄱阳湖区数字高程模型,并开发所需的数字地形分析算子。根据数据库中提供的鄱阳湖水位、土地利用等历史资料,在所建立的数字高程模型的基础上,研究鄱阳湖水面、植被、土地利用等自然、人文景观的恢复技术。

在上述构建的不同历史年代的数字高程模型基础上,结合目前成熟通用的数字地形分析算法,开发面向河湖三角洲地貌特征的数字流域分析算法,实现鄱阳湖湖区不同历史时期五河入湖河道的提取。参照数据库中提供的五河河道不同历史时期的水位记载,实现不同历史时期五河河道宽度的恢复。

(3) 面向鄱阳湖水环境及地貌演变过程的虚拟地理实验的三维可视化系统。面对鄱阳湖水环境及地貌演变过程的虚拟地理实验展示需求,需要开展三维环境动态对象的特效实时可视化和地质水文气象数据场的高效可视化等方面的研究。在探索性研究工作和既有基础支撑平台的基础上,进行开发性工作,实现并封装在研究中发掘的成熟优秀算法,开发时空信息一体化可视化引擎及组件,提高可视化系统的功能和性能,为应用开发提供易用的、高性能的、完整的技术和软件解决方案。

充分发掘多种计算资源的计算能力,进行高效并行,来加速动态三维场景可视化过程。具体可分为两个方面:一方面为通过计算集群来实现分布式可视化加速。把高层可视化流水线的不同处理环节(如数据简化和优化、遮挡剔除、光照计算等)分解开来,由不同的计算结点来执行。同时,对于每一个处理环节将根据其实际计算量,由绘制任务管理系统来自适应地调整计算颗粒、各环节计算结点个数,维持负荷均衡,提高并行效率。另一方面为在单一计算结点上充分利用多 CPU/多 GPU/多核的计算能力,进行并行加速绘制。因为 CPU-GPU 之间的图形总线传输延迟比集群计算节点间的网络延迟要小得多,它们间具有更好的并行性能,但由于 GPU 本身为专用处理器,算法需进行结构上的调整以适应其计算模式。

利用现代 GPU 的可编程功能,来实现面对 GIS 需求的三维环境动态对象的特效实时可视化。对自然环境的各种规律进行一一考察,分别基于物理的建模,以实现水面、水体、海底底质、天气、星空背景等信息的真实动态特效可视化;对人工物体,根据领域专业知识进行动态物理建模,实现准确的行为模拟,例如,对海洋环境中的浮标、灯光进行可见距离、可见颜色亮度、可见面积和闪烁周期等各方面的全面仿真,使航海人员能更直观、高效地执行导航和规划决策;面向海洋工程导航需求,建立依照天文时的光照计算和全局颜色表,白天、夜晚将自动采取不同的显示模式以适合人眼感知。

通过对流场、温度场、梯度场、密度场、盐度场等不同形式的矢量场和标量场进行多分辨率的表示,并实现对特征线、等值面、流线等几何特征的高效提取计算,以及在 GPU 上实现无须显式重建几何表面而将体数据空间投射到视觉空间的实时直接体绘制方法,以支持对地质、水文、气象等空间二/三维数据场信息进行高性能的分析及可视化显示。其中数据场的几何特征提取处理环节,可以采取分布式或多线程的并行计算来进一步加速。

6.3　虚拟地理环境与人类行为认知

　　人地关系一直是地理学研究中的核心研究主题,随着经济和科技的全球化以及人类社会从工业社会进入信息社会,人地关系中的"人"处于越来越重要的地位(Goodchild, 2007;龚建华等,2010)。近年来,随着虚拟地理环境与虚拟地理实验理论和方法的发展,各个地学相关领域在进行应用的同时(Shen et al., 2018),对以人为主要研究对象,针对个体、群体的空间认知、人地关系耦合等方面的相关研究更加关注,正尝试拓展如何在虚拟地理环境中开展面向主体对环境的感知、认知,以及行为的实验等(Torrens,2018; Zhang et al.,2018)。

　　面向主体的时空特征与行为,以及主体及其主体行为与地理生态环境、社会经济环境的相互关系,龚建华和林珲(2006)将地理学中的"人"的主体划分为不同层次:包括个体、群体、组织等主题类,并给出了如下定义:

　　对于个体,从空间层次上看,与个体相关的环境,可以分为微观环境、中观环境和宏观环境。微观环境,也可称个人空间,表示个人机体占有的围绕自己身体周围的一个无形空间。个人空间可扩展为一个领域单元,如一间私密性的房间、一个座椅等。个人空间可随身体的移动而移动,具有伸缩性。中观环境指的是比个人空间范围更大的空间,属半永久性,由占有者防卫,一般指家庭基地、邻里、街道(胡同)、村落与社区。宏观环境指个人机体离家外出活动的最大范围,属公共空间,交通愈方便,空间范围越大。与个体相关的三种环境的物理几何空间含义是比较明确的,是可以量算的。

　　群体,是为了某个目标,由两个或两个以上相互作用、相互依赖的个体的组合。众多的个体相互作用,形成群体行为。群体有正式群体和非正式群体之分。正式群体,是指由组织结构确定的、职责分配明确的群体;非正式群体,是那些既没有正式结构、也不是由组织确定的联盟。

　　组织,是按一定宗旨和系统建立起来的集体,包括国家、企业、政府、协会等。组织由正式群体和非正式群体组成。关于群体、组织的时空分布及其行为的时空特征,在地理信息科学/地理信息系统领域,研究很薄弱。群体、组织及其行为的空间,是流变性的、边界模糊不确定的,更多地体现为时空流,以物质流、能量流、资金流、信息流与人流为主。群体、组织及其行为的空间,与其物理几何空间范围和大小,不具有密切的敏感性,但与其社会关系网络(节点与链接)组成的"虚拟无形的"社会空间又密切相关。群体与组织,强调的是其作为功能的整体与行为,而不是作为占有明确物理几何空间的单位。

　　在关注人与环境相互作用的学科中,传统的研究范式通过访谈、问卷、观察等数据采集手段和传统的统计分析、案例分析来开展区域的实证研究,使得其实验数据的规模、尺度、体量大大受限,研究结果难以泛化(Salesses et al.,2013)。随着大数据时代的到来,海量个体认知及行为数据为人地关系的研究提供了潜在的机会。在大数据时代的背景下,我们生活的物理、社会空间已经被构建成一个巨大的虚拟实验室,无时无刻地不在记录着微观个体、宏观群体的感知认知状态、活动轨迹、行为模式等(Liu et al.,2015)。

对于人类行为的感知与认知,难以脱离对社会认知问题的整体思考,尤其需要考虑人作为社会个体、群体的属性和关系,以及人的生理特征(如视觉、听觉、力觉等多感知)乃至心理(心脑)方面,如人的意识、思维、认知、想象、意象等(龚建华等,2010),并对基于此的心理状态、行为动机和意志做出推测和判断的过程(Fiske and Taylor,2008)。

不同的学科领域在社会生活中形成了自己所特有的认知结构和对象特征,同样也必然使其社会认知表现出种种特点。早期地理学家把想法展示在地图上,视地图为最主要的社会认知工具之一,因其承载了地理数据的多样式表现认知。而后随着3S技术的发展,地图学与数学方法及现代信息技术的相互作用产生了GIS,陈述彭院士曾提出,"如果说地图是地理学的第二代语言,那么GIS就是地理学的第三代语言"(林珲等,2009;Lin et al.,2013b)。林珲等(2003)通过研究地理学语言从地图到GIS和虚拟地理环境的演变过程指出,虚拟地理环境是包括作为主体的化身人类社会以及围绕该主体存在的一切客观环境,包括计算机、网络、传感器等硬件环境,软件环境,数据环境,虚拟图形镜像环境,虚拟经济环境,以及虚拟社会、政治和文化环境,其中的化身人类是表示现实世界中的人与虚拟世界中的化身相结合后的集合整体;认为虚拟地理环境作为新一代地理学语言,其显著特征是以用户为中心,提供最接近人类自然的交流与表达方式(林珲和龚建华,2002;林珲等,2009)。当前的虚拟地理认知实验大多通过在虚拟地理环境中构建实验环境,能够主动地进行上下文环境要素控制来观测个体在不同上下文中的感知、认知以及行为模式。

综合来看,虽然对地理空间的表达形式经历了从地图、地理信息系统到虚拟地理环境的发展,地理空间的认知研究也正由地图空间认知、地理信息系统认知,发展到虚拟地理环境认知(林珲等,2010;Lin et al.,2013b)。然而,从地球表层系统的人地关系看,目前地理信息科学所处理的对象仍然主要是宏观的地理实体、现象、过程及其空间环境,而对于社会、经济活动中的个体、群体等的行为及其相关事件,缺乏强有力的表达方法和模式(龚建华等,2010)。

近年来,在移动互联网、物联网和通信基础设施的支持下,在人类的感知传感技术、云计算等具有突破意义的技术推动下,可以从大量数据源中获取海量的个体认知状况、群体行为活动和情感感知信息。加之虚拟地理环境的主要对象是现实的开放复杂巨系统,关于人地系统的相关特征认识与理论永远是虚拟地理环境表达、建设、应用、存在发展的重要基础。基于此,基于虚拟地理环境的认知将充分面向虚拟地理学与社会认知的发展,突破传统的地图认知和基于地图的地理信息系统空间认知,充分探索用户行为的主动性、交互性、协同性、反应性、移动性等地理用户化身的特有行为与建模方法,通过地理信息化身的社会互动,最大限度地以自然方式获取真实地理环境中的本体信息认知,构建具有社会行为的沉浸式三维虚拟地理环境,使自然人能够以日常的交互方式获得类似于真实地理环境的感知,以及系统探究其中活动着的人、人群等主体及其社会活动行为,将真实社会关系通过虚拟地理环境投射到真实世界,充分结合人本身关于地理多感知、心智认知、地理思维等多层次行为,力求推动和发展新一代社会认知平台。

6.3.1   面向虚拟地理环境的人的行为视角分析

人的行为有多种形式,如特定地理环境中的人类行为(涉及如对环境的认知,地物和现象的心理评价等)、不同人类活动的行为(如销售、购物、交际活动乃至虚拟空间行为等)、与区位选择有关的人类行为、居住区位的形成与演化、人口迁移、疾病传播、交通疏导、应急疏散中的人类行为等。目前,人类行为模拟研究还处于初步阶段,大量工作有待于进一步开展。目前的研究方面有关于虚拟人行走、坐立、弯腰、转体等肢体动作的仿真模拟(秦双等,2002),但这种仿真方式多面向人体动作的模拟,缺少对人类最重要的思维及智能活动的研究;更多研究针对人在特定环境下的行为进行模拟,如火灾情况下的避难逃生行为模拟(Tan et al., 2015a; 2015b; Li et al., 2018)、利用出租车轨迹数据和手机信令数据进行居民出行行为分析(Ratti et al., 2006; Liu et al., 2014)、自主虚拟人智能驾驶行为仿真(秦双等,2003)、军事演习中实体的行为模拟研究(杨瑞平等,2004;万刚等,2005)、应用多智能体技术模拟虚拟社区内严重急性呼吸综合征(SARS)的传播动力学过程(Hu et al., 2013),城市应急情况下的个体模拟(Paul,2018)等,这些研究对一些特定的课题有十分重要的实用价值,也是当前虚拟地理环境人类行为模拟研究的重要方面,其典型应用如虚拟消防演练、虚拟培训、虚拟战场训练等。社会交互模拟也正在成为人类行为模拟中的一个热门研究领域。面向虚拟地理环境研究,本节从两个层面对人的行为视角进行分析。

1)基于虚拟空间的虚拟行为分析

随着虚拟社区诸如"第二人生"(Second Life)的不断发展,基于虚拟地理环境的虚拟化身行为分析也变得尤为重要。虚拟公共社区(virtual community),被定义为当足够多的人带着饱满的情感长期进行公开讨论,以期望在赛博空间中形成个人的关系网时,在网络中所出现的社会集合体,可以进行一定的社会活动,具有某种互动关系和共同文化维系力的人类群体及其活动区域(郑杭生,2003),从而形成为许多语义网的拥护者设想构建的一个大规模的由数字化网络化的物体和人构成的动态环境。基于虚拟地理环境的虚拟公共社区是现实世界的镜像(mirror world),具有真实的地域表达,并赋予多于真实世界的体验和交互,允许人们以前所未有的视角、细节与深度观察和跟踪真实世界。

概括来讲,基于虚拟地理环境的社区人群互动可以有三个层次的体现:

(1)通过基于网络的参与平台,用户之间的交往可以突破面对面情境的限制、超越时间和空间的界限,也可以进行匿名的人际交互体验——"虚拟"的最直接表现。

(2)虚拟地理环境是以化身人、化身人群、化身人类为主体的生活的客观实在与现实环境,它既可以是现实地理环境的表达、模拟、延伸与超越,也可以是赛博空间中存在的一个虚拟社会(社区)世界。其中的化身人、化身人群、化身人类是表示现实世界中的人与虚拟世界中的化身相结合后的集合体(龚建华等,2010)。

(3)持久的社会互动是建立虚拟公共社区中的各种社会关系和结构的基础,从而形成有共同的社区意识与文化,建立成员间的群体认同和心理认同,并可能形成全新的行为主体空间。

2)虚实结合的社会认知行为分析

根据心理学对社会认知范围的定义(黄希庭和秦启文,2002),基于虚拟环境的社会认知行为也可分为三个层次进行分析:

(1)虚实融合的外部特征感知。最直接体现在对虚拟空间周围的形态、各个用户的化身等此类直接感观认知事物上。虚拟地理环境可以采用基于智能化身的沉浸式操作模式,实现用户主体与虚拟化身的互动或虚实融合,力求空间内行为更接近于现实空间,用户在进入虚拟环境后可以最直观地接触到周边对象的形态,从而对外部特征拥有最直观的感知(Sanchez-Vives and Slater,2005)。通过配置各种感观输出设置,可以将虚拟环境中的视觉、听觉甚至触觉等感观以直接输出的方式表达给用户,实现用户对虚拟环境此类外部特征的感知。此外,多种穿戴式设备为实现人体的动作、五官模拟与感知提供可能,沉浸式的操作模式可实现虚拟与现实最大限度的交融,甚至在虚拟世界中开展的部分实验可直接应用于现实世界(Sanchez-Vives and Slater,2005)。

(2)类性格特征认知。从主体用户(或操纵者)的语言、表情、动作等习惯出发,实现对用户性格特征、行为特点的理解,可为真实世界的社会活动提供相似映射或参考。一方面,基于虚拟地理环境的动态行为分析,允许人们以前所未有的丰富细节与深度,进行真实世界与虚拟世界的对比与互动。其中,La(2008)使用具有时空分析特征的化身,描述了用户在虚拟世界中的空间移动,探索虚拟世界的行为与真实世界的活动的关联。Mikhail(2009)对"第二人生"中化身的互动及交流进行分析,得到用户活动的热点图,即用户访问较为频繁的区域,从而为虚拟世界中的商业布局提供参考。另一方面,面向行为主体的生理特征识别,可以借助基于情感计算的社会情感认知,例如,通过对不同类型的用户建模(如操作方式、表情特点、态度喜好、认知风格、知识背景等),以识别用户的情感状态,进而可以实现多模态的情感表达与理解,为行为分析提供即时反馈与预期。

(3) 行为关系认知。一方面,基于化身的虚拟地理环境能够为用户提供沉浸式的场景体验,同时也可以提供虚拟人际交互平台,使得基于虚拟地理环境的行为互动成为可能。随着 GIS 技术普遍应用于社会的各个方面,基于空间位置的行为关系网络认知已逐渐成为社会的新潮流。此类认知已有不少先例,例如,地理协同设计网络服务 Geo–Life(Zheng 等,2010)通过分析用户日常访问地点、路线、停留时间(GPS 旅行路线)来为用户推荐好友和具有相关兴趣的人,基因组学平台 Color 通过空间位置距离关系来形成现实生活中的人际关系配对,均可为虚拟地理环境的行为关系认知提供拓展参考。另一方面,面向特定的情景模式分析,个体行为的变化与相互关系一直是科学家致力研究的领域。例如,对于人员安全撤离和疏散的研究需求:在正常状况下,人们会尽量避免与他人冲撞而有序地从出口脱离,人群通过出口的流量比较平稳。但在紧急状况下,人们追求较高移动速度的心理超过了避免相撞的心理,结果造成大量的人拥挤在出口。上述的行为主体在现实环境中会随着自身的心理状态、行为动机、所处位置、感知到的环境信息及周围信息的变化而采取相应的行为;相应地,执行行为后这些因素又会发生变化,如随着火灾过程的环境信息发生变化,行为主体会根据当前的动态信息进行新一轮的行为决策,可见这是一个基于当前动态信息分析行为关系的决策过程。

6.3.2　基于虚拟地理环境的多层次人的行为认知与分析

随着现代科学技术的快速发展,"以人为本"的思潮从产业界的影响扩大到科技界,对地理信息领域提出了新的要求。现实世界中,人类改造地球的活动,如对气候变化、粮食安全、生态环境、城市发展等众多方面产生巨大影响,成为急需研究的课题。而对于人类行为、人类社会的研究由于其复杂性,难以用确定性要素表达,在很长一段时间都以社会学家、经济学家为主进行研究。聚焦地理学研究的核心问题"人地关系",由于具有地理环境的复杂性、人类行为自身的复杂性以及它们之间相互关系的复杂性,使整个地理科学中人地关系复杂性问题研究相对困难,缺乏有力的研究手段和方法。

作为具有高度移动的、社会的、智能的、能动的"个体",截然不同于一般的地理对象(如房子、树、道路等),是需要单独对待与处理的。而近年来在分布式人工智能领域中快速发展的智能体技术,是用于表达"个体"与"群体"的较为合适的方法与模式(龚建华等,2006)。智能体(agent)的概念最早由 Minsky 在1986 年出版的《思维的社会》中提出,其后基于计算机技术的发展,部分源自分布式人工智能,简单来说就是一个置身于具体环境中的自主系统,它为了达到自己的计划和目标,可感知环境中的信息并对其做出适当反应,并且它对将来有一定的预测,可实施动作对其产生影响(史忠植,2000)。基于智能体的建模是一种自下而上的建模方法,它可以把智能体作为人类的个体抽象单元,智能体方法为解决面向地理环境主体行为表达以及多主体交互问题提供了有效的途径和合理的概念与技术模型,并在很多应用方面取得了重要的进展,如代表地理环境中个体的智能体及其时空行为过程模拟的公共卫生突发事件模拟、交通 GIS 分析模拟、社会关系网络数据模型、应急疏散大规模多智能体行为模拟等(Helbing et al., 1997, 2000; Paul, 2018)。2003 年的 SARS 公共卫生突发事件中,基于虚拟地理环境的人的行为分析与模拟等重要应用,得到了学界与社会的肯定,更引起了地理信息领域对于"人"以及社会群体行为研究的关注(Hu et al., 2013)。2008 年北京奥运会的召开,通过预测模拟来保障人群的安全,保证在突发公共安全事件时能及时有效地疏散人群,也成为当时建立科技奥运和数字奥运的重要议题。基于虚拟地理环境的人的行为研究正逐步得到行业的高度关注。

基于虚拟地理环境,本节尝试从"面向个体-群体行为分析"与"面向复杂人类活动"两个层面探讨基于虚拟地理环境的人的行为认知与分析。

6.3.2.1　面向个体-群体行为认知与分析

随着具身认知(embodied cognition)研究的兴起,认知被认为既是具身的,也是嵌入的,大脑嵌入身体、身体嵌入环境,构成了一体的认知系统。具身认知,是心理学中一个新兴的研究领域,强调认知不只是大脑的信息加工过程,还与身体、环境具有密切联系。具身认知力求寻求人的生理体验与心理状态之间有着强烈的联系。生理体验能够刺激心理感觉,反之亦然。

借鉴上述认知研究的发展,基于虚拟地理环境的人的行为认知与分析,正向建立在地理环境、人-机理解、生理-心理一体化认知基础上的人的行为认知与分析努力。总体来讲,可初步概括为:基于虚拟地理环境,以建立更逼真和超现实的地理空间认知环境,辅助于对地理空间认知的研究,提高人类对地理空间的认知能力。这个环境从模拟真实地理环境角度引入动态的地理过程模型的虚拟地理环境，从模拟人类从环境获取信息角度建立多通道多感知机制，从真实行为模拟角度建立基于生理感知与认知心理学结合的行为分析。①强调人的感知性和融入沉浸感，使人能够以自然的交互方式获得类似于真实地理环境的信息；②将具有地理参考的地学过程模型植入认知环境，通过传感器网络提供数据以模拟地理现象的实时变化，为地理空间认知研究重现真实的地理空间环境；③在认知环境中，通过认知实验研究人的行为，并进行模拟分析。

　　基于上述的整体思考，笔者希望如下几个重要的研究内容在未来的虚拟地理环境人的行为分析与模拟研究中引起足够的重视。

　　（1）面向虚实结合地理行为主体的三维虚拟地理环境构建。传统的地理信息环境多强调以空间几何为建模基础的自然目标表达，而往往忽略人作为地理行为主体这一重要特征。面向虚实结合地理行为主体的三维虚拟地理环境，力求突出人作为地理行为主体的重要性，通过建立真实主体、虚拟化身、虚拟环境、现实世界之间的关联关系，为研究人的行为分析与模拟提供技术与平台支撑。针对这类环境的构建，这里有两方面内容需要重点提及：①重点研究真实主体、虚拟化身、虚拟环境、现实世界之间的关联或映射关系。需要充分探索在虚拟地理环境中，如何通过虚拟化身来体现真实主体的行为特征，并能最大限度地以自然方式获取真实地理环境中的本体信息认知，进而实现不同的地理场景下的真实行为模拟反馈等。②探索构建一个虚实融合的三维虚拟地理环境。相信随着虚拟现实技术、移动传感设备、混合现实以及全息技术等的发展，构建能够融合社会行为的体验式/沉浸式三维虚拟地理环境将变得越来越可能。例如，笔者看好基于虚幻引擎（unreal engine）的虚拟环境，已经具备了构建虚实融合三维虚拟地理环境的基础。如自然人可以是一种实时数据源的形式沉浸在虚拟环境中的行为主体，自然人间可以通过虚拟化身交互的方式获得类似于真实地理环境中的感知，并能基于此发展虚实结合的多样化信息共享与协同工作模式。

　　（2）地理化身主体建模：地理化身主体建模将是个广义的概念，其建模形式将包含智能空间中的多种可能形式。地理化身主体，将融合虚拟化身与真实个体。虚拟化身层面可包括化身、智能体乃至机器人等多种智能体形式存在；真实个体层面则包括用户主体、待分析个体、社会群体等客观存在，通过交互、感知认知和想象在人脑中形成的虚拟环境以及在虚拟环境中主体与主体相互交流交互形成的虚拟社会世界。虚拟化身与真实个体将通过多通道感知的形式建立融合关系。

　　（3）基于行为主体的多样化信息共享与协同互操作。行为主体通过网络（包括物联网）建立的虚拟关系因地理空间的真实世界属性而变得更加真实。基于个体关系的协同互操作，行为个体一方面可以协作完成虚拟地理环境及真实世界中的业务,实现线上线下多人协同的问题解决途径,以及地理信息化身可以在适当的时候与其他化身、智能体或人类进行交互,以完成自身的目标或帮助其完成他们的目标;另一方面可以将现实世界中真实个体的定位与虚拟地理环境中对应化身的定位相结合,研究虚拟地理环境增强现实和以现实为基础的虚拟环境增强这两个方向上融合技术,从而提供一个用于非结构化社会互动的共享互操作与模拟环境。

(4)辅助行为认知与决策的多维表达与多通道感知。虚拟地理环境可以为用户提供身临其境的三维空间认知基础,并将生活中的各种场景、环境细节和视觉体验展现于统一的认知空间,同时通过传感器网络获得的实时数据和地理现象的动态模型,在虚拟地理环境中模拟地理现象的动态过程,使得地理认知环境与真实物理世界融合在一起,提供"真实"的地理环境,力求还原行为主体在实时变化的地理环境中获取信息及进行动态行为决策。

行为主体可以以化身的形式交互参与于虚拟认知场景中,并力求基于此可以一定程度地开展心理行为探索与认知(Harris et al.,2009)。

多维表达包括地理静态场景信息以及地理动态过程的综合表达。地理多维信息表达是为了提供真实地理环境中的本体信息,不必为了传输信道的限制而放弃大量丰富的信息,有利于对静态事物的感知和动态过程的监测。

多通道感知是通过增强现实设备、传感器设备使得行为主体或化身(智能体)能够以自然的方式(如温度感知、色彩感知、声音感知等),获得多源地空间信息以及实现人机间自然互通与无缝耦合。

(5)基于认知心理学与社会情感计算的行为模拟与分析过程。人类大脑是自然界最复杂的系统之一,是心理与认知活动的关键载体。人类所有的行为都依靠大脑思维活动予以支配,因此,模拟人类行为需要对人的大脑思维进行模拟,建立能够表现人类推理和行为的形式化描述。

首先,基于虚拟地理环境能够构建融合多通道感知、实时动态环境信息获取的人机交互环境,能够通过地理环境信息的真实重现(环境角度)和多通道信息的获取(人的角度)为实现人的行为模拟与分析提供支撑。

其次,可以结合认知心理学实验框架引导,建立人类个体的心理行为范式,用以指导与约束行为认知实验,建立动态过程中主客体反馈的渐进最优行为分析,在分析中将会对多种因素进行相关分析及主成分变换以确定少量的关键因素,从而建立符合实际情况的用户行为挖掘。

进一步,可以结合社会情感,计算建立由人的情感所引起的生理及行为特征信号集或情感模型,并可以设计具有情感反馈的人机交互环境,进而创建个体情感计算系统,进而逐步实现个体的心理-生理统一的行为模拟与分析。

6.3.2.2　面向复杂人类活动的人类行为与地理环境的交互认知与分析

这里的人类行为将重点面向人类社会的复杂社会活动。复杂人类活动具有能动性,既包含了个体的活动,也包含了依赖于组织的具有有序特征的社会性群体活动。人类社会的发展和人们的生产生活深刻地影响着自然界生态系统的结构和演变,影响着自然界中一系列的物理、化学和生物过程,在地圈-生物圈-大气圈的相互作用中占有重要的地位。本节尝试以笔者主持参与的国家重大科学研究计划"人类活动与全球变化相互影响的模拟与评估"为例,着重探讨如何将人类社会活动主动纳入全球变化与社会可持续发展研究的统一框架中,以求推动人类社会活动与自然生态系统的紧密耦合,从而提升综合评估人类对全球变化的适应性及其对社会可持续发展的影响和反馈能力。面对上述特定的理论及实际需求,地球系统模式作为全球变化与可持续发展研究的重要工具,目前尚未能完全耦合人类社会系统,缺乏对人类活动影响较为深入的考虑,亟需将准确的社会因子、人文社会要素加入计算模式中,也缺乏对人类活动相对精确的描述与计算方法支撑,这一定程度上阻碍了社会和自然过程的耦合,影响了全球变化研究的综合预测能力。

面对全球变化与社会可持续发展中如此错综复杂的人类活动难题,借助于虚拟地理环境的地理模拟与时空分析方法以及协同分析模式能够为相关研究提供契机,为地球系统模式引入"人"的要素提供便捷条件,旨在提升人类活动与全球变化的相互影响过程的综合评估效能。这一工作有望改进气候系统模式领域的传统建模方法在模拟人类活动方面的不足和缺陷,促进地球系统模式的发展,并最终服务于国家有效应对全球变化且保持可持续发展的重大需求。大体思路可以体现为:为了在地球系统模式中充分考虑人类社会经济活动的作用,首先需要分析不同区域人类活动对于全球变化的响应过程,从而将其行为影响下的社会环境划分为不同的社会响应单元,进一步借助于地理模拟与时空分析,例如,需要基于对不同层次、不同角色对象及其关系、时空行为(包括各级政府、不同利益部门、公众群体等)的抽象,利用多智能体模型等对象模型进行过程推演与博弈,深入挖掘不同情景下人类时空行为及其规律,提高对于人类活动的模拟能力,构建全球变化下人类活动模型,并将之与地球系统模式进行耦合,从而构建综合考虑人类社会系统与自然生态系统的地球系统模式;在此基础上,基于虚拟地理环境开展面向全球变化与人类活动及其环境相互影响的协同模拟与评估。

1) 全球变化下的人类活动与环境响应模式构建

以人类社会组织的结构性、有序性,人类决策过程的能动性、相关性为基础,综合分析人类的社会结构、经济运行方式以及政策制定与决策过程之间的关系，研究全球变化区域响应单元的划分方式，按照政策制定、人类活动和环境响应三个层次，构建模拟系统的基本结构。基于国家和区域政策制定的基本模式，抽象全球变化的政策影响因素，借鉴兵棋推演中的布局、协调、博弈等基本模式，建立面向全球变化的政策模拟层；对于人类活动，基于系统相似性原理，构建包含社会结构、经济结构和政策响应为主要内容的人类活动模式，并应用多智能体方法构建人类社会系统模拟框架；利用人类政策和人类活动的输出，基于元胞自动机方法，结合多智能体模拟的人类行为，对环境响应进行模拟，从而构建环境响应层。

2）人类社会结构与活动模式的参数化方案

以人类社会行为、经济活动的组织结构与时空分布为依托，综合能够反映历史、现势和未来的人类社会、经济和自然要素的时空数据，研究与真实人类社会结构、决策机制和行为模式具有相似性的人类社会结构数据库的构建方式；基于对不同特征的社会结构与组织的分析，通过空间分析和统计方法，以全球变化区域响应单元为基本的操作单元，对模拟区域的社会等级结构进行抽象，形成社会活动主体的角色模型。从影响人类群体和个体决策活动的经济、安全、生存、灾害等多种因素角度入手，建立全球变化下不同条件参数、不同区域组合的情景设定方式，构建多维多尺度的全球变化情景信息传输机制；采用志愿者人机交互的信息采集模式，通过空间分析和概率抽样方法，选取参与者参与全球变化下人类活动反馈，以点代面，综合应用可视化、虚拟现实等传播手段，多视角、多通道地传递全球变化信息，对不同状况、区域下的全球变化情景进行设定；志愿者在感知全球变化影响的基础上，基于其角色做出具体的行为决策，从而为人类对于全球变化的响应及其行为提供活动参数。

3）人类活动推演及环境响应模型的验证与优化

基于区域相似性原理，以自然和社会经济属性组合为基础，以全球变化区域响应单元为依据，选取不同粒度的实验区（如大城市、中小城市等）；收集实验区自然环境要素（如气象数据、水文数据等）、人类社会要素（如政策、法律、国内生产总值、人口总量等）、生态要素（如碳通量、生物量、植被覆盖度等）等相关数据，对区域数据按照时空序列排序；通过设计开放式的网络参与手段，利用多通道表达、多维感知等手段，显示全球变化情景的表达与传输；利用不同特征用户的参与，获取试验区内全球变化影响下的人类行为模式，并将之作为人类活动协同推演及环境响应模型的输入参数，结合全球变化影响参数，计算实验区内人类活动对环境影响因子的数值，并将之与实验区域内土地利用、温室气体排放等数据做对比分析,验证模型的实用性,并进行优化。为将模型推广到其他区域进行模拟,以典型试验区的诸要素属性特征集为分类因子,构建人类活动行为样本库,基于组合优化原理,实现任意模拟区域的参数化。

4) 以虚拟地理环境为基本手段,构建群体参与的协同模拟方法

全球变化与人类活动及其环境相互影响研究是涉及多学科、多部门、多利益群体的相互配合,现已演变成一个包括科学、社会、经济、外交、法律等诸多方面的综合性问题。尽管不同学科的科学家也已经开始关注协作研究,但仍难以支撑不同领域、不同背景的研究者在达成形象化、形式化认知的基础上,对研究过程进行有效控制与高效协商,更难以保证使用者或参与者自身资源安全的基础上,提高相关资源的利用程度并协同贡献于综合性研究过程。美国在其《全球变化研究计划 2012—2021 年战略规划》中明确提出,加强不断发展的能力,以利用可访问的、透明的、一致的过程进行评估,包括跨地区与部门利益相关者的广泛参与。针对基于地球系统模式的全球变化与人类活动及其环境相互影响的过程模拟,发展虚拟地理环境中分布式多源异构数据、地球系统模式、多维动态可视化与分析等综合集成方法,使得多部门能够实现数据的共享、运算参与以及协同处理,使得“数据—模型—可视化—模拟—分析”能够集成到具有统一地理参考的共享虚拟环境中;采用群体参与的多角色协同模拟方法,研究多用户协同模拟工作流程,区域间协调模拟方法和方案协同优化方法,实现全球变化与人类活动及其环境相互影响的群体协同工作模式,将为全球变化与人类活动及其环境相互影响等具有跨区域、多学科、高复杂诸多特征的地球系统问题求解提供新的方法。

6.4　虚拟地理环境与地理知识工程

6.4.1　地理知识内涵

传感网技术的日益成熟从根源上解决了地学数据获取困难的问题,空间数据基础设施(spatial data infrastructures,SDI)的构建更使得大量地学数据可以从在线网络中直接获取和使用(Groot and McLaughlin 2000)。地学数据获取的问题已经基本解决,但随之而来的,海量地学空间数据的骤增与高效信息增值机制的缺乏形成了鲜明的对比,地理知识严重贫乏。与此同时,虚拟地理环境技术对地理科学问题的深度剖析和多感知表达有着显著优势,能够为地理问题、地理规

律、地理现象的模拟与预测提供相关知识和决策（闾国年，2011）。与传统地理信息系统相比，虚拟地理环境实现了动态地理时空过程的多维模拟分析与表达，改进了传统地球系统科学知识的表达与获取方式，促进了地理数据到知识的快速演化（林珲和龚建华，2002）。利用虚拟地理环境深入发掘和探索地学知识是一种解决知识贫乏的有效可行方式。

知识的研究始于计算机科学的人工智能领域，知识的定义为"人们对于可重复信息之间的联系的认识，是信息经过加工整理、解释、挑选和改造而形成的"（朱福喜等，2006）。计算机领域已经围绕知识的发现、获取、共享及管理展开了大量的研究（Colombo et al.，2011；Alonso et al.，2013；Aurum et al.，2003），为地理知识的研究提供了丰富的理论和方法基础。许多地理信息领域学者和研究团队也纷纷展开了针对地学知识的研究。Dangermond（2010）定义地理知识是描述地球上自然环境和人类环境的所有地理信息，并认为地理知识是未来地理信息基础设施框架的核心与支撑。Laurini（2014）提出地理知识区别于其他知识的主要特点是几何特性，地学知识是由数学规则和图论所支撑的。Armstrong（1991）对地学知识进行分类和组织方式的研究，包括图形、语义、过程和不同学科知识类别。Balland 等（2013）从全球卫星导航实例研究中提出了社交网的经济地理知识。Couclelis（2003）探讨了地理信息系统和地学知识的局限性在于其内在的不确定性本质。从虚拟地理环境角度，林珲和游兰（2015）进一步阐述了虚拟地理环境中地学知识的内涵和特点，并认为地理知识是在虚拟地理环境下解决特学问题、解释地理现象过程或提取地理规律所涉及的信息。Golledge（2002）详细阐述了地理知识的内在实质，包括地理知识的思维、推理和使用三方面。尽管地理知识的定义各有不同，但归纳看来，地理知识除了具有通用知识的内涵和特点，还与地理事物或过程密切相关，具有特定的时空特征和地学机理特点。如表 6.1 所示，不同研究学者和机构从不同侧重领域提出了地理知识的定义，大部分针对传统地理信息科学领域，少量关注虚拟地理环境中的地理知识。

表 6.1 地理知识定义概览（林珲和游兰 2015；You and Lin，2016）

研究领域	地理知识的定义	资料来源
传统地理信息科学	包括数学规则，计算几何，超图理论，拓扑关系，模糊集合等	Laurini（2014）
传统地理信息科学	解决不同领域地理问题的有用信息	Kim et al.（2012）

续表

研究领域	地理知识的定义	资料来源
传统地理信息科学	与地理位置相关的数据和信息	Dangermond（2010）
传统地理信息科学	用于解释和解决地理科学问题的有效地理信息	黄鸿（2008）
传统地理信息科学	包括地标知识、路线知识和测量知识	王晓明等（2005）
传统地理信息科学	地图综合知识包括环境数据，操作数据，拓扑关系和几何对象	高文秀（2002）
传统地理信息科学	分为几何知识，语义知识和过程知识	Armstrong（1991）
虚拟地理环境	虚拟地理环境中与地理上下文环境相关联的数据	Mekni（2012）
虚拟地理环境	在虚拟地理环境中用于解释地学现象解决地学问题相关的地理信息	林珲和游兰（2015）

　　传统的地理信息系统主要以空间数据库为核心，以空间分析库和可视化模块为主要功能支撑，可以实现常见的空间数据分析和结果的可视化渲染，但缺少关注空间分析的实现过程，弱化用户的交互。当前的虚拟地理环境以地理过程模型为驱动，可以实现地理时空过程的多维动态可视化，能够反演过去现象和模拟预测未来情景，需要多学科领域知识参与分析过程模型的建立和模拟。传统 GIS 分析与虚拟地理环境分析有着明显不同的特点，表 6.2 分别从侧重点、分析目的、交互需求、环境依赖性、可重用性、模型标准化、涉及领域等十个方面特征对比展示了传统 GIS 分析与 VGE 分析的异同（You and Lin，2016）。

表 6.2　传统 GIS 分析与 VGE 分析的异同（You and Lin,2016）

特征	VGE 分析	传统 GIS 分析
侧重点	面向过程	面向结果
分析目的	模拟与预测真实地理环境中的地理现象、时空模式、驱动机制及演化趋势	常见的地理空间分析
交互需求	经常	较少
环境依赖性	复杂多样	相对简单

续表

特征	VGE 分析	传统 GIS 分析
数据对象	不同尺度、分辨率和形式	不同尺度、分辨率和形式
可重用性	较难	较容易
模型标准化	无权威规范	沿用 IT 规范（Web Services），OGC 规范（Web Processing Services）
涉及领域	多学科领域	地理科学
可视化需求	地理时空过程的动态可视化	分析结果的静态可视化
建模需求	分析过程实时可控	方便易用

虚拟地理环境中的地理知识是在利用虚拟地理环境探索地学问题、解释地理现象过程中产生和涉及的地理相关数据、信息和方法。因此，与传统地理信息系统空间分析中的地学知识相比，虚拟地理环境中的地学知识有其自身的定义、内涵和特点，需展开独立研究和探索。地理知识的研究将有利于提高地理过程建模和模拟的智能化程度，使其更加符合人类地学认知的过程。

6.4.2　地理知识的重要意义

虚拟地理环境是在虚拟世界中模拟人类在真实世界的认知体验，通过地理过程模型的理论支撑和多维多感知的可视化表达，实现具有一定"沉浸感"的地理过程建模和模拟，进而能够真实且直观地反演地理过程和预测动态过程的未来趋势。虚拟地理环境的思想最初从地理信息系统的三维可视化模块发展而来，主要以地理数据与地理过程模型为核心和主要驱动，已经整合了地理数据、模型与多维可视化展示，能够模拟不同时空尺度的地理过程。当前的虚拟地理环境是集建模、模拟与可视化的一体化框架，为地学知识的产生提供了丰富的基础设施，然而其相关研究主要停留在解决特定地学问题的层面，较难将地学知识迁移到其他问题场景，强调地理模型和数据的耦合和可视化，也不易将不同地理模型进行耦合以解决更复杂的综合地学问题，忽略了提取和表达更高层次的地学知识。互联网的普及使知识的传播与共享变得可能，未来的虚拟地理环境将以地理知识为核心，符合人类地理空间认知特点，实现多领域知识协同参与的智能化地理过程建模和模拟，将提高地理数据、信息到知识的转化效率，极大地推动地学知识的产生与共享，弥补低效的信息增值机制和迫切的知识需求之间的鸿沟。

下一代虚拟地理环境的研究将以地理知识为核心，以实现符合人类地学认知特点和探索过程的智能化地理过程建模与模拟。以地理知识为核心的虚拟地理环境将允许来自不同应用情景的不同形态地学知识的融合、演化与创新,充分利用大数据时代的新兴计算机技术,如云计算、人工智能、增强现实等,实现全方位深度感知、情景自适应、智能化推理、动态可视化、地理知识库等一体化集成的地理过程建模与模拟环境,改变地理信息领域研究人员的科研方式和思维模式,为地理知识的生成、演化、创新与共享提供丰富的基础设施组件,加大个体人脑与地学知识库"超级大脑"之间的沟通"带宽",充分缓解"数据爆炸但知识贫乏"的现状。

6.4.3　虚拟地理环境知识工程

虚拟地理环境知识工程是以地理知识为研究对象,以实现智能化虚拟地理环境为目标,共同研究的相关问题为核心,形成的整套地理信息科学方法、理论和技术体系(You and Lin, 2016)。虚拟地理环境知识工程将为解决复杂地球科学问题提供知识支持,为构建智能化虚拟地理环境提供丰富的理论方法和技术工具。针对地学知识工程,不同研究人员和机构的侧重研究内容不尽相同。Golledge (2002)和 Couclelis(2003)分别从地理知识的思维和不确定性两个角度探讨了地学知识的内在本质。基于概念图的地理知识表达,Karalopoulos 等(2005)在地理知识的表达方法中考虑了概念图的特殊结构,该表达方法能够展示两个地理概念的相似度及可以找到从语义上更接近某本体的地理知识。Goodchil 等(2007)提出了简单通用的包括描述、表达、分析、可视化及模拟等的地理表达理论。Mani 等(2010)提出地理知识表达规范 SpatialML,该规范是一种采用自然语言描述地名位置的标记性参考语言,可以表达地理位置的名词参照、指定区域内的附近地标以及各地理位置之间的特征关系。Paris 等(2009)采用基于消息机制的虚拟地理环境模型与多智能体技术模拟地理过程。Balland 等(2013)以在欧洲的全球卫星导航系统为切入点,基于第五和第六欧洲联合框架项目开发了 R&D 协同项目数据库,并采用社交网络分析经济地理知识。林珲和游兰(2015)指出未来虚拟地理环境将以知识工程为核心,系统地阐述了未来构建智能化的虚拟地理环境的意义和发展趋势,明确提出了虚拟地理环境知识工程框架应围绕地学知识的表达、建模、协作、评价及共享等方面展开。由上可知,地理信息领域中的地学知识工程的研究刚刚起步,相关研究各有侧重比较零散,有待进一步全面而深入地展开研究。

虚拟地理环境知识工程将实现不同来源不同形态的地学知识的融合,利用地学知识的统一表达、建模和可视化,实现完全符合人类认知特点和探索过程的智能化地理过程建模与模拟,应具有全方位深度感知、情景自适应、智能化推理、虚实融合可视化、实时决策支持、海量知识库管理及高度知识共享等典型特点。

　　虚拟地理环境所呈现的虚拟环境与现实环境之间存在一定相似关系,这种相似不是简单的几何相似和数字化复制,而是环境演化规律、人与环境相互作用的相似(贾奋励等,2015),因而需要对地理认知进行深入研究,使地学知识的表达方式与认知主体的认知规律和模型同构。地学知识的表达语言与规范是知识共享与重用的前提和基础,如何在虚拟地理环境中将地学认知规律和过程进行地学知识的形式化表达与建模,如何利用地理情景、时空情景、用户背景知识进行语义标识和提取,建立地理知识概念模型以解决一类特定上下文情景的地理科学问题,这些都是地学知识表达的研究所要关注的问题。虚拟地理环境中的推导型地学知识往往是多源、多尺度、异构知识的整合协同,如何统一描述、存储和管理以通过语法、语义、语境的匹配支持面向地学问题的智能化知识检索是构建地学知识库的重点和难点。地学知识库的构建直接决定了虚拟地理环境的智能化程度。针对地学知识建立符合不同认知需求及符合用户背景特点的个性化可视化体系是虚拟地理环境知识工程的重要环节之一。同时,地学知识的多因素相关性要求知识驱动的新一代虚拟地理环境更加灵活可定制,这对虚拟地理环境可视化方法提出了挑战。地学知识的协同过程本质就是地学问题求解的过程,不同领域专家的经验知识和形式化存在的模型知识如何无缝地衔接以辅助地理过程的建模和模拟是知识核心的虚拟地理环境与模型驱动的虚拟地理环境的典型区别。研究地学知识的协作模式使其协调有序地融合是地学知识产生与创新的关键。此外,地理模型的异构性、专业性以及数据模型的领域局限性和不兼容性、设备依赖性和分布式实时交互性等方面的问题也是协同机制需要考虑的因素(林珲和游兰,2015)。地学知识的评价体系是知识传播与共享的基础,当前还没有系统的方法用以评价地学知识的成熟度及是否符合用户地理过程的建模和模拟需求。虚拟地理环境知识工程以地学知识的应用与共享为目标,地学知识的评价指标和方法体系需要逐渐建立和发展以推动知识的广泛传播和共享。最后,如何面向不同用户需求设计适应不同共享程度的共享机制,降低地理过程建模和模拟的难度,提高建模和模拟的智能化程度,以及如何让研究人员更容易获取和利用地学知识等,这些是地学知识共享面临的主要问题。

6.5 后 语

　　随着时空大数据时代的到来,大量的研究和分析开始逐渐从基于现实世界的抽象与分析转向基于数据和模型的数字化抽象与分析,地学研究和地学分析更加需要一个可以对地理现象与地理规律进行集成分析与表达的载体

（闾国年等，2018）。

　　集几何、物理和行为模型于一体的虚拟地理环境能够为构建可动态、广泛融入地理规律的人机结合的认知体系提供可能，从而提升利用地理知识消化理解海量时空数据并重现地理现象及过程的能力。现阶段，虚拟地理环境正朝着面向新一代地理分析工具、计算机辅助的地理实验空间以及地理知识工程实现手段而发展，地理学的格局、过程、作用都期望在统一的研究框架下得以开展，进而用于支撑地理科学的研究继续朝着综合性、定量化的方向发展。

　　一方面，利用虚拟地理环境将遥感图像信息与专家知识、地理过程模型、地理协同进行综合集成，构建对于地理环境变化认知的知识，可突破遥感信息在图像层面上的分析与应用，从而满足重大工程科学辅助决策、突发事件应急响应和环境监测高效分析等国家重大需求。另一方面，新一代的虚拟地理认知实验将在环境心理学和认知计算的理论支持下，从海量个体数据中提取微观个体、宏观群体和空间、场所之间的相互影响模式，挖掘其在不同尺度上相互作用的机理，为系统地构建地理知识工程提供方法支持；加之地理学与地球系统科学所具有的天然相容性，使得虚拟地理环境可以为全球变化与人类活动及其环境相互影响的协同模拟与评估提供原创性基础，具备提升全球变化与人类活动及其环境相互影响的模拟与评估的综合性、准确性与科学性的能力，可为全球变化背景下人类活动与可持续发展研究提供新的研究思路及模式。

　　可以预见，以地理知识为研究对象、以地理知识工程为导向的虚拟地理环境研究，除传统的集中式、专业化、领域分割化的科学研究范式外，正逐步迈向开放式、群体参与式、协同合作式的科学研究范式。这也是虚拟现实技术、网络技术等发展到今天，科学研究发展趋势在地理学领域研究的真实反映，即信息化、虚拟化、开放化、服务化，将是地理学研究领域的重要趋势。

参 考 文 献

陈旻，林珲，闾国年. 2017. 虚拟地理环境. 北京：中国大百科全书出版社.

陈述彭. 1997. 遥感地学分析的时空维. 遥感学报，1(3)：161-171.

高文秀. 2002. 基于知识的 GIS 专题数据综合的研究. 武汉大学博士研究生学位论文.

龚建华，林珲. 2006. 面向地理环境主体 GIS 初探. 武汉大学学报（信息科学版），31(8)：704-708.

龚建华，李文航，周洁萍，李毅，赵琳，庞毅. 2009. 虚拟地理实验概念框架与应用初探. 地理与地理信息科学，25(1)：18-21.

龚建华，周洁萍，张利辉. 2010. 虚拟地理环境研究进展与理论框架. 地球科学进展，25(9)：915-926.

黄鸿. 2008. 地理空间知识网络服务关键技术研究. 武汉大学博士研究生学位论文.

黄希庭,秦启文. 2002. 公共关系心理学. 上海:华东师范大学出版社.

贾奋励,张威巍,游雄. 2015. 虚拟地理环境的认知研究框架初探. 遥感学报,19(2):179-187.

李新,马明国,王建,刘强,车涛,胡泽勇,肖青,柳钦火,苏培玺,楚荣忠,晋锐,王维真,冉有华.
    2008. 黑河流域遥感-地面观测同步试验:科学目标与试验方案. 地球科学进展,23(9):
    897-914.

林珲,陈旻. 2014. 利用虚拟地理环境的实验地理学方法. 武大学报(信息科学版),39(6):689-694.

林珲,龚建华. 2002. 论虚拟地理环境. 测绘学报,31(1):1-6.

林珲,龚建华,施晶晶. 2003. 从地图到地理信息系统与虚拟地理环境:试论地理学语言的演
    变. 地理与地理信息科学,19(4):18-23.

林珲,黄凤茹,闾国年. 2009. 虚拟地理环境研究的兴起与实验地理学新方向. 地理学报,
    64(1):7-20.

林珲,黄凤茹,鲁学军,胡明远,徐丙立,武磊. 2010. 虚拟地理环境认知与表达研究初步. 遥感
    学报,14(4):822-838.

林珲,游兰. 2015. 虚拟地理环境知识工程初探. 地球信息科学学报,17(12):1423-1430.

骆剑承,周成虎,沈占峰,杨晓梅,乔程,陈秋晓,明冬萍. 2009. 遥感信息图谱计算的理论方法
    研究. 地球信息科学学报,11(5):664-669.

闾国年. 2011. 地理分析导向的虚拟地理环境:框架、结构与功能. 中国科学 D 辑(地球科学),
    41(4):549-561.

闾国年,袁林旺,俞肇元. 2013. GIS 技术发展与社会化困境与挑战. 地球信息科学学报,
    15(4):483-490.

闾国年,俞肇元,袁林旺等. 2018. 地图学的未来是场景学吗? 地球信息科学学报,20(1):1-6.

史忠植. 2000. 智能主体及其应用. 北京:科学出版社.

唐登银. 2009. 实验地理学与地理工程学的 30 年. http://www.igsnrr.cas.cn/sq70/hyhg/kyjl/
    201006/t20100621_2885326.html. [2019-8-1]

秦双,张番,陈颖,冯秀娟,郑国磊,温文彪,孙红三. 2002. 虚拟人行为仿真智能化探讨. 系统
    仿真学报,14(9):1161-1164.

秦双,刘静华,温文彪,郑国磊. 2003. 自主虚拟人智能驾驶行为模型的研究和实现. 北京航空
    航天大学学报,29(9):793-796.

万刚,高俊,游雄. 2005. 虚拟地形环境仿真中的若干空间认知问题. 测绘科学,30(2):48-50.

王军邦,刘纪远,邵全琴,刘荣高,樊江文,陈卓奇. 2009. 基于遥感-过程耦合模型的 1988~
    2004 年青海三江源区净初级生产力模拟. 植物生态学报,33(2):254-269.

王晓明,刘瑜,张晶. 2005. 地理空间认知综述. 地理与地理信息科学,21(6):1-10.

杨瑞平,袁益民,黄一斌,郭齐胜. 2004. 地面作战仿真系统中实体行为研究. 系统仿真学报,
    16(3):427-431.

郑杭生. 2003. 社会学概论新修,第三版. 北京:中国人民大学出版社.

周成虎,骆剑承. 2009. 高分辨率卫星遥感影像地学计算. 北京:科学出版社.

朱福喜,朱三元,伍春香. 2006. 人工智能基础教程. 北京:清华大学出版社.

Alonso, O., Banavar, H., Davis, M. E., Khandelwal, K. 2013. Knowledge discovery using collections of social information. https://patents.google.com/patent/US20140280052. [2019-12-11]

Armstrong, M. P. 1991. Knowledge classification and organization.In: Buttenfiel, B. P., McMaste, R. B. (Eds.). *Map Generalization: Making Rules for Knowledge Representation*. England: Longman: 86-102.

Aurum, A., Jeffery, R.,Wohlin, C., Handzic., M. 2003. *Managing Software Engineering Knowledge*. Berlin, Heidelberg: Springer.

Balland, P. A., Suire, R., Vicente, J. 2013. Structural and geographical patterns of knowledge networks in emerging technological standards: Evidence from the European GNSS industry. *Economics of Innovation and New Technology*, 22(1): 47-72.

Colombo, M. G.,Rabbiosi, L., Reichstein, T. 2011. Organizing for external knowledge sourcing. *European Management Review*, 8(3): 111-116.

Couclelis, H. 2003. The certainty of uncertainty: GIS and the limits of geographic knowledge. *Transactions in GIS*, 7(2): 165-175.

Dangermond, J. 2010. Geographic knowledge: Our new infrastructure. http://www.esri.com/news/arcnews/winter1011articles/geographic-knowledge.html. [2019-12-1]

Fiske, S.T., Taylor, S. E. 2008.*Social Cognition: From Brains to Culture*. New York, USA: McGraw-Hill.

Golledge, R. G. 2002. The nature of geographic knowledge. *Annals of the Association of American Geographers*, 92(1):1-14.

Goodchild, M.F. 2007. Citizens as voluntary sensors: Spatial data infrastructure in the world of Web 2.0.*International Journal of Spatial Data Infrastructures Research*, 2:24-32.

Groot, R., McLaughlin, J. D. 2000. *Geospatial Data Infrastructure: Concepts, Cases, and Good Practice*. Oxford: Oxford University Press.

Harris, H.,Bailenson, J. N., Nielsen, A., Yee, N. 2009. The evolution of social behavior over time in second life. *Presence: Teleoperators & Virtual Environments*, 18(6): 434-448.

Helbing, D.,Kehsch, J., Molnar, P. 1997. Modelling the evolution of human trail systems. *Nature*, 388(6637): 47-50.

Helbing, D., Farkas, I.,Vicsek, T.2000. Simulating dynamical features of escape panic. *Nature*, 407(6803): 487-490.

Hu, B., Gong, J., Zhou, J., Sun, J., Wang, L., Xia, Y., Ibrahim, A. N. 2013. Spatial-temporal characteristics of epidemic spread in-out flow—Using SARS epidemic in Beijing as a case study. *Science China Earth Sciences*, 56(8):1380-1397

Karalopoulos, A., Kokla, M., Kavouras, M. 2005. Comparing representations of geographic knowledge expressed as conceptual graphs. In: Andrea-Rodríguez, M., Cruz, I., Levashkin, S., Egenhofer, M. J. (Eds.). *GeoSpatial Semantics*. Berlin, Heidelberg: Springer:1-14.

Kim, T. J., Wiggins, L. L., Wright, J. R. 2012. *Expert Systems: Applications to Urban Planning*. New York, USA: Springer.

La, C. A.,Michiardi, P. 2008. Characterizing user mobility in second life. WOSP '08: Proceedings of the first workshop on Online social networks. Seattle, WA, USA.

Laurini, R. 2014. A conceptual framework for geographic knowledge engineering. *Journal of Visual Languages & Computing*, 25(1): 2-19.

Li, W., Li, Y., Yu, P., Gong, J., Shen, S., Huang, L., Liang, J. 2018. Modeling, simulation and analysis of the evacuation process on stairs in a multi-floor classroom building of a primary school. *Physica A: Statistical Mechanics and its Applications*, 469: 157-172.

Lin, H., Chen, M., Lu, G.N. 2013a. Virtual Geographic Environment-a workspace for computer-aided geographic experiments. *Annals of the Association of American Geographers*, 103 (3): 465-482.

Lin, H., Chen, M., Lu, G. N., Zhu, Q., Gong, J. H., You, X., Wen, Y., Xu, B., Hu, M. 2013b. Virtual Geographic Environments (VGEs): A new generation of geographic analysis tool. *Earth-Science Reviews*, 126: 74-84.

Liu, Y., Liu, X., Gao, S., Gong, L., Kang, C., Zhi, Y., Chi, G., Shi, L. 2015. Social sensing: A new approach to understanding our socioeconomic environments. *Annals of the Association of American Geographers*, 105(3): 512-530.

Liu, Y., Sui, Z., Kang, C., Gao., Y. 2014. Uncovering patterns of inter-urban trip and spatial interaction from social media check-in data. *PloS ONE*, 9(1): e86026.

Lu, G. N., Yu, Z. Y., Zhou, L. C., Wu, M. G., Sheng, Y. H., Yuan, L. W. 2015. Data environment construction for virtual geographic environment. *Environmental Earth Sciences*, 74(10): 7003-7013.

Mani, I., Doran, C., Harris, D., Hitzeman, J., Quimby, R., Richer, J., Wellner, B., Mardis, S., Clancy, S. 2010. SpatialML: Annotation scheme, resources, and evaluation. *Language Resources and Evaluation*, 44(3): 263-280.

Mekni, M. 2012. Abstraction of informed virtual geographic environments. *Geo-spatial Information Science*, 15(1): 27-36.

Mikhail, F., Ekaterina, P., Mikhail, M., Alexey, G. 2009. Virtual campus in the context of an educational virtual city: A case study. The 21st International conference on Educational Multimedia, Hypermedia & Telecommunications. Honolulu, Hawaii, USA.

Paris, S., Mekni, M., Moulin, B. 2009. Informed virtual geographic environments: An accurate topological approach. International Conference on Advanced Geographic Information Systems & Web Services. Cancun, Mexico.

Paul, M. T. 2018. A computational sandbox with human automata for exploring perceived egress safety in urban damage scenarios. *International Journal of Digital Earth*, 11(4): 369-396.

Ratti, C., Frenchman, D., Pulselli, R. M., Williams, S. 2006. Mobile landscapes: Using location data from cell phones for urban analysis. *Environment and Planning B (Urban Analytics and City Science)*, 33(5): 727-748.

Sanchez-Vives, M. V., Slater, M. 2005. From presence towards consciousness. *Nature Reviews Neuroscience*, 6: 332-339.

Salesses, P., Schechtner, K., Hidalgo, C. A. 2013. The collaborative image of the city: Mapping the inequality of urban perception. *PLoS ONE*, 10(3): e0119352.

Shen, S., Gong, J., Liang, J., Li, W., Zhang, D., Huang, L., Zhang, G. 2018. A heterogeneous distributed virtual geographic environment—potential application in spatiotemporal behavior experiments. *ISPRS International Journal of Geo-Information*, 7(2):54.

Tan, L., Wu, L., Lin, H. 2015a. An individual cognitive evacuation behaviour model for agent-based simulation: A case study of a large outdoor event. *International Journal of Geographical Information Science*, 29(9): 1552–1568.

Tan, L., Hu, M., Lin, H. 2015b. Agent-based simulation of building evacuation: Combining human behavior with predictable spatial accessibility in a fire emergency. *Information Sciences*, 295: 53–66.

Wen, Y. N., Chen, M., Lu, G. N., Lin, H. 2013. Prototyping an open environment for sharing geographical analysis models on cloud computing platform. *International Journal of Digital Earth*, 6(4), 356–382.

Wen, Y. N., Chen, M., Yue, S. S., Zheng, P. B., Peng, G. Q., Lu, G. N. 2016. A model-service deployment strategy for collaboratively sharing geo-analysis models in an open Web environment. *International Journal of Digital Earth*, 10(4):405–425.

You, L., Lin, H. 2016. Towards a research agenda for knowledge engineering of virtual geographical environments. *Annals of GIS*, 22(3):163–171.

Yue, S. S., Chen, M., Wen, Y. N., Lu, G. N. 2016. Service-oriented model-encapsulation strategy for sharing and integrating heterogeneous geo-analysis models in an open web environment. *ISPRS Journal of Photogrammetry and Remote Sensing*, 114: 258–273.

Zhang, F., Hu, M., Che, W., Lin, H., Fang, C. 2018. Framework for virtual cognitive experiment in virtual geographic environments. *ISPRS International Journal of Geo-Information*, 7(1): 36.

Zheng, Y., Xie, X., Ma, W. Y. 2010. GeoLife: A collaborative social networking service among user, location and trajectory. *IEEE Data(base) Engineering Bulletin*, 33(2): 32–39.

索　引

地理信息科学系列

ArcGIS 10 地理信息系统实习教程
Wilpen L. Gorr   Kristen S. Kurland 著
朱秀芳 译

9 787040 476569 >

ENVI 遥感图像处理方法（第二版）
邓书斌 陈秋锦 杜会建 徐恩惠 编著

9 787040 410662 >

IDL 程序设计——数据可视化与 ENVI 二次开发
董彦卿 编著

9 787040 354973 >

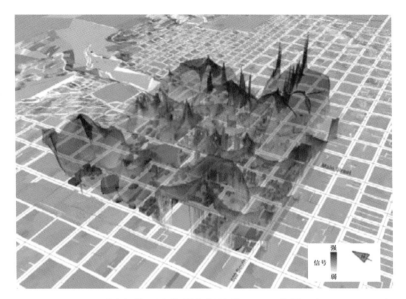

图 3.1 Mashup 案例:美国犹他州盐湖城的 Wi-Fi 信号云(Torrens,2009)

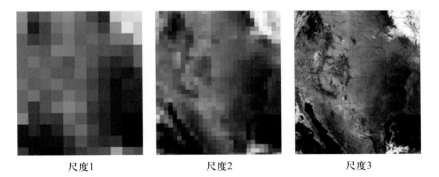

尺度1   尺度2   尺度3

图 3.7 不同空间分辨率的遥感影像

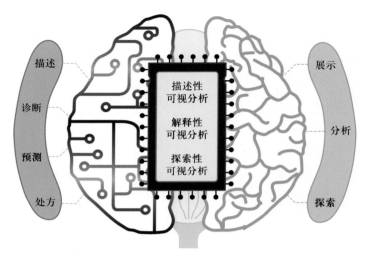

图 4.1　多层次可视分析体系(朱庆等,2017)

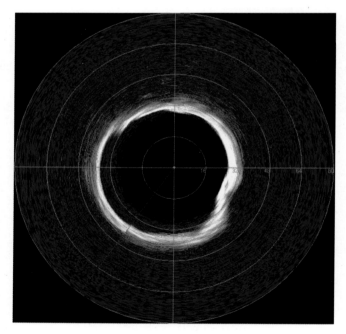

图 4.10　扫描轮廓示意图

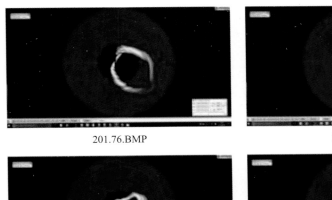
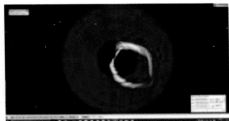

201.76.BMP
202.93.BMP

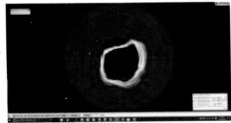
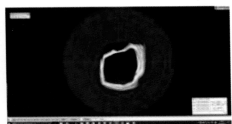

204.78.BMP
207.07.BMP

图 4.11　不同深度的扫描轮廓

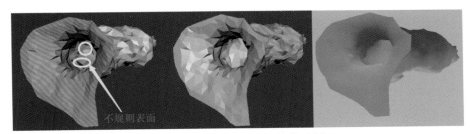

不规则表面

图 4.13　三维建模结果优化示例

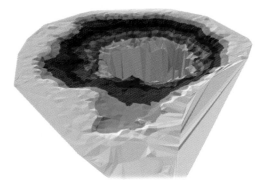

图 4.14　蓝洞洞口三维可视化结果

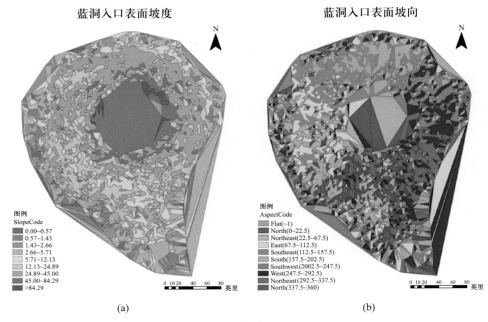

蓝洞入口表面坡度

图例
SlopeCode
0.00~0.57
0.57~1.43
1.43~2.66
2.66~5.71
5.71~12.13
12.13~24.89
24.89~45.00
45.00~84.29
>84.29

0 10 20 40 60 80 英里

(a)

蓝洞入口表面坡向

图例
AspectCode
Flat(~1)
North(0~22.5)
Northeast(22.5~67.5)
East(67.5~112.5)
Southeast(112.5~157.5)
South(157.5~202.5)
Southwest(2002.5~247.5)
West(247.5~292.5)
Northeast(292.5~337.5)
North(337.5~360)

0 10 20 40 60 80 英里

(b)

图 4.15 蓝洞洞口的坡度坡向分析

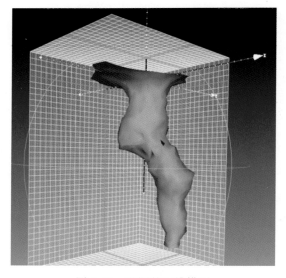

图 4.16 蓝洞的三维模型

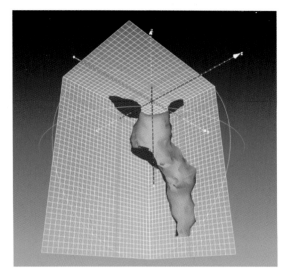

图 4.17　蓝洞内部剖面图三维展现

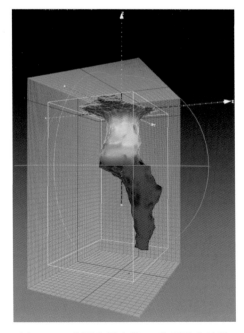

图 4.18　蓝洞内部水体pH的可视化效果

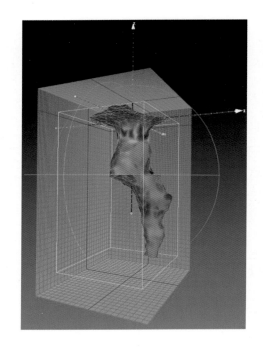

图 4.19　叶绿素浓度的可视化效果

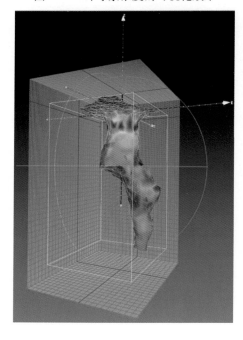

图 4.20　蓝洞内部蓝绿藻的可视化结果

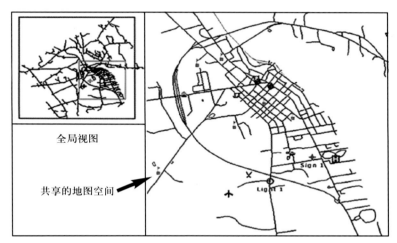

图 5.8　使用雷达视图概览共享地图和当前指针位置（据 Schafer et al. ,2005）

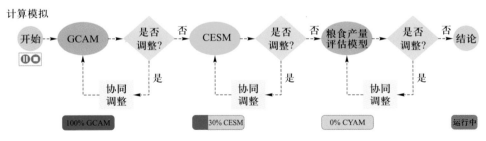

图 5.11　实时监测模拟进程

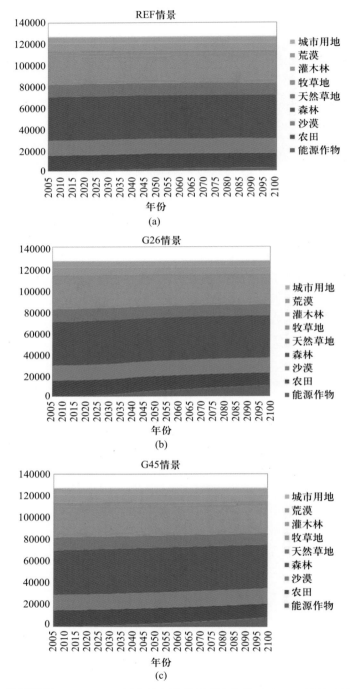

图 5.14　三种情景下 2000—2100 年全球土地利用变化趋势：(a) REF 情景；(b) G26 情景；
(c) G45 情景